机械类"3+4"贯通培养规划教材

液压与气压传动

主　编　王玉玲　彭子龙
副主编　栗心明　王　飞　姜芙林
　　　　仲照琳　孟广耀

科学出版社
北　京

内 容 简 介

本书是按照高等学校机械类"3+4"贯通培养本科专业规范、培养方案和课程教学大纲的要求，结合山东省本科教学质量与教学改革工程项目（项目名称：面向新旧动能转换战略多学科交叉融合的机械工程人才培养模式探索与实践）、山东省高水平应用型立项建设专业（群）项目以及编者所在学校的教育教学改革、课程改革经验编写而成的机械类"3+4"贯通培养规划教材。

全书主要内容包括绪论、液压流体力学基础、液压与气压传动能源装置、液压与气压执行元件、液压与气压控制元件、液压与气压辅助装置、调速回路、其他基本回路、典型液压与气压系统、液压系统的设计与计算等。每章后面附有习题，书末附有参考答案。

本书内容针对不同专业进行取舍，理顺了与前导课、后续课程之间相互支撑与依托的关系，既对知识盲点进行讲解，又密切联系实际，对具体案例进行解释。便于培养学生获取知识、分析和解决工程技术问题的能力，以及提高学生工程素质及应用与创新的能力。

本书可作为高等学校机械类、近机械类各专业的教材和参考书，也可作为高职类工科院校学生及机械工程技术人员的学习参考书。

图书在版编目(CIP)数据

液压与气压传动 / 王玉玲，彭子龙主编. —北京：科学出版社，2020.5
（机械类"3+4"贯通培养规划教材）
ISBN 978-7-03-064813-6

Ⅰ.①液… Ⅱ.①王… ②彭… Ⅲ.①液压传动－高等学校－教材 ②气压传动－高等学校－教材 Ⅳ.①TH137 ②TH138

中国版本图书馆 CIP 数据核字(2020)第 059288 号

责任编辑：邓 静 张丽花 王晓丽 / 责任校对：王 瑞
责任印制：张 伟 / 封面设计：迷底书装

科学出版社 出版
北京东黄城根北街 16 号
邮政编码：100717
http://www.sciencep.com

北京建宏印刷有限公司 印刷
科学出版社发行 各地新华书店经销
*

2020 年 5 月第 一 版　开本：787×1092 1/16
2020 年 5 月第一次印刷　印张：14
字数：350 000

定价：59.00 元
（如有印装质量问题，我社负责调换）

机械类"3+4"贯通培养规划教材
编 委 会

主　任：李长河

副主任：赵玉刚　刘贵杰　许崇海　曹树坤

　　　　　韩加增　韩宝坤　郭建章

委　员（按姓名拼音排序）：

　　　　　安美莉　陈成军　崔金磊　高婷婷

　　　　　贾东洲　江京亮　栗心明　刘晓玲

　　　　　彭子龙　滕美茹　王　进　王海涛

　　　　　王廷和　王玉玲　闫正花　杨　勇

　　　　　杨发展　杨建军　杨月英　张翠香

　　　　　张效伟

前　言

"液压与气压传动"是高等工科院校机械类、近机械类各专业的重要技术基础课程，是联系基础课、专业课和实践课程的桥梁。该课程是学生进入专业领域学习的先导课程，在培养学生综合设计能力、产品质量检测和工程实践能力方面占有重要地位。本课程的目的是通过课堂教学、实验教学和相关教学项目研究等，培养学生应用相关知识对液压与气压系统进行分析和开发的能力，支撑专业学习成果中相应指标点的达成。

本书是根据高等学校机械类"3+4"贯通培养"液压与气压传动"课程教学大纲要求，按照近几年的全国高等学校教学改革的有关精神，结合编者多年教学实践并参照国内外有关资料和书籍编写而成的。全书突出体现以下几个特点。

（1）紧密结合教学大纲，在内容上注重基础知识的强化，系统性强，内容精练。

（2）紧扣贯通式培养新特点，精选教学内容，强化基础知识。

（3）精选教学案例，突出应用能力和工程素质的培养。

（4）综合技术发展与应用，注意补充新内容与新标准。

（5）为方便学生自学和进一步理解课程的主要内容，各章后面均编入了一定数量的习题，做到理论联系实际，学以致用。书末附有习题参考答案。

本书由青岛理工大学王玉玲、彭子龙任主编，栗心明、王飞、姜芙林、仲照琳、孟广耀任副主编。

本书第1章由栗心明、孟广耀编写，第2章由栗心明编写，第3章由彭子龙编写，第4、7、9章由姜芙林、仲照琳编写，第5章由王飞编写，第6、10章由王玉玲编写，第8章由孟广耀、王玉玲编写。全书由王玉玲统稿和定稿。

在本书的编写过程中得到了许多专家、同仁的大力支持和帮助，参考了许多教授、专家的有关文献，在此一并向他们表示衷心的感谢。

本书的出版得到科学出版社和青岛理工大学的大力支持，在此表示衷心的感谢！

由于编者水平有限，书中难免存在不足之处，恳请广大读者批评指正。

编　者

2019年10月

目 录

第1章 绪论·· 1
 1.1 传动类型··· 1
 1.2 气压与液压传动的工作原理·· 3
 1.3 液压传动的优缺点·· 4
 1.4 各种传动系统的比较·· 5
 习题·· 6

第2章 液压流体力学基础·· 7
 2.1 液压传动的工作介质·· 7
  2.1.1 液压传动介质·· 7
  2.1.2 气压传动介质·· 10
  2.1.3 液压液的分类与选用·· 13
 2.2 液体静力学·· 14
  2.2.1 液体的压力及其特性·· 14
  2.2.2 液体静力学方程·· 15
 2.3 液体动力学·· 16
  2.3.1 基本概念·· 17
  2.3.2 流量连续性方程·· 18
  2.3.3 伯努利方程·· 19
  2.3.4 动量方程·· 20
 2.4 气体状态方程·· 21
  2.4.1 理想气体状态方程·· 22
  2.4.2 气体状态变化过程·· 22
  2.4.3 气体流动基本方程·· 23
 2.5 管道内的压力损失·· 24
 2.6 液体流经间隙（缝隙）和小孔的流量·· 26
  2.6.1 液体流经间隙的流量·· 26
  2.6.2 液体流经小孔的流量·· 28
 2.7 液压冲击和气穴现象·· 29
 习题·· 30

第3章 液压与气压传动能源装置·· 32
 3.1 液压泵概述·· 32
  3.1.1 液压泵的工作原理及特点·· 32

3.1.2　液压泵的主要性能参数 ··· 33
3.2　齿轮泵 ·· 34
　　3.2.1　外啮合齿轮泵的结构和工作原理 ··· 34
　　3.2.2　齿轮泵存在的问题 ·· 35
　　3.2.3　齿轮泵的流量计算 ·· 37
　　3.2.4　内啮合齿轮泵 ·· 37
3.3　叶片泵 ·· 37
　　3.3.1　单作用叶片泵 ·· 38
　　3.3.2　双作用叶片泵 ·· 39
　　3.3.3　限压式变量叶片泵 ·· 42
3.4　柱塞泵 ·· 43
　　3.4.1　径向柱塞泵 ·· 44
　　3.4.2　轴向柱塞泵 ·· 44
3.5　液压泵的选用 ·· 46
3.6　气压传动的气源装置 ·· 47
习题 ·· 50

第 4 章　液压与气压执行元件 ·· 52

4.1　直线往复运动执行元件 ·· 52
　　4.1.1　液压缸 ·· 52
　　4.1.2　液压缸的典型结构和组成 ·· 56
　　4.1.3　液压缸的设计和计算 ·· 62
　　4.1.4　气缸 ·· 66
　　4.1.5　气缸的工作特性及计算 ·· 69
4.2　旋转运动执行元件 ·· 72
　　4.2.1　液压马达 ·· 72
　　4.2.2　气动马达 ·· 77
习题 ·· 78

第 5 章　液压与气压控制元件 ·· 79

5.1　概述 ·· 79
5.2　方向控制阀 ·· 81
　　5.2.1　单向阀 ·· 81
　　5.2.2　换向阀 ·· 83
5.3　压力控制阀 ·· 91
　　5.3.1　溢流阀 ·· 91
　　5.3.2　减压阀 ·· 93
　　5.3.3　顺序阀 ·· 94
　　5.3.4　压力继电器 ·· 96
5.4　流量控制阀 ·· 97

		5.4.1 节流口的特性	97
		5.4.2 普通节流阀	99
		5.4.3 调速阀	100
	5.5	气动控制阀	101
	习题		103

第6章 液压与气压辅助装置 106

	6.1	蓄能器	106
		6.1.1 功用和分类	106
		6.1.2 蓄能器的使用和安装	108
	6.2	过滤器	108
		6.2.1 过滤器功用和类型	108
		6.2.2 过滤器的主要性能指标	111
		6.2.3 过滤器的选用和安装	111
	6.3	油箱	113
	6.4	热交换器	115
		6.4.1 冷却器	116
		6.4.2 加热器	117
	6.5	管件	118
		6.5.1 管道	118
		6.5.2 管接头	119
	6.6	气压辅助元件	120
		6.6.1 油雾器	120
		6.6.2 分水滤气器	122
		6.6.3 气动三大件的安装次序	122
		6.6.4 消声器	122
		6.6.5 气动管道系统	123
	习题		124

第7章 调速回路 125

	7.1	节流调速回路	125
		7.1.1 定压式节流调速回路	125
		7.1.2 变压式节流调速回路	130
		7.1.3 节流调速回路工作性能的改进	131
	7.2	容积调速回路	133
		7.2.1 泵—缸式容积调速回路	133
		7.2.2 泵—马达式容积调速回路	135
	7.3	容积节流调速回路	137
		7.3.1 定压式容积节流调速回路	137
		7.3.2 变压式容积节流调速回路	138

7.4　三类调速回路的比较和选用 ··· 139
习题 ··· 139

第8章　其他基本回路 ·· 141

8.1　压力控制回路 ··· 141
8.1.1　调压回路 ·· 141
8.1.2　减压回路 ·· 143
8.1.3　增压回路 ·· 143
8.1.4　卸荷回路 ·· 144
8.1.5　平衡回路 ·· 145
8.1.6　保压回路 ·· 145
8.1.7　卸压回路 ·· 146

8.2　快速运动回路和速度换接回路 ·· 147
8.2.1　快速运动回路 ··· 147
8.2.2　速度换接回路 ··· 149

8.3　换向回路和锁紧回路 ·· 150
8.3.1　往复直线运动换向回路 ·· 150
8.3.2　锁紧回路 ·· 152

8.4　多缸动作回路 ·· 152
8.4.1　顺序动作回路 ··· 152
8.4.2　同步回路 ·· 154
8.4.3　多缸快慢速互不干扰回路 ·· 154
8.4.4　多缸卸荷回路 ··· 155

8.5　气动基本回路 ·· 156
8.5.1　往复运动回路 ··· 156
8.5.2　压力控制回路 ··· 159
8.5.3　速度控制回路 ··· 160
8.5.4　方向控制回路 ··· 164
8.5.5　安全保护回路 ··· 165

习题 ··· 167

第9章　典型液压与气压系统 ··· 171

9.1　组合机床动力滑台液压系统 ··· 171
9.2　万能外圆磨床液压系统 ·· 173
9.3　汽车起重机液压系统 ·· 176
9.4　气动系统应用与分析 ·· 179
9.4.1　气动机械手 ·· 180
9.4.2　香皂装箱机气动系统 ··· 181

习题 ··· 183

第 10 章 液压系统的设计与计算 ………………………………………………… 186

10.1 液压传动系统的设计 ……………………………………………………… 187
10.1.1 明确系统设计要求 ………………………………………………… 187
10.1.2 分析系统工况，确定主要参数 …………………………………… 187
10.1.3 拟定液压系统原理图 ……………………………………………… 189
10.1.4 液压元件的选择 …………………………………………………… 189
10.1.5 验算液压系统性能 ………………………………………………… 190

10.2 液压系统设计计算案例 …………………………………………………… 191
10.2.1 负载分析 …………………………………………………………… 191
10.2.2 负载图和速度图的绘制 …………………………………………… 192
10.2.3 液压缸主要参数的确定 …………………………………………… 192
10.2.4 液压系统图的拟定 ………………………………………………… 193
10.2.5 液压元件的选择 …………………………………………………… 196
10.2.6 液压系统性能的验算 ……………………………………………… 198

习题 …………………………………………………………………………………… 200

习题参考答案 ………………………………………………………………………… 202

参考文献 ……………………………………………………………………………… 214

第1章 绪　　论

液压传动是一种动力传动形式，即使在电力生产迅速发展的时期，液压与气压传动也因其固有的优越性而广泛应用于各种传动装置中。随着石油基流体和丁腈橡胶密封元件的引入，其可靠性和使用寿命进一步提高，液压与气压传动系统在工业中的应用范围迅速扩大。液压传动相对于机械传动结构紧凑，相对于电力传动电路复杂度较小。本书主要介绍以流体和气体为工作介质的液压与气压控制，重点探讨液压与气压传动系统的结构、运行原理及其计算。

1.1 传动类型

一部机器的传动系统用于传输和控制动力，其功能如图 1-1 所示。传动系统的基本组成部分如下。

（1）动力源：用于提供旋转运动的机械动力。最常用的动力源是电动机和内燃机。在某些特殊应用上，还会使用蒸汽涡轮机、燃气涡轮机或者水力涡轮机。

（2）能量传输、转化与控制元件。

（3）旋转或直线运动机械功率所需要的负载。

图 1-1　传动系统功能图

在工程应用中，存在不同类型的传动系统：机械传动、流体传动或者电气传动。图 1-2 给出了传动系统的分类。

1. 机械与电气传动系统

机械传动系统使用机械元件来传递和控制机械动力。与其他传递系统相比，机械传动系统具有结构简单、方便维修、易操作和成本低的优点。但缺点是功率-牵引比较小、传动距离有限，且灵活性和可控性差。

电气传动系统解决了传输距离和灵活性的问题，并且提高了可控性。其优点是灵活性高和传动距离远。电气传动系统主要用于旋转运动。即使通过合适的齿轮系统将旋转运动转换为高功率直线运动，但负载位置的保持还需要特殊的制动系统。

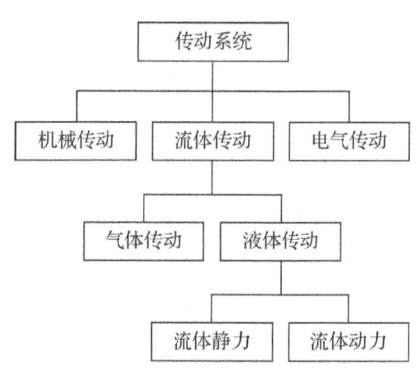

图 1-2　传动系统的分类

2. 液压与气压传动系统

液压与气压传动统称为流体传动,是根据帕斯卡液体静压力传动原理而发展起来的一门新兴科学。液压与气压传动均以流体为传动介质,利用流体的压力能来实现各种机械传动与控制,因而两者的传动实现方式和控制方法基本相同,具有类似的基本回路。气压传动系统以压缩空气作为动力源,原动机的机械能通过空气压缩机转化为压缩空气的压力能。这种转换有利于动力的传输和控制。

液压与气压传动系统采用流体力学的传动规律,通过流体介质的压力能来传递和控制机械动力。压力、能源或简单的信号,都可通过流体压力的形式来传递。通常我们使用两种不同类型的液压传动系统,即流体动力液压传动系统和流体静力液压传动系统。

流体动力液压传动系统主要是通过增加液体的动能来传递动力的。这类系统通常包含旋转动力泵、涡轮机和一些控制元件。流体动力液压传动系统仅限于用在旋转运动中。这类系统具有功率高和可控性好的优点,取代了发电站和车辆中的传统机械变速器。

在流体静力液压传动系统中,主要是通过增加液体的压力来传递动力。流体静力液压传动系统广泛应用在工业、移动设备、飞机及船舶控制等领域。本书涉及的流体静力液压传动系统,通常称为液压传动。图1-3为其工作原理。

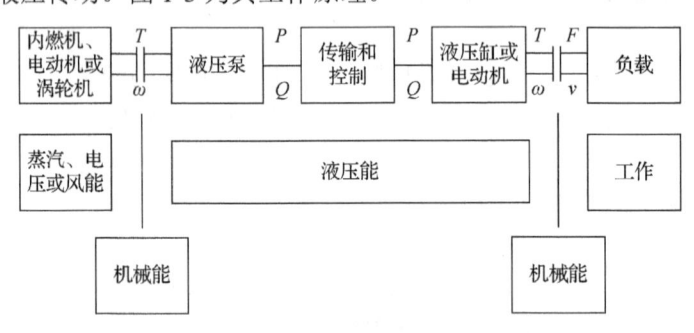

图 1-3 液压系统中的动力传动

现依据功率和功率转换的概念对液压能做简单解释:假设叉车要在 Δt 时间内提升重量为 y 的物体(图1-4)。为实现这一功能,叉车需将垂直力 F 直接作用在物体上。在忽略摩擦力的稳态条件下,该垂直力将等于移动物体的总质量 $(F = mg)$。则叉车做的功为

$$W = Fy \tag{1-1}$$

式中,W 为功率,J;F 为垂直施加的力,N;y 为垂直位移,m。

假设该物体在 Δt 的时间里势能增加量为 E,即

$$E = mgy = Fy \tag{1-2}$$

式中,E 为获得的势能,J;g 为重力系数,m/s²;m 为物体重量,kg。

该物体在 Δt 时间内获得的能量为 E。单位时间传递给物体的能量为传输功率 N,即

$$N = \frac{Fy}{\Delta t} = Fv \tag{1-3}$$

式中,N 为传递给物体的功率,W;v 为提升速度,m/s。

在液压系统中,提升物体的动力来源为液压缸。在上述例子中,液压缸将力 F 作用在物体上,并以速度 v 来驱动它。图1-5所示为单杆液压缸,它的活塞杆依靠压力前进并通过重力缩回。加压油以流速 q(体积流量,m³/s)流到液压缸,其压力为 p。忽略气缸上的摩擦,在

前进方向上驱动活塞所需压力为 $F = pA_p$。

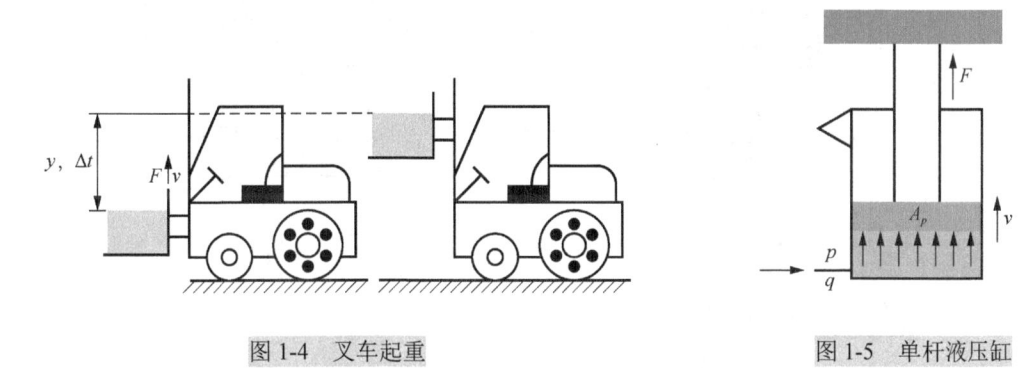

图 1-4 叉车起重

图 1-5 单杆液压缸

活塞在 Δt 的时间内垂直移动了距离 y，在此期间进入液压缸的流体体积为 $V = A_p y$。进入液压缸的流体流量为

$$q = \frac{V}{\Delta t} = \frac{A_p y}{\Delta t} = A_p v \tag{1-4}$$

现在假设一个理想的液压缸，那么进入液压缸的功率为

$$N = Fv = \frac{pA_p q}{A_p} = qp \tag{1-5}$$

式中，A_p 为活塞面积，m^2；p 为入口压力，Pa；q 为流量，m^3；V 为进油体积，m^3。

在假设液压缸内没有泄漏和无摩擦力的前提下，传递给负载的机械功率等于输送到液压缸的液压功率。在实际应用中，零泄漏是可以存在的。但是对于一些老化的密封件，可能会存在不可忽略的内部泄漏。一部分入口流量泄漏，会使速度 v 小于 q/A_p，再加上摩擦力，会使液压缸输出的机械功率实际上小于输入液压功率 ($Fv < qp$)。

1.2 气压与液压传动的工作原理

气压与液压传动的工作原理基本相似，现以机床工作台的液压传动为例，说明其工作原理。如图 1-6 所示，该液压传动系统由油箱、过滤器、液压泵、溢流阀、换向阀、节流阀、液压缸及连接各元件的油管、管接头等组成。图中以标准液压符号绘制的回路与各零件截面图相对应。

液压系统的功能如下。

(1) 原动机为系统提供所需要的机械动力，液压泵将输入的机械动力转化为压力能。

(2) 高压液体通过管道或软管输送，并通过不同类型的阀门进行控制。

(3) 受控的液体流入液压缸，液压缸将其转化为机械动力。液压传动系统通常用于旋转或线性运动。

由上例可以看出，一个完整的气压或液压系统由以下五部分组成。

(1) 动力装置（能源装置），其功能是将电动机输出的机械能转换成流体的压力能，如液压泵或空气压缩机。

(2) 执行装置，其功能是把流体的压力能转换成机械能，如做回转运动的液压/气压马达、做直线运动的液压/气压缸。

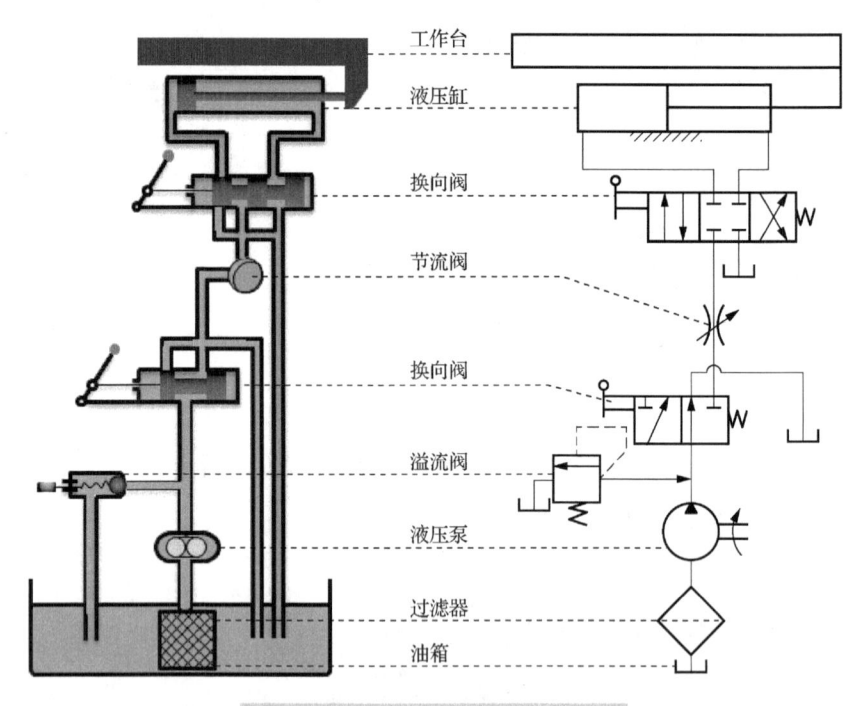

图 1-6 液压系统工作原理图与符号图

（3）控制调节装置，其功能是对液压/气压中流体的压力、流量和流动方向进行调节与控制，如溢流阀、节流阀、换向阀等。这些元件的不同组合能合成具有不同功能的机构，完成对液压/气压系统的不同控制或调节。

（4）辅助装置，是指除上述三部分以外的其他装置，其功能是保证液压/气压系统正常工作，如油箱、过滤器、油管、储气罐等。

（5）传动介质，是指传递能量的流体，即液压油或压缩空气。

1.3 液压传动的优缺点

基于液压、气压传动工作原理的相似性，两种传动也存在共同的优缺点。由于两者采用的流体介质物理性质存在较大差别，因此又存在各自的特点。

1. 两者共同优点
（1）组成元件可根据需要灵活布置。
（2）易在大范围内实现操纵控制。
（3）易实现自动化。
（4）有过载保护。
（5）组成元件易实现系列化、标准化和通用化，便于系统设计、制造。
（6）振动与冲击小，能高速启动、制动和换向。
（7）可用于旋转和直线运动。

2. 两者共同缺点
（1）液压与气压动力不像电力一样容易获得。
（2）生产成本高，需要建立起系统内静压力，为防止泄漏，液压元件在制造精度上要求

（3）输入线路惯性较大，增加了响应时间。
（4）不宜在高温和低温条件下工作。
（5）使用矿物油时可能会引发火灾。

3．液压传动的特点

（1）同功率下，液压系统结构紧凑、质量小；同体积下，液压系统可产生更大的动力。

（2）响应快、运动平稳，但存在油液泄漏和污染，因能量损失大不适合远程输送，以及对温度变化敏感等问题。

1.4 各种传动系统的比较

表 1-1 所示简单比较了各种传动系统，表 1-2 所示为不同系统的效率、流量和功率的比较。

表 1-1 各种传动系统的比较

系统属性	机械	电气	气动	液压
输入	内燃机或电机	内燃机、液压、蒸汽或蒸汽涡轮机	内燃机、电机或压力箱	内燃机、电机或空气涡轮
能量转移零件	机械零件，杠杆、轴齿轮	电缆和磁场	管道或软管	管道或软管
能源载体	刚性或弹性物体	电流	空气	液体
功率转换比	较差	适中	非常好	非常好
扭矩/惯性	较差	适中	好	非常好
刚性	好	较差	适中	非常好
响应速度	适中	非常好	适中	好
污垢敏感度	非常好	非常好	适中	适中
相对成本	非常好	非常好	好	适中
可控性	适中	非常好	好	好
运动类型	主要是旋转	主要是旋转	直线或旋转	直线或旋转

表 1-2 不同系统的效率、流量和功率的比较

	效率		流量		功率	
	变量	单位	变量	单位	变量	单位
直线运动	力，F	N	速度，v	m/s	$N=Fv$	W
旋转运动	转矩，T	N·m	角速度，ω	rad/s	$N=\omega T$	W
直流电	电势，e	V	电流，i	A	$N=ei$	W
液压	压力，p	Pa	流量，q	m^3/s	$N=pq$	W

习　　题

1-1　什么是液压传动？液压传动所用的工作介质是什么？

1-2　液压与气压传动系统由哪几部分组成？各组成部分的作用是什么？

1-3　如图 1-7 所示的液压千斤顶，小柱塞直径 $d=10\text{mm}$，行程 $s_1=25\text{mm}$，大柱塞直径 $D=50\text{mm}$，重物产生的力 $F_2=50000\text{N}$，手压杠杆比 $L:l=500:25$，试求：

（1）此时密封溶剂的液体压力 p 是多少？

（2）杠杆端施加力 F_1 为多少时，才能举起重物？

（3）在不计泄漏的情况下，杠杆上下动作一次，重物的上升高度 s_2 是多少？

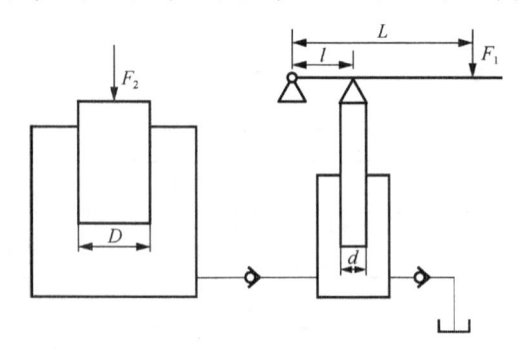

图 1-7　习题 1-3 图

第 2 章　液压流体力学基础

液压传动以液体作为介质来进行能量传递，主要通过增加流体的压力能来实现。因此，了解工作介质的基本物理和化学性质，研究液体平衡和运动的力学规律，有助于正确理解液压传动的基本原理。本章重点介绍液压油的性质、液压流体的静力学和动力学定律，这些内容为液压系统设计、计算及其应用的理论基础。

2.1　液压传动的工作介质

2.1.1　液压传动介质

1．液体的密度

液体单位体积内的质量称为密度，以 ρ 表示，即

$$\rho = \frac{m}{V} \tag{2-1}$$

式中，m 为液体的质量，kg；V 为液体的体积，m³。

液体的密度随压力和温度的变化而变化，当压力增加时密度变大，当温度升高时密度减小。在实际应用中，压力和温度对油液密度的影响比较小，密度可近似地视为常数，矿物油的密度为 $850 \sim 960 \mathrm{kg/m^3}$。

2．液体的可压缩性

液体受压力作用而发生体积减小的性质称为液体的可压缩性。对于纯液体，体积与压力之间的关系可描述为

$$K = \frac{\Delta p}{\Delta V / V} = -\frac{\mathrm{d}p}{\mathrm{d}V / V} \quad 或 \quad \frac{K}{V} = -\frac{\mathrm{d}p}{\mathrm{d}V} = -\frac{\mathrm{d}p}{\mathrm{d}t}\bigg/\frac{\mathrm{d}V}{\mathrm{d}t} \tag{2-2}$$

式中，Δp 为压力变化量，Pa；ΔV 为由压力引起的体积变化量，m³；V 为初始体积，m³；K 为液体的体积模量，对于矿物油 $K = 1 \sim 2 \mathrm{GPa}$。

对液压系统来讲，由于压力变化引起的液压油体积变化很小，一般可认为液压油是不可压缩的。但当液压油中混有空气时，其压缩性显著增强，并将影响系统的工作性能。在有动态特性要求或压力变化范围很大的高压系统中，应考虑液压油压缩性的影响，并应严格排除混入液压油中的气体。

3．液体的黏度

黏度是液体的一种重要物理性质，它描述了两个相邻液体层之间的流动阻力。液体的黏度产生于分子间的内聚力及其相互作用。如图 2-1 所示，两个无限长平行板之间充满液体，其中下板固定不动，而上板以固定速度 v 移动，上板受到向左侧的摩擦力，因其正

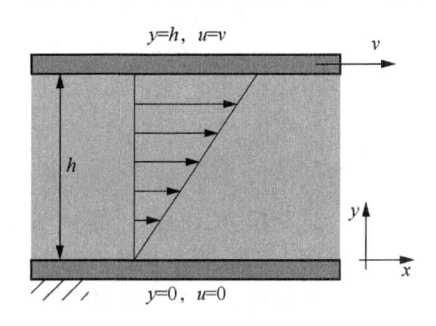

图 2-1　两个平行板之间流体的速度变化

试图牵引液体随其向右流动。类似地，下板受到向右的摩擦力。假设液体流动时相邻两层间的内摩擦力为 F，液层接触面积为 A，液层间的速度梯度为 dv/dy。根据实验测定结果，F 与 A 和 dv/dy 成正比，即 $F \propto A\dfrac{dv}{dy}$，引入比例常数 μ，形成：

$$F = \mu A \dfrac{dv}{dy} \tag{2-3}$$

式中，比例常数 μ 为液体的动力黏度，Pa·s。

如果以单位面积上的内摩擦力表示液体的剪切应力 τ，则

$$\tau = \dfrac{F}{A} = \mu \dfrac{dv}{dy} \tag{2-4}$$

式（2-4）即牛顿的液体内摩擦定律。

液体的黏度是衡量液体黏性的指标。黏度可分为动力黏度和运动黏度两种。运动黏度 υ 定义为动力黏度与密度之比，即 $\upsilon = \mu/\rho$，单位为 m^2/s。运动黏度 υ 通常以斯托克斯（St）表示，其中 $1St=10^{-4}m^2/s$，或厘斯托克斯（cSt），其中 $1cSt=10^{-6}m^2/s=1mm^2/s$。就物理意义而言，它不是一个黏度的量，但习惯上常用它来表示液体黏度，液压传动工作介质的黏度等级是以 40℃时运动黏度的中心值来划分的，如某一种牌号 L-HL22 普通液压油在 40℃时运动黏度的中心值为 $22mm^2/s$。

液体黏度随液体温度和压力的变化而变化。液压传动工作介质的黏度对温度的变化十分敏感。黏度随温度的升高而降低，将造成泄漏、磨损增加、效率降低等问题；反之，黏度随温度的下降而增加，将造成流动及泵转动困难等问题。如图 2-2 所示为液体黏度-温度曲线。黏度受温度影响变化大小的性质，直接影响液压传动工作介质的使用，其重要性不亚于黏度本身。

压力对黏度的影响远小于温度。但随着压力的增加，流体的黏度也会增加，在宽压力范围内运行液压系统，必须考虑压力的因素。但在一般液压系统使用的压力范围内，压力对液体黏度的影响可以忽略不计。

4．其他性质

（1）蒸汽压。所有的液体都会蒸发。但是如果在一个有限的空间，蒸发所得的气体就会施加压力，直到蒸发量等于冷凝量。在该平衡条件下，蒸汽压为饱和蒸汽压。此外，如果压力低于饱和蒸汽压的值也会因为沸点降低而加快蒸发。较高的饱和蒸汽压会导致较高的蒸发率。由于蒸汽压是液体沸腾时的压力，所以它会随温度的增加而增加。

将液体压力降低至饱和蒸汽压会产生气穴现象。气穴现象是指液体中充满蒸汽的空腔形成和崩塌。蒸汽腔的崩塌会导致非常大的局部流速。在排出液体时，吸入压力降低到油的蒸汽压力时会发生气穴。在泵的吸入管道中形成蒸汽腔并通过泵前进至高压区域时崩塌。在高压作用下的崩塌会导致极高的局部流速和很大的冲击力及压力（高达 700MPa），这将会加速元件腐蚀。

（2）润滑和抗磨特性。流体必须能够用薄而连续的润滑油膜覆盖所有运动部件的表面。由于高负载、供油不足和黏度低可能会使油膜破坏，会因微动而导致磨损。液体的润滑能力和膜厚强度与其化学性质直接相关，而且还可以通过添加剂来改善。

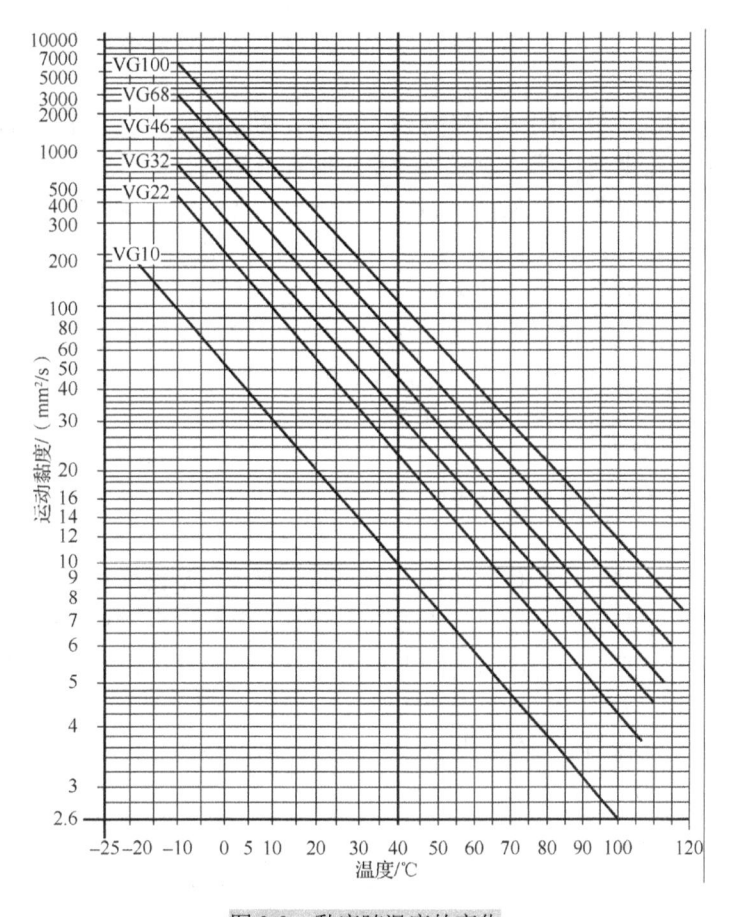

图 2-2 黏度随温度的变化

（3）兼容性。液压液必须与液压系统中所使用的其他材料完全兼容，这些材料包括轴承、密封件、油漆等。液压液不能与这些材料发生化学反应，也不能改变其物理性质。此外，液压液还有可能从系统中泄漏并遇到其他系统部件，如电线、机械部件等，因此液压液也必须与这些部件材料兼容。

（4）化学稳定性。化学稳定性是液压液的一个重要特性。化学稳定性是指液体长时间抵抗氧化和变质的能力。在一些恶劣的条件下，所有的液压流体都会发生一些不良的变化。一些金属会与某些液体发生不期望的化学反应，这些反应会形成污垢或其他沉淀物，进而导致开口被堵住或者卡住阀门、活塞等元件。这些沉淀物形成的同时，液压液的物理和化学性质也发生变化。液体通常会变黑、黏度增加并形成破坏性的酸。可以通过某些添加剂提高液体的化学稳定性，但这些添加剂不能改变液体的其他特性。

（5）氧化稳定性。氧化稳定性是指液体抵抗氧气降解的能力。氧化稳定性是液压液质量极其重要的指标，特别是在高温应用中。它决定了抗老化性。液压液被氧化导致黏度增加、形成腐蚀有机酸等不良问题。

（6）抗泡沫性。所有的流体中都含有溶解空气。溶解空气的量取决于温度和压力。通常矿物油液压液可含有 10%体积的溶解空气。当温度升高或者压力下降时，这些空气可能会析出一部分作为离散的气泡存在于流体中。当含有这些气泡的流体返回油箱时，空气会上升到表面形成泡沫。当然油箱和管道的不良设计也有可能会导致气泡或泡沫的形成。如果泡沫积聚，就可能导致系统出现严重问题。因此，大多数液压液都含有泡沫抑制剂来使泡沫快速被破坏。

（7）清洁度。液压系统的清洁已经受到了相当大的关注，一些液压系统，如航空航天领域的液压系统，对污染非常敏感。对于这些系统而言，污染物会导致部件故障、有碍于阀门的正常使用、造成零件磨损、增加伺服阀响应时间等问题，因此保持液压液的清洁度非常重要。一些外来流体、空气、水或者溶剂都属于液压液污染物。

（8）含酸量。酸会腐蚀系统中的金属，因此理想的液压液应该不含酸。在恶劣的操作条件下，大部分的液体不能保持完全无腐蚀性。一种液压液的含酸量，很可能在开始时是符合标准的，但是在使用一段时间后，就可能有较大的腐蚀性。

2.1.2 气压传动介质

空气是气压传动及控制的工作介质。

1．空气的组成

自然界的空气是由若干种气体组合而成的，其主要成分是氮气和氧气，其他气体所占比例很小。此外，空气中常含有一定量的水蒸气。含有水蒸气的空气称为湿空气。大气中的空气基本上都是湿空气，当在一定的压力和温度下，空气中所含的水蒸气达到最大可含量时，称为饱和湿空气。

不含水蒸气的空气称为干空气。基准状态下（即温度 $t=0$℃、压力 $p=0.1013$MPa），干空气的组成如表 2-1 所示。

表 2-1 干空气的组成

成分	氮	氧	氩	二氧化碳	其他气体
体积分数/%	78.01	20.95	0.932	0.03	0.078
质量分数/%	75.50	23.10	1.28	0.045	0.075

空气的全压力是指其各组成气体压力的总和，各组成气体的压力称为分压力，它表示这种气体在相同温度下，独占空气总容积时所具有的压力。

2．空气的性质

1）密度

空气具有一定的质量，常用密度 ρ 表示单位体积内空气的质量。

空气的密度与温度、压力有关。因此，干空气密度计算公式为

$$\rho_g = \rho_0 \frac{273.16}{T} \times \frac{p}{p_0} \qquad (2\text{-}5)$$

式中，ρ_g 为在热力学温度 T 和绝对压力 p 状态下的干空气密度，kg/m³；ρ_0 为基准状态下干空气的密度，$\rho_0 = 1.293$kg/m³；T 为热力学温度，$T=273.16+t$，K，t 为温度，℃；p 为绝对压力，MPa；p_0 为基准状态下干空气的压力，$p_0 = 0.1013$MPa。

湿空气的密度计算公式为

$$\rho_s = \rho_0 \frac{273.16}{T} \times \frac{p - 0.0378\varphi p_b}{0.1013} \qquad (2\text{-}6)$$

式中，ρ_s 为在热力学温度 T 和绝对压力 p 状态下的湿空气密度，kg/m³；p 为湿空气的绝对全

压力，MPa；p_b 为在热力学温度为 T 时，饱和空气中水蒸气的分压力，MPa（表 2-3）；φ 为空气的相对湿度（式（2-9））。

2）黏性

空气的黏度受温度影响较大，受压力影响甚微，可忽略不计。空气的运动黏度随温度变化的关系见表 2-2。

表 2-2　空气的运动黏度与温度的关系（压力 0.1013MPa）

$t/℃$	0	5	10	20	30	40	60	80	100
$\upsilon/(\times 10^{-4} m^2 \cdot s^{-1})$	0.133	0.142	0.147	0.157	0.166	0.176	0.196	0.210	0.238

3）压缩性和膨胀性

气体因分子间的距离大，内聚力小，故分子可自由运动。因此，气体的体积容易随压力和温度发生变化。

气体体积随压力增大而减小的性质称为压缩性，而气体体积随温度升高而增大的性质称为膨胀性。气体的压缩性和膨胀性都远大于液体的压缩性和膨胀性，故研究气压传动时，应予考虑。

气体体积随压力和温度的变化规律服从气体状态方程。

4）湿空气

湿空气不仅会腐蚀元件，还会对系统工作的稳定性带来不良影响。因此不仅各种元件对开孔器介质的含水量有明确规定，而且常采取一些措施防止水分被带入系统。

湿空气所含水分的程度用湿度和含湿量来表示，湿度的表示方法又有绝对湿度和相对湿度之分。

（1）绝对湿度。$1m^3$ 的湿空气中所含水蒸气的质量称为湿空气的绝对湿度，常用 χ（单位为 kg/m^3）表示，即

$$\chi = \frac{m_s}{V} \tag{2-7}$$

式中，m_s 为水蒸气的质量，kg；V 为湿空气的体积，m^3。

（2）饱和绝对湿度。在一定温度下，$1m^3$ 饱和湿空气中所含水蒸气的质量，称为该温度下的饱和绝对湿度，用 χ_b 表示，即

$$\chi_b = \varphi_b = \frac{p_b}{R_s T} \tag{2-8}$$

式中，φ_b 为饱和湿空气中水蒸气的密度，kg/m^3；p_b 为饱和湿空气中水蒸气的分压力，Pa。R_s 为水蒸气的气体常数，R_s=462.05J/(kg·K)；T 为热力学温度，K。

（3）相对湿度。在同一温度和压力下，湿空气的绝对湿度和饱和绝对湿度之比称为该温度下的相对湿度，用 φ 表示，即

$$\varphi = \frac{\chi}{\chi_b} \times 100\% = \frac{\rho_s}{\rho_b} \times 100\% = \frac{p_s}{p_b} \times 100\% \tag{2-9}$$

当 $\varphi = 0$，即 $p_s = 0$ 时，则空气绝对干燥；当 $\varphi = 100$，即 $p_s = p_b$ 时，则空气达到饱和湿度。一般要求气动技术中通过各种阀门的湿空气的相对湿度不得大于 90%。

（4）含湿量。含湿量分为质量含湿量和容积含湿量。

在含有 1kg 质量干空气的湿空气中所混合的水蒸气的质量,称为该湿空气的质量含湿量,用 d 表示,即

$$d = \frac{m_s}{m_g} = 622 \times \frac{\varphi p_b}{p - \varphi p_b} \qquad (2\text{-}10)$$

式中,m_s 为水蒸气的质量,kg;m_g 为干空气的质量,kg;p_b 为饱和水蒸气的分压力,MPa;p 为湿空气的全压力,MPa;φ 为相对湿度。

在含有 1m³ 体积干空气的湿空气中所混合的水蒸气的质量,称为该湿空气的容积含湿量,用 d' 表示,即

$$d' = d\rho_g \qquad (2\text{-}11)$$

式中,d 为质量含湿量,g/kg;ρ_g 为干空气的密度,kg/m³。

在标准大气压(0.1013MPa)下,饱和湿空气中的水蒸气分压 p_b、密度 ρ_b、容积含湿量 d'_b 与温度 t 之间的关系见表 2-3。

表 2-3 标准大气压下 p_b、ρ_b、d'_b 与 t 的关系

温度 t/℃	饱和水蒸气分压力 p_b/MPa	饱和水蒸气密度 ρ_b/(g·m⁻³)	饱和容积含湿量 d'_b/(g·m⁻³)
100	0.1013	—	597.0
80	0.0473	290.8	292.9
70	0.0312	197.0	197.9
60	0.0199	129.8	130.1
50	0.0123	82.9	83.2
40	0.0074	51.0	51.2
30	0.0042	30.3	30.4
20	0.0023	17.3	17.3
10	0.0012	9.4	9.4
0	0.0006	4.85	4.85
-10	0.00026	2.25	2.2
-20	0.00010	1.07	0.9

由表 2-3 可以看出,空气中的水蒸气分压力和含湿量都随温度的下降而明显减小,所以降低进入气动装置的空气温度,对于减少空气中的含水量是有利的。

3. 气动系统对压缩空气质量的要求

由空气压缩机排出的含有汽化润滑油、水蒸气、固体杂质的高温压缩空气会对气动系统的正常工作产生不利影响,原因如下。

(1)混在压缩空气中的油蒸气可能聚集在储气罐、管道、气动元件的容腔中形成易燃物,有引起爆炸的危险。另外润滑油被汽化后会形成一种有机酸,对金属元件、气动装置有腐蚀作用,影响设备的使用寿命。

(2)压缩空气中含有的水分,会腐蚀导管并使气动元件生锈;在一定的压力和温度条件下,水分会生成水膜,增加气流阻力;如果结冰,还会堵塞通道,使控制失灵,甚至损坏管

道及元件。

（3）混入压缩空气中的杂质会堵塞通道，使运动件加速磨损，降低元件的使用寿命。

（4）压缩空气的温度过高会加速气动元件中各种密封件、软管材料等的老化，且温差过大，元件材料会发生胀裂，降低系统使用寿命。

因此，由空气压缩机排出的压缩空气，必须经过降温、除油、除水、除尘和干燥的净化处理，当品质达到一定要求后，才能使用。

气动系统对工作介质——压缩空气的主要要求是：具有一定的压力和足够的流量，具有一定的净化程度，所含杂质（油、水及灰尘等）粒径一般不超过一定数值。对于气缸、膜片式和截止式气动元件，要求杂质粒径不大于 50μm；对于气马达、滑阀元件，要求杂质粒径不大于 25μm；对于射流元件，要求杂质粒径为 10μm 左右。

2.1.3 液压液的分类与选用

1．液压液应具备的主要性质

（1）在整个温度区间具有好的流动性。

（2）适宜的黏度和良好的黏-温特性。

（3）优良的润滑性能（抗磨性能）。

（4）优良的热安定性、氧化安定性、水解安定性和剪切安定性。

（5）良好的抗乳化性。

（6）良好的防锈、抗腐蚀性。

（7）良好的抗泡性和空气释放性。

（8）良好的密封材料适应性。

（9）良好的清洁性和过滤性。

（10）蒸汽压低以避免气穴现象。

（11）良好的导热性。

（12）在某些应用中，防火性至关重要。

（13）在一些现代设计中可能还需要电绝缘性。

（14）环保性。

2．液压液的分类

矿物性液压液：按照国际标准化组织规定，采用 40℃时油液的运动黏度作为液压油黏度牌号，共分为 10、15、22、32、46、68、100、150 八个等级。

难燃液压液：乳化液、高水基液压液、海水、淡水。

液压系统工作介质品种以其代号和后面的数值组成，代号 L 表示石油产品的总分类号"润滑剂和有关产品"；H 表示液压系统的工作介质；数字表示为该工作介质的某个黏度等级。根据我国矿物型和合成烃型液压油的产品标准《液压油（L-HL、L-HM、L-HV、L-HS、L-HG）》（GB 11118.1—2011），液压油又包括 HL、HM、HG、HV、HS 五个品种的技术规格：L-HL 液压油为抗氧防锈性液压液；L-HM 液压油为抗磨液压油，在 HL 基础上改善了抗磨性；L-HG 液压油为液压导轨油，在 HM 基础上添加减磨剂以改善润滑性；L-HV 液压油为低温液压油，在 HM 基础上改善了低温特性；L-HS 液压油为低温液压油，比 HV 有更低的倾点。高压抗磨液压油，在 HM 液压油优等品基础上增强了抗磨性，通过了高压泵台架试验。石油型液压油黏度等级有 15～150 多种规格，分类见表 2-4。

表 2-4 液压系统工作介质分类

分类	名称	代号	组成和特性	应用
石油型	精制矿物油	L-HH	无抗氧剂	循环润滑油，低压液压系统
	普通液压油	L-HL	HH 液压油，并改善其防锈和抗氧化性	一般液压系统
	抗磨液压油	L-HM	HL 液压油，并改善其抗磨性	低、中、高液压系统，特别适合于有防磨要求带叶片泵的液压系统
	低温液压油	L-HV	HM 液压油，并改善其黏-温特性	能在-20～40℃的低温环境中工作，用于户外工作的工程机械和船用设备的液压系统
	高黏度指数液压油	L-HS	HM 液压油，并改善其黏-温特性	黏-温特性优于 L-HV 油，用于数控机床液压系统和伺服系统
	液压导轨油	L-HG	HM 液压油，并具有黏-温特性	适用于导轨和液压系统共用一种油品的机床，对导轨有良好的润滑性和防爬性
	其他液压油		加入多种添加剂	用于高品质的专用液压系统
乳化型	水包油乳化液	L-HFAE		需要难燃液的场合

3. 工作介质的选用原则

（1）液压系统的工作条件。按系统中液压元件（主要是液压泵）来确定工作介质的黏度。同时要考虑压力范围、油膜承载能力、润滑性、系统温升程度、工作介质与密封材料和涂层的相容性能要求。

（2）液压系统的工作环境。环境温度的变化范围、有无明火和高温热源、抗燃性等要求，还要考虑环境污染、毒性和气味等因素。

（3）综合经济分析。选择工作介质时要全面考虑价格和使用寿命。高质量的液压油，从一次购置的角度来看花费较大；但从使用寿命、元件更换、运行维护、生产效率的提高方面来看，总的经济效益是非常合算的。

2.2 液体静力学

液体静力学主要研究处于相对平衡状态下静止液体的力学规律及其应用。静止液体是指内部质点之间无相对运动，而对于液体整体可类似于刚体做匀速、匀加速等各种运动。

2.2.1 液体的压力及其特性

作用于液体上的力分为质量力和表面力两种。其中质量力作用于液体的每一个质点上，如重力、惯性等；表面力作用于液体的表面上，如法向力和切向力等。由于静止液体的质点间无相对运动，因此不存在切向力；又因液体只能承受压力而不能承受拉力，所以静止液体上的表面力只有法向压应力。

当液体相对静止时，其单位面积上所受的内法线方向上的法向力，称为静压力。在液压传动系统中通称为压力，用 p 表示：

$$p = \frac{F}{A} \tag{2-12}$$

如图 2-3 所示，当液体受到外力的作用时，将形成液体压力。液体静压力具有如下两个重要的特性。

（1）液体静压力的方向总是沿着作用面的内法线方向，即静止液体只承受法向应力而不承受剪切应力和拉力。

（2）静止液体内任一点处所受的静压力在各个方向上都相等（否则液体将运动）。

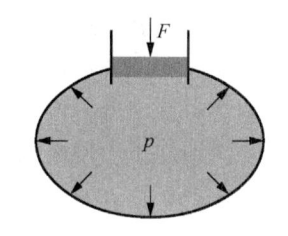

图 2-3 封闭空间内液体压力分布

2.2.2 液体静力学方程

1. 液体静力学基本方程

如图 2-4 所示，密度为 ρ 的液体在容器内处于静止状态，作用在液面上的压力为 p_0。若计算离液面深度为 h 处某点的压力，可以假设从液面往下切取高度为 h，底面积为 ΔA 的一个微小液柱为研究体。该液柱在重力及周围液体的压力作用下处于平衡状态，在液柱垂直方向上的力有 $p_0\Delta A$、$\rho g h \Delta A$ 和 $p\Delta A$，则根据力平衡方程有 $p\Delta A = p_0\Delta A + \rho g h \Delta A$，化简得

$$p = p_0 + \rho g h \tag{2-13}$$

式（2-13）为液体静力学的基本方程。由式（2-13）可得出以下结论。

（1）静止液体中任一点处的静压力是作用在液面上的压力 p_0 和液体重力所产生的压力 $\rho g h$ 之和。当液面与大气接触时，$p_0 = p_a$（大气压力），故 $p = p_a + \rho g h$。

（2）液体静压力随液深 h 呈线性规律分布。

（3）离液面深度相同的各点组成了等压面，等压面为一水平面。

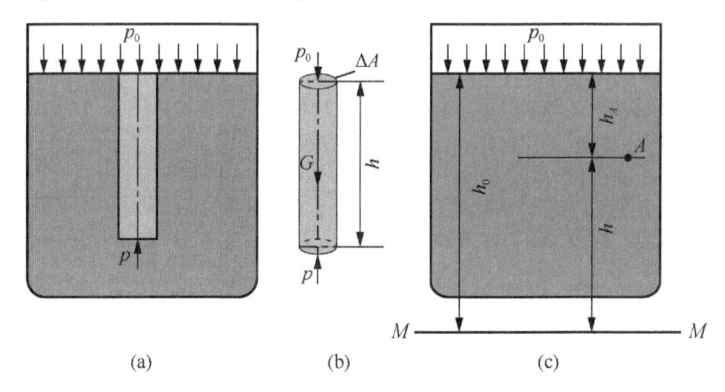

图 2-4 静止液体内液体分布规律

2. 静压力基本方程的物理意义

如图 2-4 所示，密封容器内的压力为 p_0，取一基准平面 $M—M$ 为相对高度的起始面，则距 $M—M$ 基准平面 h 处 A 点的压力为 $p = p_0 + \rho g(h_0 - h)$，或

$$\frac{p}{\rho} + gh = \frac{p_0}{\rho} + gh_0 = 常数 \tag{2-14}$$

式中，gh 为单位质量液体的位能，称为位置水头；$\dfrac{p}{\rho}$ 为单位质量液体的压力能，称为压力水头。

式（2-14）的物理意义为：静止液体中任意一点处的位能和压力能之和为一常数，二者可以互相转换（能量守恒）。

3. 静压力传递原理——帕斯卡原理

由静压力基本方程可知，静止液体中任意一点处的压力都包含了液面压力 p_0，这就是说，在密封容器中由外力作用在液面上的压力能够等值地传递到液体内部的所有点，这就是帕斯卡原理，即静压力传递原理。

图 2-5 为帕斯卡原理应用图，图中液压缸 1 和 2 的截面面积分别为 A_1 和 A_2。由作用于活塞 1 上的力 F_1 产生的压力为 F_1/A_1，根据帕斯卡原理该压力（无损失地）传递到活塞 2 的截面上，则作用在活塞 2 上的力为

$$F_2 = F_1 \frac{A_2}{A_1} \tag{2-15}$$

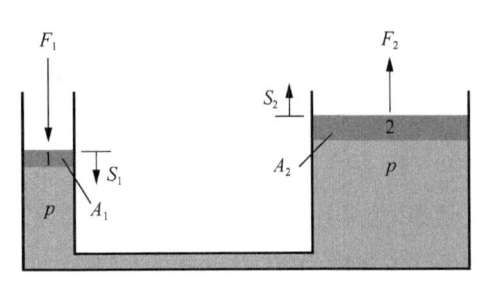

图 2-5 帕斯卡原理应用

当作用力 F_1 在有效面积上产生的压力，克服负载 F_2 所需压力（通过截面积 A_2）时，就可将负载 F_2 抬升（忽略摩擦损失）。两个活塞产生的位移与面积成反比：

$$\frac{S_1}{S_2} = \frac{A_2}{A_1} \tag{2-16}$$

活塞 1 所做的功 W_1 等于活塞 2 所做的功 W_2，即

$$W_1 = F_1 S_1 = W_2 = F_2 S_2 \tag{2-17}$$

如果活塞 2 上无负载，当略去活塞重量及其他阻力时，不论怎样推动活塞 1，也不能在液体中形成压力，这说明液压系统中的压力是由外负载决定的。

4. 压力的表示方法

压力的表示方法有两种：绝对压力和相对压力。以绝对真空为基准来度量的压力，称为绝对压力；以大气压力为基准来度量的压力，称为相对压力（表压力）。在地球的表面上用压力表所测得的压力数值为相对压力，液压技术中的压力一般为相对压力。绝对压力和相对压力的关系为：当 $p > p_a$ 时，绝对压力=相对压力+大气压力。

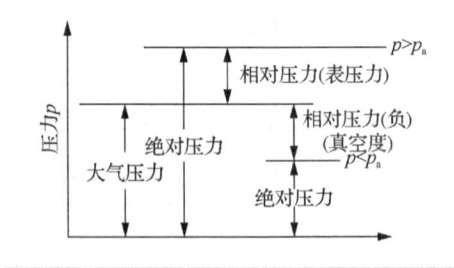

图 2-6 绝对压力、相对压力和真空度的关系

当绝对压力小于大气压力时，比大气压力小的那部分数值称为真空度，即当 $p < p_a$ 时，真空度=大气压力-绝对压力。

绝对压力、相对压力和真空度之间的关系如图 2-6 所示。

压力的法定计量单位为 Pa。工程上通常采用 kPa 或 MPa，$1\text{MPa} = 10^3 \text{kPa} = 10^6 \text{Pa}$。

2.3 液体动力学

在液压传动过程中，液压液总是处于不断流动的状态，因此研究液体运动和引起运动的原因，是液体动力学的主要内容。液体动力学研究的就是液体在外力作用下流动时的速度和压力之间的变化规律。下面重点介绍流动液体的三个基本控制方程：连续性方程、伯努利方程和动量方程。这三个方程是液压传动中分析问题和设计、计算的基础。

2.3.1 基本概念

1．理想流体与恒定流动

理想流体是为简化问题的计算分析难度而假设的既无黏性又不可压缩的液体。实际上理想流体并不存在。实际流体是指任何具有黏性、可压缩性（尽管可压缩性很小）的液体。

恒定流动是指液体流动时，液体中任一质点处的压力、流速和密度不随时间而变化的流动；反之，若液体中任一点处的压力、流速和密度中有一项随时间变化，就称为非恒定流动。

2．通流截面、流量和平均流量

液体在管道中流动时，垂直于液体流动方向的截面称为通流截面或过流断面。

在单位时间内，流过某通流截面（过流断面）的液体体积称为流量，用 q 表示，单位为 m^3/s 或 L/min，$1m^3/s = 6 \times 10^4 L/min$。

液流质点在单位时间内流过的距离称为流速，通常用 v 表示。由于液体都具有黏性，液体在管中流动时，在同一截面上各点的流速是不相同的，其分布规律一般为抛物线体。为了便于计算，引入平均流速的概念，即假设流过通流截面各点的流速均匀分布，可表示为

$$v = \frac{q}{A} \tag{2-18}$$

图 2-7 示意了实际流速和平均流速的关系。液压缸工作时，活塞运动的速度就等于缸内液体的平均流速。活塞运动的速度由输入液压缸的流量决定。

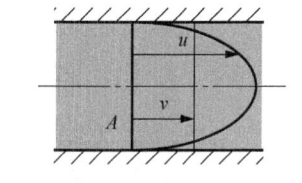

图 2-7 实际流速和平均流速

3．层流和紊流

实际液体由于存在黏性而具有两种流动形态：层流和紊流。

层流是指液体流动时，液体质点无横向运动、互不混杂、呈线状或层状的流动。紊流是指液体流动时，液体质点做不规则运动、互相混杂、轨迹曲折混乱形态的流动。它们传递动量、热量和质量的方式不同：层流通过分子间的相互作用，紊流主要通过质点间的混杂，紊流的传递速率远大于层流。水利工程所涉及的流动，一般为紊流。

液体的不同流动类型可采用图 2-8 所示的雷诺实验装置观察。水杯内盛有深色的液体，打开开关 2 后深色液体经细导管流入水平玻璃管中。打开开关 3，开始液体流速较小，深色液体在玻璃管中呈一条明显的直线，说明为层流状态。当逐步开大开关 3，玻璃管内深色液体逐渐增大到一定流速时，可看到深色线开始呈现波纹状，此时为过渡阶段。再增大开关 3，流速进一步加大，深色水流和清水完全混合，深色线便完全消失，这种流动状态为紊流。

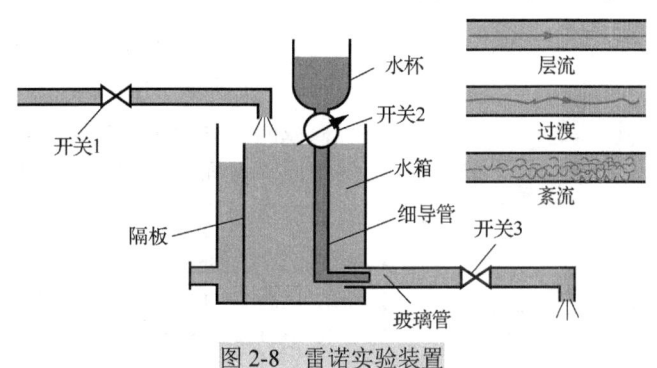

图 2-8 雷诺实验装置

4．雷诺数

液体流动呈现出的流态是层流还是紊流,可通过图2-8雷诺实验得到的雷诺数 Re 来判别。实验表明,液体在圆管中流动状态不仅与管内的平均流速 v 有关,还和管径 d、液体的运动黏度 υ 有关,这三个数所组成的一个无量纲参数称为雷诺数,即

$$Re = \frac{vd}{\upsilon} \tag{2-19}$$

雷诺数小时,黏性效应在整个流场中起主要作用,流动为层流。雷诺数大时,紊动混掺起决定作用,流动为紊流。对于同样的液流装置,由层流转换为紊流时的雷诺数称为临界雷诺数。常见的液流管道的临界雷诺数可由实验求得,见表2-5。

表2-5 常见液流管道的临界雷诺数

管道的形状	临界雷诺数	管道的形状	临界雷诺数
光滑的金属圆管	2000~2300	有槽的同心环状缝隙	700
橡胶软管	1600~2000	有槽的偏心环状缝隙	400
光滑的同心环状缝隙	1100	圆柱形滑阀阀口	260
光滑的偏心环状缝隙	1000	锥阀阀口	20~100

对于非圆截面管道来说, Re 可用下式来计算:

$$Re = \frac{4vR}{\upsilon} \tag{2-20}$$

式中, R 为通流截面的水力半径,它等于液流的有效截面积 A 和它的湿周(通流截面上与液体接触的固体壁面的周长) χ 之比,即

$$R = \frac{A}{\chi} \tag{2-21}$$

对于圆管,水力半径 $R = \dfrac{\frac{1}{4}\pi d^2}{\pi d} = \dfrac{d}{4}$。对于正方形截面管道,假设边长为 b,则湿周为 $4b$,水力半径为 $R = b^2/(4b) = b/4$。水力半径的大小对管道通流能力影响很大。水力半径大,表明液流与管壁接触少,通流能力大;水力半径小,表明液流与管壁接触多,通流能力小,容易堵塞。

2.3.2 流量连续性方程

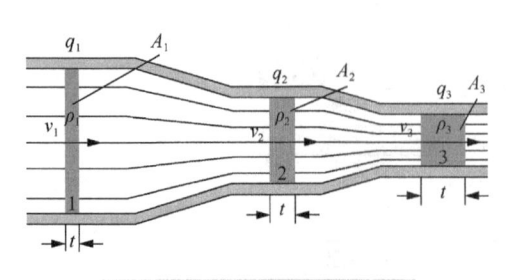

图2-9 流量连续性方程的推导

流量连续性方程是质量守恒定律在流体力学中的一种表达形式。如图2-9所示,假设液体在具有不同横截面的管道中做稳定流动,取1、2、3三个不同的通流截面,其面积分别为 A_1、A_2 和 A_3;三截面处的液体密度分别为 ρ_1、ρ_2 和 ρ_3;平均流速为 v_1、v_2 和 v_3,三截面间液体的体积不变。根据质量守恒定律,单位时间内流过三个截面的理想液体质量相等,即 $\rho_1 A_1 v_1 = \rho_2 A_2 v_2 = \rho_3 A_3 v_3$。对于不可压缩的液

体，$\rho_1 = \rho_2 = \rho_3$，则有
$$A_1v_1 = A_2v_2 = A_3v_3 \quad (2\text{-}22)$$
即
$$q_1 = q_2 = q_3 = 常数 \quad (2\text{-}23)$$

式（2-23）称为不可压缩液体做稳定流动时的连续性方程，它说明在同一管路中有以下几种情况。

（1）若无泄漏，无论通流截面积怎样变化，液体通过任一截面的流量是相等的。

（2）通流截面积越大液体流速越小，反之，液体流速越大。

（3）通流截面积一定时，通过的液体流量越大，其流速也越大。

2.3.3 伯努利方程

1. 理想液体的伯努利方程

伯努利方程是能量守恒定律在流体力学中的一种表达形式。为了理论研究方便，在理想液体的稳定流动中，取如图 2-10 所示的任意截面 1 和 2 处。截面 1 的面积为 A_1，流速为 v_1，压力为 p_1，相对基准位置高度为 h_1；截面 2 的面积为 A_2，流速为 v_2，压力为 p_2，相对基准位置高度为 h_2。根据能量守恒定律，在同一管道内各个截面处的总能量都相等。对于静止液体，由静力学基本方程可知：

$$\frac{p_1}{\rho} + gh_1 + \frac{v_1^2}{2} = \frac{p_2}{\rho} + gh_2 + \frac{v_2^2}{2} \quad (2\text{-}24)$$

或

$$\frac{p_1}{\rho g} + h_1 + \frac{v_1^2}{2g} = \frac{p_2}{\rho g} + h_2 + \frac{v_2^2}{2g} = 常数 \quad (2\text{-}25)$$

式中，$\frac{p_1}{\rho}$ 为单位质量液体的压力能；gh 为单位质量液体的位能；$\frac{v^2}{2}$ 为单位质量液体的动能。

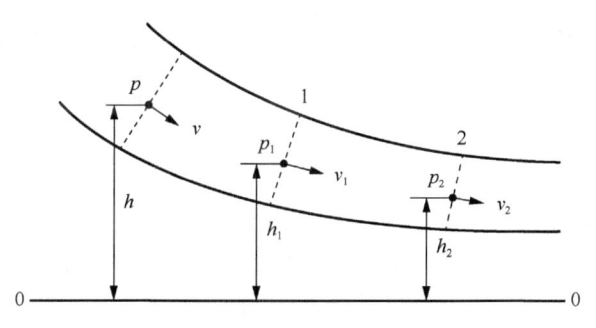

图 2-10 伯努利方程示意图

式（2-25）称为理想液体的伯努利方程。其物理意义是：在密闭管路内做稳定流动的理想液体，具有压力能、位能、动能三种形式的能量，在沿管道流动过程中三种能量可以互相转化，但在任一截面处，三种能量总和保持不变。该方程反映了流动液体的位置高度、压力与流速之间的相互关系。

2. 实际液体的伯努利方程

实际液体在管路中流动时，由于有黏性所产生的内摩擦力，液体将消耗部分能量。同时管道形状和尺寸的突然变化，将使局部液体产生扰动，也会造成能量损失。因此，用平均速

度 v 代替实际流速计算动能时,必然产生偏差,因此可用动能修正系数 α 来对偏差进行补偿,于是实际液体的伯努利方程为

$$\frac{p_1}{\rho}+gh_1+\frac{\alpha_1 v_1^2}{2}=\frac{p_2}{\rho}+gh_2+\frac{\alpha_2 v_2^2}{2}+gh_\omega \qquad (2\text{-}26)$$

或

$$\frac{p_1}{\rho g}+h_1+\frac{\alpha_1 v_1^2}{2g}=\frac{p_2}{\rho g}+h_2+\frac{\alpha_2 v_2^2}{2g}+h_\omega=常数 \qquad (2\text{-}27)$$

式中,gh_ω 为单位质量液体的能量损失;α_1、α_2 为动能修正系数,一般紊流时取 1,层流时取 2。

例 2-1 液压泵装置如图 2-11 所示,试分析液压泵的吸油过程。

解 设以油箱面 1-1 截面为基准面;泵的进油口处管道截面为 2-2 截面,2-2 截面处流速为 v_2,压力为 p_2,泵的吸油高度为 H,按伯努利方程有

$$\frac{p_1}{\rho}+gh_1+\frac{\alpha_1 v_1^2}{2}=\frac{p_2}{\rho}+gh_2+\frac{\alpha_2 v_2^2}{2}+gh_\omega$$

式中,$p_1=p_a$、$h_1=0$、$v_1\approx 0$、$h_2=H$,代入上式整理后得

$$p_a-p_2=\rho\frac{\alpha_2 v_2^2}{2}+\rho gH+\rho gh_\omega$$

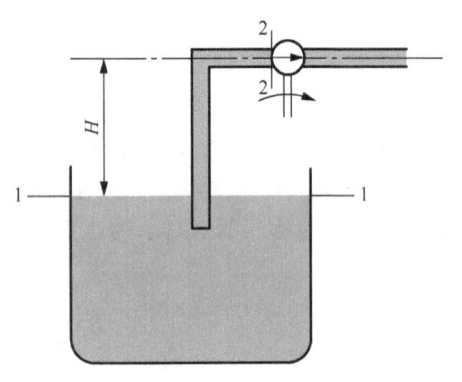

图 2-11 液压泵的吸油过程示意图

由于 p_2 是泵进口处的绝对压力,则泵进口处的真空度为 p_a-p_2。由上式可知,泵吸油口处的真空度由 $\rho\dfrac{\alpha_2 v_2^2}{2}$、$\rho gH$ 和 ρgh_ω 三部分组成。当泵安装高度高于液面时,即 $H>0$,则 $\rho\dfrac{\alpha_2 v_2^2}{2}+\rho gH+\rho gh_\omega>0$,即 $p_2<p_a$,此时泵的进口处绝对压力小于大气压力,形成真空,油在大气压力作用下进入泵内。当泵的安装高度在液面之下时,H 变为负值,则当 $|H|>\dfrac{\alpha_2 v_2^2}{2g}+h_\omega$ 时,泵进口不形成真空,油自行灌入泵内。

可见,泵的吸油高度越小,泵越容易吸油。在一般情况下,为了便于安装和维修,泵多安装在油箱液面以下,依靠进口处形成的真空度来吸油。但工作时真空度也不能太大,因空气要析出而形成空穴现象,产生噪声和振动。为了使真空度不至于过大,应减小 v_2、H 和 h_ω。一般采用较大的吸油管径,减小管路长度以减小液体流动速度和压力损失,限制泵的安装高度,一般 $H<0.5$ m。

2.3.4 动量方程

动量方程是刚体力学中的动量定理在流体力学中的具体应用,用来计算液流作用在固体壁面上作用力的大小。刚体力学动量定理指出,作用在物体上的外力等于物体在单位时间内的动量变化量,即

$$\sum F=\frac{mv_2}{\Delta t}-\frac{mv_1}{\Delta t} \qquad (2\text{-}28)$$

将 $m = \rho V$ 和 $V/\Delta t = q$ 代入式（2-28），得

$$\sum F = \rho q v_2 - \rho q v_1 = \rho q \beta_2 v_2 - \rho q \beta_1 v_1 \tag{2-29}$$

式（2-29）为流动液体的动量方程，式中 β_1、β_2 为动量修正系数，紊流时取 1，层流时取 1.33。该式为矢量方程，式中的速度为矢量（以黑体表示）。使用该式时应根据具体情况将式中的各个矢量分解为所需研究方向的投影值，再列出该方向上的动量方程，例如，在 x 向的动量方程可写为

$$\sum F_x = \rho q \beta_2 v_{2x} - \rho q \beta_1 v_{1x} \tag{2-30}$$

工程上往往求液流对通道固体壁面的作用力，即动量方程中 $\sum F$ 的反作用力 F'，通常称稳态液动力，在 x 向的稳态液动力为

$$\sum F_x' = \sum F_x = \rho q (\beta_2 v_{2x} - \beta_1 v_{1x}) \tag{2-31}$$

例 2-2　求图 2-12 中滑阀阀芯所受的轴向稳态液动力。

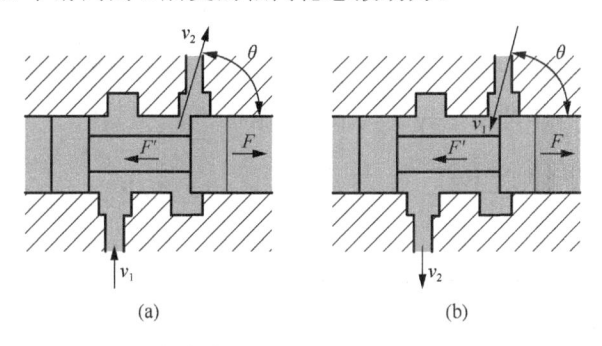

图 2-12　滑阀阀芯上的稳态液动力

解　取进、出口之间的液体体积为控制液体，在图 2-12(a) 所示状态下，按式（2-30）列出滑阀轴线方向的动量方程，求得作用在控制液体上的力 F 为

$$F = \rho q (\beta_2 v_2 \cos\theta - \beta_1 v_1 \cos 90°) = \rho q \beta_2 v_2 \cos\theta \quad \text{（方向向右）}$$

滑阀阀芯所受的稳态液动力为

$$F' = -F = \rho q \beta_2 v_2 \cos\theta \quad \text{（方向向左，与} v_2 \cos\theta \text{方向相反）}$$

在图 2-12(b) 所示状态下，滑阀在轴线方向的动量方程为

$$F = \rho q (\beta_2 v_2 \cos 90° - \beta_1 v_1 \cos\theta) = -\rho q \beta_1 v_1 \cos\theta \quad \text{（方向向右）}$$

滑阀阀芯所受的稳态液动力为

$$F' = -F = \rho q \beta_1 v_1 \cos\theta \quad \text{（方向向左，与} v_1 \cos\theta \text{方向相反）}$$

由以上分析可知，在上述两种情况下，阀芯所受稳态液动力都有使滑阀阀芯口关闭的趋势，流量越大，流速越大，则稳态液动力越大。这将增大操纵滑阀所需的力，所以对大流量的换向阀要求采用液动控制或电-液动控制。

2.4　气体状态方程

气体的压力、温度和体积这三个参数表征气体处于某种状态。气体从一种状态变化到另一种状态称为状态变化。气体状态方程描述气体在状态变化以后或在变化过程中，当处于平衡时，这些参数之间的关系。

2.4.1 理想气体状态方程

不计黏性的气体称为理想气体。空气可近似视为理想气体。

一定质量的理想气体在状态变化的某一稳定瞬时，其状态方程为

$$\frac{pV}{T} = 常数 \tag{2-32}$$

$$pv = RT \tag{2-33}$$

$$\frac{p}{\rho} = RT \tag{2-34}$$

式中，p 为气体绝对压力，Pa；V 为气体体积，m^3；v 为气体的单位质量体积，m^3/kg；ρ 为气体的密度，kg/m^3；R 为气体常数，$J/(kg \cdot K)$，干空气，$R_g = 287.1 J/(kg \cdot K)$，水蒸气，$R_s = 462.05 J/(kg \cdot K)$；$T$ 为气体的热力学温度，K。

理想气体状态方程适用于绝对压力不超过 20MPa、热力学温度不低于 253K 的空气、氧气、氮气、二氧化碳等，不适用于高压状态和低温状态下的气体。

2.4.2 气体状态变化过程

1. 等容状态过程

在气体的质量、体积保持不变（v=常数）的条件下，所进行的状态变化过程，称为等容过程。等容过程状态方程为

$$\frac{p}{T} = 常数 \quad 或 \quad \frac{p_1}{T_1} = \frac{p_2}{T_2} \tag{2-35}$$

式中，T_1、T_2 分别为起始状态和终止状态下的热力学温度，K；p_1、p_2 分别为起始状态和终止状态下的绝对压力，Pa。

在等容过程中，气体对外不做功。因此，气体随温度升高，其压力和热力学能（即内能）均增加。

2. 等压状态过程

在气体压力保持不变（p=常数）的条件下，一定质量气体所进行的状态变化过程，称为等压过程。等压过程状态方程为

$$\frac{v}{T} = 常数 \quad 或 \quad \frac{v_1}{T_1} = \frac{v_2}{T_2} \tag{2-36}$$

式中，v_1、v_2 分别为起始状态和终止状态下的单位质量体积，m^3/kg。

在等压过程中，气体的热力学能发生变化；气体温度升高，体积膨胀，对外做功。

3. 等温状态过程

在气体温度保持不变（T=常数）的条件下，一定质量气体所进行的状态变化过程，称为等温过程。当气体状态变化很慢时，可视为等温变化过程，如气动系统中的气缸慢速运动、管道送气过程等。

等温过程状态方程为

$$pv = 常数 \quad 或 \quad p_1 v_1 = p_2 v_2 \tag{2-37}$$

在等温过程中，气体的热力学能不发生变化，加入气体的热量全部做膨胀功。

4. 绝热状态过程

在气体与外界无热量交换的条件下，一定质量气体所进行的状态变化过程，称为绝热过程。当气体状态变化很快时，可视为绝热变化过程，如气动系统的快速充、排气过程。

在绝热过程中，气体靠消耗自身的热力学能对外做功，其压力、温度和体积三个参数均为变量。

绝热过程状态方程为

$$pv^k = 常数 \quad 或 \quad p_1 v_1^k = p_2 v_2^k \tag{2-38}$$

$$\frac{p}{\rho^k} = 常数 \quad 或 \quad \frac{p_1}{p_2} = \left(\frac{\rho_1}{\rho_2}\right)^k \tag{2-39}$$

$$\frac{T_2}{T_1} = \left(\frac{p_2}{p_1}\right)^{\frac{k-1}{k}} \tag{2-40}$$

$$\frac{T_2}{T_1} = \left(\frac{v_1}{v_2}\right)^{k-1} \tag{2-41}$$

式中，k 为等熵指数（又称绝热指数），$k = \dfrac{c_p}{c_v}$，对于空气有 $k = 1.4$；c_p 为定压比热，kg·K；c_v 为定容比热，kg·K。

2.4.3 气体流动基本方程

当气体流速较低时，流体运动学和动力学的三个基本方程，对于气体和液体是完全相同的。但当气体流速较高（$v > 5\text{m/s}$）时，气体的可压缩性将对流体运动产生较大影响。下面介绍这种情况下的气体流动基本方程。

1. 可压缩气体的流量方程

根据质量守恒定律，气体在管道内做恒定流动时，单位时间内流过管道任意通流截面的气体质量都相等，即

$$\rho_1 A_1 v_1 = \rho_2 A_2 v_2 \tag{2-42}$$

式中，ρ_1、ρ_2 分别为截面 1、2 处气体的密度；A_1、A_2 分别为截面 1、2 的面积；v_1、v_2 分别为截面 1、2 处气体的平均流速。

式（2-42）就是可压缩气体的流量方程。

2. 可压缩气体的伯努利方程

气动系统中，空气在气动元件和管道内做高速流动是常见的。空气做高速流动时，密度 ρ 会发生变化，如果按绝热状态计算（因流动速度快而来不及和周围环境进行热交换），可得到如下形式的伯努利方程：

$$\frac{v^2}{2} + gh + \frac{k}{k-1} \cdot \frac{p}{\rho} + gh_\omega = 常数 \tag{2-43}$$

式中，k 为绝热指数，对空气 $k = 1.4$；h_ω 为摩擦阻力损失水头。

因气体黏度很小，可忽略其摩擦阻力，若再忽略位置高度的影响，则有

$$\frac{v^2}{2} + \frac{k}{k-1} \cdot \frac{p}{\rho} = 常数 \tag{2-44}$$

气体在低速流动时，可认为是不可压缩的（ρ=常数），则有

$$\frac{v^2}{2} + \frac{p}{\rho} = 常数 \tag{2-45}$$

2.5 管道内的压力损失

液体在管路中流动过程中，由于实际液体具有黏性以及流体在流动时的相互撞击和漩涡等，必然会产生阻力，而克服这些阻力就要消耗能量。压力损失是液压系统中能量损失的主要形式。液体在流动时的压力损失可分为两类：一类是液体在直径不变的直管道中流过一定距离后，因摩擦力而产生的沿程压力损失（图2-13）；另一类是由于管道局部截面形状突然变化、液流反向改变以及其他形式的液流阻力所引起的局部压力损失。

压力损失增大也就意味着液压系统中功率损耗的增加，这将导致油液发热加剧、泄漏量增加、效率下降和液压系统性能变坏。因此，在液压技术中正确估算压力损失，从而寻求减小压力损失的途径是有实际意义的。下面分别介绍两种压力损失。

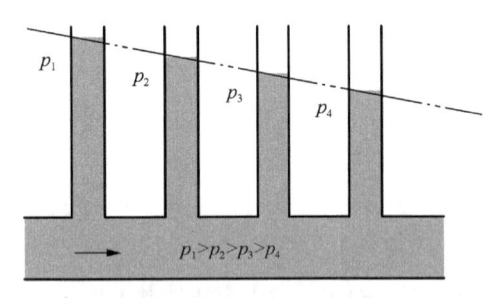

图2-13 摩擦力导致的压力下降

1. 沿程压力损失

液体在等径直管中流动时，其沿程压力损失除了与液体的流速、黏度、管路的长度以及油管的内径等有关，还与液体的流动状态有关。液体在圆管中的层流流动是液压系统中最常见的现象，下面主要介绍液流为层流状态时的压力损失。

如图2-14所示，液体在直径为d的管道中流动，假设流态为层流。在液流中取一微小圆柱体，其半径为r，长度为l，圆柱体左端的液压力为p_1，右端的液压力为p_2。由于液体具有黏性，在不同的半径处液体的速度呈抛物线规律分布。当$r = 0$时流速最大，在$r = R$处流速最小。速度的表达式为

$$v = \frac{\Delta p}{4\mu l}(R^2 - r^2) \tag{2-46}$$

通过管道的流量为

$$q = \frac{\pi d^4}{128\mu l}\Delta p \tag{2-47}$$

沿程压力损失为

$$\Delta p_\lambda = \lambda \frac{1}{d} \frac{\rho v^2}{2} \tag{2-48}$$

式中，$\Delta p = p_2 - p_1$为液体流经长度为l时的压力差；μ为液体的动力黏度；ρ为液体的密度，kg/m³；λ为沿程阻力系数。

式（2-48）可适用于层流和紊流，只是λ的数值不同。对于圆管层流，理论值$\lambda = 64/Re$，考虑到实际圆管截面可能有变形以及靠近管壁处的液层可能冷却，阻力略有加大，实际计算时金属管应取$\lambda = 75/Re$，橡胶管取$\lambda = 80/Re$。紊流时，当$2.3 \times 10^3 < Re < 10^5$时，可取$\lambda \approx 0.3164 Re^{-0.25}$。因此计算沿程压力损失时，应先判断流态，再正确选取沿程阻力系数，最后按公式（2-48）

计算。

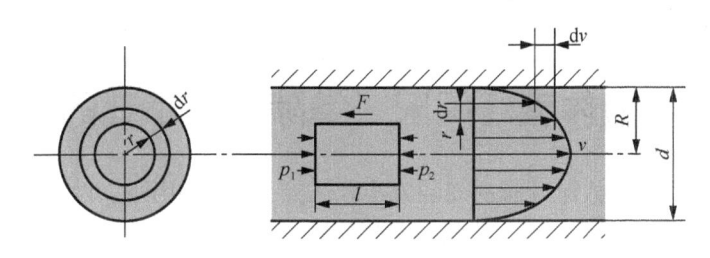

图 2-14 圆管中液流做层流运动

2. 局部压力损失

液体流经管道突然变化的弯头、管接头、突变截面以及控制阀阀口等局部障碍处时，将导致流速的方向和大小发生剧烈变化，形成漩涡、脱流，液体质点相互撞击，造成能量损失，表现为局部压力损失。由于流动状况极为复杂，影响因素较多，局部压力损失的阻力系数一般根据实验来确定。局部压力损失 Δp_ξ 计算公式为

$$\Delta p_\xi = \xi \frac{\rho v^2}{2} \tag{2-49}$$

式中，ξ 为沿程阻力系数，一般由实验求得，具体数值可查阅手册。

液体流经各种液压阀的局部压力损失 Δp_f 可由液压阀的产品技术规格中查得。查得的压力损失为在其公称流量 q_n 下的压力损失 Δp_n。当实际通过阀的流量 q 不等于公称流量 q_n 时，局部压力损失常用下列经验公式计算

$$\Delta p_f = \Delta p_n \left(\frac{q}{q_n} \right)^2 \tag{2-50}$$

式中，q_n 为阀的额定流量；Δp_n 为阀在额定流量下的压力损失（从阀的样本手册中查得）；q 为通过阀的实际流量。

3. 管路系统中总的压力损失

管路系统中总的压力损失等于所有沿程压力损失和所有局部压力损失之和，即

$$\sum \Delta p = \sum \Delta p_\lambda + \sum \Delta p_\xi + \sum \Delta p_f \tag{2-51}$$

液压传动中的压力损失，绝大部分转变为热能造成油温升高，泄漏增多，使液压传动效率降低，甚至影响系统的工作性能。所以应注意尽量减少压力损失。布置管路时尽量缩短管道长度，减少管路弯曲和截面的突然变化，管内壁力求光滑，选用合理的管径，采用较低的流速，以提高系统效率。

4. 气体的流动特性

（1）马赫数：气流速度 v 与当地声速 c 之比称为马赫数，用符号 Ma 表示，即

$$Ma = \frac{v}{c} \tag{2-52}$$

马赫数 Ma 反映了流动气体的压缩性与速度变化之间的关系，Ma 很小，即使速度变化很大，所引起的密度变化也很小。

当马赫数 $Ma<0.2\sim0.3$ 时，可看作不可压缩流动；当 $Ma<1$ 时，称为亚声速流动；当 $Ma=1$ 时，称为声速流动或临界状态流动；当 $Ma>1$ 时，称为超声速流动。

（2）流动特性：气体在管道中的流动特性，随流动状态的不同而不同。

在亚声速流动时，气体的流动特性和不可压缩流体的流动特性相同；在超声速流动时，气体的流动特性和不可压缩流体的流动特性有很大区别，这里不作介绍。

2.6 液体流经间隙（缝隙）和小孔的流量

液压传动中常利用液体流经阀的间隙或小孔来控制流量和压力，达到调速和调压的目的。液压元件的泄漏也属于缝隙流动。因此，讨论间隙和小孔的流量计算、了解其影响因素对于正确分析液压元件和系统的工作性能是很有必要的。

2.6.1 液体流经间隙的流量

液压元件内各零件间有相对运动的配合间隙，间隙的大小对液压元件和系统的性能影响极大。间隙过小会使零件卡死；间隙过大会使液压油泄漏，元件和系统效率降低。液压油的泄漏可分为内泄漏和外泄漏。产生泄漏的原因包括：间隙两端的压力差引起压差流动；间隙配合面有相对运动引起的剪切流动。因此，研究液体流经间隙的泄漏规律，对提高液压元件的性能和保证液压系统正常工作是非常必要的。

1. 流经平行平板间隙的流量

1）流经固定平行平板间隙的流量

液体在两固定平行板间的流动是由压差引起的，也称为压差流动。图 2-15 所示为液体在两固定平行平板间隙内的流动状态，假设其间隙高度为 h，宽度为 b，长度为 l，间隙两端的压力为 p_1 和 p_2，压差为 $\Delta p = p_1 - p_2$。一般情况下宽度 b、长度 l 比间隙高度 h 大得多。经理论推导可得液体流经固体平行板间隙的速度分布呈抛物线状，通过间隙的流量为

$$q = \frac{bh^3}{12\mu l}\Delta p \qquad (2\text{-}53)$$

图 2-15 流经固定平行平板间隙的流量

由式（2-53）可知，在压差的作用下，流过间隙的流量与间隙高度 h 的三次方成正比，所以液压元件间隙的大小对泄漏的影响很大，因此，在要求密封的地方应尽可能缩小间隙，以便减少泄漏。

2）流经相对运动平行平板间隙的流量

如图 2-16 所示，当下平板固定，上平板以速度 u_0 做相对运动时，在无压差的作用下，由于液体存在黏性，紧贴于上平板上的液体同样以速度 u_0 运动，而紧贴于固定平板上的液体则保持静止，中间液体速度则呈线性分布，液体做剪切流动，其平均流速 $v = u_0/2$。该条件下通过平板间隙的流量为

$$q = \frac{u_0}{2}bh \qquad (2\text{-}54)$$

式中，h、b 分别为间隙的高度和宽度。

如果液体在平行平板间隙中既有压差流动又有剪切流动，则间隙中流速的分布规律和流量是上述两种情况的叠加，其间隙流量如下。

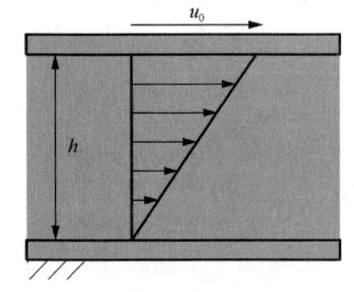

图 2-16 只有相对运动的两平行平板

（1）液体：

$$q = \frac{bh^3}{12\mu l}\Delta p \pm \frac{u_0}{2}bh \qquad (2\text{-}55)$$

式（2-55）中"±"号的确定方法如下：当上平板相对于下平板移动的方向和压差方向相同时取"+"号，方向相反时取"-"号。

（2）气体：

$$q = \frac{bh^3}{24RTl\rho}\left(p_1^2 - p_2^2\right) \pm \frac{u_0}{2}bh \qquad (2\text{-}56)$$

式中，R 为气体常数；T 为热力学温度；ρ 为气体的密度。

2. 流经环状间隙的流量

在液压元件中，如液压缸与活塞的间隙、换向阀的阀芯和阀孔之间的间隙，均属环状间隙。实际上由于阀芯自重和制造的原因等往往使孔和圆柱体的配合不易保证同心，而存在一定的偏心度，这对液体的流动（泄漏）是有影响的。

1）流经同心环状间隙的流量

图 2-17 所示为液流通过同心环状间隙的流动情况，假设柱塞直径为 d，间隙为 h，柱塞长度为 l。如果将圆环间隙沿圆周方向展开，则类似于平行板间隙。因此，可用 πd 替代式（2-55）中的 b，就可得出同心环状间隙的流量公式。

（1）液体：

$$q = \frac{\pi d h^3}{12\mu l}\Delta p \pm \frac{u_0}{2}\pi d h \qquad (2\text{-}57)$$

（2）气体：

$$q = \frac{\pi d h^3}{24RTl\rho}\left(p_1^2 - p_2^2\right) \pm \frac{u_0}{2}\pi d h \qquad (2\text{-}58)$$

2）流经偏心环状间隙的流量

如图 2-18 所示，若圆环的内外圆不同心，偏心距为 e，则形成了偏心环状的间隙。其流量公式为

$$q = \frac{\pi d h^3}{12\mu l}\Delta p\left(1 + 1.5\varepsilon\right) \pm \frac{u_0}{2}\pi d h \qquad (2\text{-}59)$$

式中，h 为内外圆同心时的间隙；ε 为相对偏心率，$\varepsilon = e/h$。

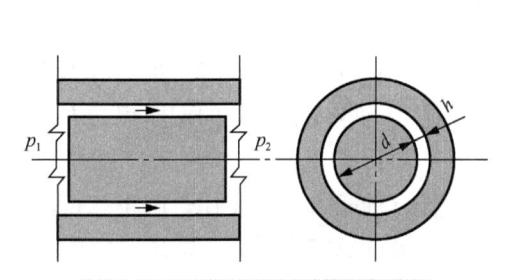

图 2-17 流经同心环状间隙的流量 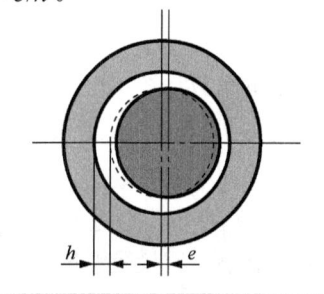　　图 2-18 流经偏心环状间隙的流量

从式（2-59）可以看出，当 $\varepsilon = 0$ 时，即为同心环状间隙的流量。随着偏心距 e 的增大，通过流量也增加。当 $\varepsilon = 1$ 时，为最大偏心，其压差流量为同心环状间隙压差流量的 2.5 倍。由此可见保持阀件配合同轴度的重要性。为此常在阀芯上开有环形压力平衡槽，通过压力作

用使配合零件能自动对中，减小偏心，从而减少泄漏。

2.6.2 液体流经小孔的流量

液体流经小孔的情况可分为三种，当小孔的长度 l 与直径 d 的比值 $l/d \leq 0.5$ 时，称为薄壁小孔；当 $l/d > 4$ 时，称为细长孔；当 $0.5 < l/d \leq 4$ 时，称为短孔（厚壁孔）。

1. 薄壁小孔流量的计算

图 2-19 所示为液体流过薄壁小孔的情况。液流在小孔左侧截面 1-1 向小孔汇集。由于流线不能突然改变到与管轴线平行，在惯性力的作用下，外层流线逐渐向管轴线方向收缩，逐渐过渡到与管轴线方向平行，通过孔口后会发生收缩现象，形成收缩截面 2-2，而后再开始扩散。这一收缩和扩散的过程就产生了很大的能量损失。

收缩断面积 A_c 与孔口断面积 A 之比称为断面收缩系数 C_c，即 $C_c = A_c/A$。收缩系数取决于雷诺数、孔口及边缘形状、孔口离管道侧壁的距离等因素。当管道直径 D 与小孔直径 d 的比值 $D/d \geq 7$ 时，收缩作用不受孔前管道内壁的影响，这时的收缩称为完全收缩。反之，当 $D/d < 7$ 时，孔前管道对液流进入小孔起导向作用，这时的收缩称为不完全收缩。

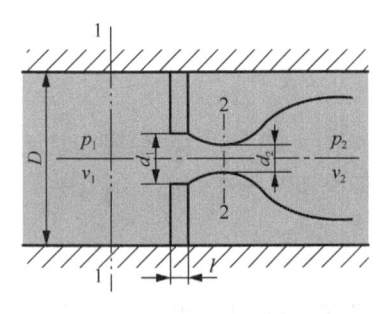

图 2-19 液体在薄壁小孔中的流动

现对小孔前截面 1-1 和收缩截面 2-2 列伯努利方程，由于高度 h 相等，截面 1-1 比收缩截面 2-2 大得多，可认为 $v_1 \approx 0$，又由于小孔过流的收缩截面上流速基本均布，故动能修正系数 $\alpha = 1$，则有

$$p_1 = p_2 + \frac{\rho v_2^2}{2} + \xi \frac{\rho v_2^2}{2} \quad (2\text{-}60)$$

整理式（2-60）得

$$v_2 = \frac{1}{\sqrt{1+\xi}} \sqrt{\frac{2}{\rho}(p_1 - p_2)} = C_v \sqrt{\frac{2}{\rho} \Delta p} \quad (2\text{-}61)$$

式中，C_v 为速度系数，$C_v = 1/\sqrt{1+\xi}$；ξ 为收缩截面处的局部阻力系数；Δp 为小孔前后压力差，$\Delta p = p_1 - p_2$。

由此可得通过薄壁小孔流量公式为

$$q = v_2 A_c = C_v C_c A \sqrt{\frac{2}{\rho} \Delta p} = C_q A \sqrt{\frac{2}{\rho} \Delta p} \quad (2\text{-}62)$$

式中，C_q 为流量系数，$C_q = C_v C_c$，当液流为完全收缩时，C_q 为 0.60~0.62；当液流为不完全收缩时，C_q 为 0.7~0.8；C_c 为收缩系数，$C_c = A_c/A$；A_c 为收缩完成处的截面积；A 为过流小孔的截面积。

由式（2-62）可知，通过薄壁小孔的流量与压力差 Δp 的平方根成正比，因小孔短，其摩擦阻力的作用很小，流量受温度和黏度变化的影响小，流量稳定。因此，液压系统中常采用薄壁小孔作为节流元件。

2. 短孔和细长孔流量的计算

短孔的流量公式仍为式（2-62），但流量系数不同，一般取 $C_q = 0.82$。短孔容易加工，故常用于固定节流器。

流经细长孔的液流，由于黏性流动不畅，一般都是层流状态，故可用圆管层流的流量公式，即

$$q = \frac{\pi d^4}{128\mu l}\Delta p \tag{2-63}$$

由式（2-63）可知，液体流经细长孔的流量与其前后压力差Δp呈线性关系，且与液体的黏度成反比，液体的黏度发生变化，流量也发生变化。所以流经细长孔的流量受温度影响比较大。另外，细长孔越长越易堵塞，这些特点都与薄壁小孔有区别。

各种孔口的流量特性，可归纳为如下通用公式：

$$q = KA(\Delta p)^m \tag{2-64}$$

式中，K为孔口的形状系数，当为薄壁孔时$K = C_c\sqrt{2/\rho}$，当为细长孔时$K = d^2/32\mu l$，C_c为收缩系数，$C_c = A_c/A$；A为过流小孔截面积；Δp为孔前后压力差；m为孔口形状决定的系数，对短孔，$0.5 \leq m \leq 1$，对薄壁小孔，$m = 0.5$，对细长孔$m = 1$。

2.7 液压冲击和气穴现象

1. 液压冲击

在液压系统中，由于某种原因而引起油液的压力在瞬间急剧上升，这种现象称为液压冲击。液压冲击将会引起振动和噪声，导致密封装置、管路及液压元件的损坏，有时还会使某些元件，如压力继电器、顺序阀产生误操作，影响液压系统的正常工作。因此，必须采取有效措施来减轻或防止液压冲击。

1）产生液压冲击的主要原因

（1）阀门突然关闭引起液压冲击。
（2）运动部件突然制动引起液压冲击。
（3）液压系统中某些元件反应不灵敏造成液压冲击。

2）减轻液压冲击的措施

（1）缓慢开关阀门。
（2）限制管路中液流的速度。
（3）在系统中设置蓄能器和安全阀。
（4）在液压元件中设置缓冲装置（如节流孔）。

2. 气穴现象

1）产生气穴的原因

在液压系统中，由于流速突然变大、供油不足等因素，压力迅速下降至低于空气分离压时，溶于油液中的空气游离出来形成气泡，这些气泡夹杂在油液中形成气穴，这种现象称为气穴现象。

2）气穴的危害

当液压系统中出现气穴现象时，大量的气泡破坏了油流的连续性，造成流量和压力脉动，当气泡随油流进入高压区时又急剧破灭，引起局部液压冲击，使系统产生强烈的噪声和振动。当附着在金属表面上的气泡破灭时，它所产生的局部高温和高压作用，以及油液中逸出的气

体的氧化作用，会使金属表面剥蚀或出现海绵状的小洞穴。这种因空穴造成的腐蚀作用称为气蚀，导致元件寿命缩短。

3）减小气穴的措施

气穴多发生在阀口和液压泵的进口处，由于阀口的通道狭窄，流速增大，压力大幅度下降，以致产生气穴。当泵的安装高度过大或油面不足，吸油管直径太小，吸油阻力大，滤油器阻塞时，造成进口处真空度过大，也会产生空穴。为减小空穴和气蚀的危害，一般采取下列措施。

（1）减小液流在小孔和间隙处的压力降，一般希望小孔和间隙前后的压力比为 $p_1/p_2 < 3.5$。

（2）降低吸油高度（一般 $H < 0.5\text{m}$），适当加大吸油管内径，限制吸油管的流速（一般 $v < 0.5\text{m/s}$），及时清洗滤油器。对高压泵可采用辅助泵供油。

（3）管路要尽可能直，避免急弯和局部窄缝；要有良好的密封，防止空气进入。

（4）提高元件的抗气蚀能力。

习 题

2-1 什么是压力？压力有哪几种表示方法？液压系统的压力与外界负载有什么关系？

2-2 如图 2-20 所示，液压缸直径 $D = 100\text{mm}$，负载 $F = 50000\text{N}$。若不计液压油自重及活塞或缸体重量，试求图示两种情况下液压缸内的液体压力是多少？

2-3 如图 2-21 所示的连通器内装有两种液体，其中已知水测密度 $\rho_1 = 1000\text{kg/m}^3$，$h_1 = 60\text{cm}$，$h_2 = 75\text{cm}$，试求另一种液体的密度 ρ_2 是多少？

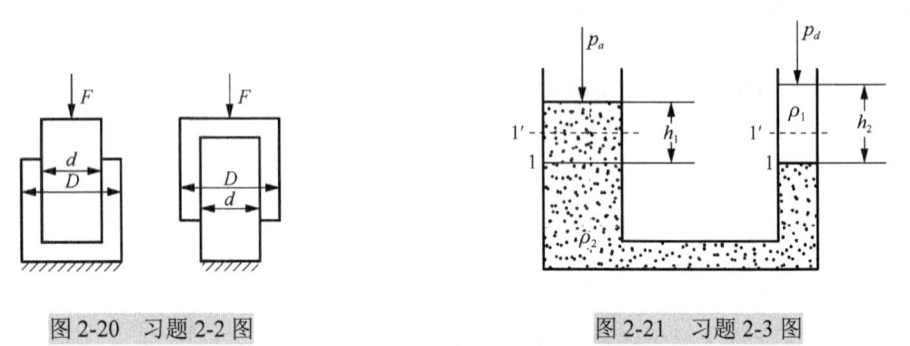

图 2-20 习题 2-2 图

图 2-21 习题 2-3 图

2-4 说明连续性方程的本质是什么？它的物理意义是什么？

2-5 说明伯努利方程的物理意义并指出理想液体伯努利方程和实际液体伯努利方程有什么区别？

2-6 如图 2-22 所示的压力阀，当 $p_1 = 6\text{MPa}$ 时，液压阀动作。若 $d_1 = 10\text{mm}$，$d_2 = 15\text{mm}$，$p_2 = 0.5\text{MPa}$，试求：

（1）弹簧的预压力 F_s；

（2）当弹簧刚度 $k = 10\text{N/mm}$ 时的弹簧预压缩量 x_0。

2-7 如图 2-23 所示，液压泵的流量 $q = 25\text{L/min}$，吸油管直径 $d = 25\text{mm}$，泵口比油箱液面处高 400mm，如果只考虑吸油管中的沿程压力损失 $\Delta p_{沿}$，当用 32 号液压油，并且油温为 40℃时，液压油的密度 $\rho = 900\text{kg/m}^3$。试求油泵吸油口处的真空度是多少？

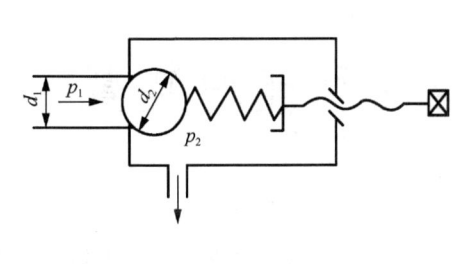

图 2-22　习题 2-6 图

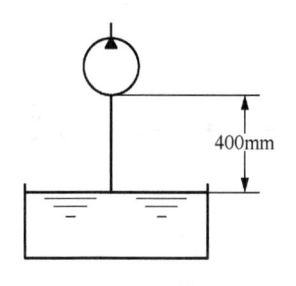

图 2-23　习题 2-7 图

第 3 章　液压与气压传动能源装置

液压与气压传动能源装置起着向系统提供动力源的作用，是系统不可缺少的核心元件。液压传动是以液压泵为能源装置向系统提供流量和压力的，气压系统以空气压缩机为能源装置，其作用是将原动机（电动机或内燃机）输出的机械能转换为液压或气压系统的压力能，是一种能量转换装置。

3.1　液压泵概述

3.1.1　液压泵的工作原理及特点

1. 液压泵的工作原理

液压泵是依靠密封容积周期性变化的原理进行工作的。图 3-1 所示为单柱塞液压泵的工作原理图。柱塞 2 在泵体 3 中可自由滑动，形成一个密封容积 a。柱塞在复位弹簧 4 的作用下始终压紧在偏心轮 1 上，并在偏心轮作用下形成往复运动。当密封容积 a 由小变大时就形成部分真空，使油箱中油液在大气压作用下，经吸油管顶开单向阀 6 进入油箱 a 而实现吸油；反之，当 a 由大变小时，a 腔中吸满的油液将顶开单向阀 5 流入系统而实现压油。这样液压泵就将原动机输入的机械能转换成液体的压力能，原动机驱动偏心轮不断旋转，液压泵就不断地吸油和压油。

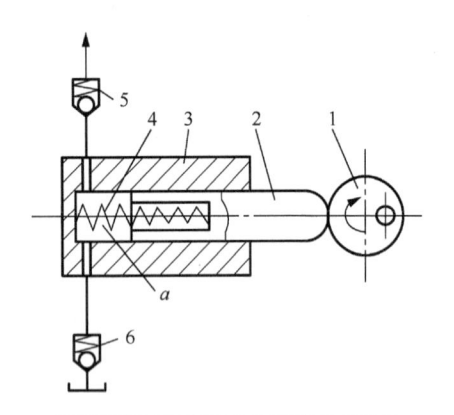

图 3-1　单柱塞液压泵工作原理图

1-偏心轮；2-柱塞；3-泵体；4-复位弹簧；5、6-单向阀

2. 液压泵的特点

单柱塞液压泵具有一切容积式液压泵的基本特点。

（1）具有一个或若干个密封的工作腔，这是容积式液压泵的前提条件。

（2）密封的工作腔要做周期性变化，从而保证液压泵连续输出压力和流量。

（3）要有相应的配油机构，即吸油和压油这两个过程要严格分开。液压泵的结构原理不同，其配油机构也不相同。如图 3-1 中的单向阀 5、6 就是配油机构。

容积式液压泵中的油腔处于吸油时称为吸油腔，处于压油时称为压油腔。吸油腔的压力取决于吸油高度和吸油管路的阻力。吸油高度过高或吸油管路阻力过大，会使吸油腔真空度过高而影响液压泵的自吸能力；压油腔的压力则取决于外负载和排油管路上的压力损失，从理论上讲排油压力与液压泵的流量无关。

容积式液压泵排油的理论流量取决于液压泵的有关几何尺寸和转速，而与排油压力无关。但排油压力会影响泵的内泄漏和油液的压缩量，从而影响泵的实际输出流量，所以液压泵的实际输出流量随排油压力的升高而降低。

液压泵按其在单位时间内所能输出的油液的体积是否可调节而分为定量泵和变量泵两类；按结构形式可分为齿轮式、叶片式和柱塞式三类。

3.1.2 液压泵的主要性能参数

1．压力
（1）工作压力。液压泵实际工作时的输出压力称为工作压力。工作压力的大小取决于外负载和排油管路上的压力损失，而与液压泵的流量无关。

（2）额定压力。液压泵在正常工作条件下，按试验标准规定连续运转的最高压力称为液压泵的额定压力。

（3）最高允许压力。在超过额定压力的条件下，根据试验标准规定，允许液压泵短暂运行的最高压力值，称为液压泵的最高允许压力。

2．排量和流量
（1）排量 V。液压泵每转一周，由其密封容积几何尺寸变化计算而得的排出液体的体积称为液压泵的排量。排量可调节的液压泵称为变量泵；排量为常数的液压泵称为定量泵。

（2）理论流量 q_t。理论流量是指在不考虑液压泵的泄漏流量的情况下，在单位时间内所排出的液体体积的平均值。显然，如果液压泵的排量为 V，其主轴转速为 n，则该液压泵的理论流量 q_t 为

$$q_t = Vn \tag{3-1}$$

（3）实际流量 q。液压泵在某一具体工况下，单位时间内所排出的液体体积称为实际流量，它等于理论流量 q_t 减去泄漏流量 Δq，即

$$q = q_t - \Delta q \tag{3-2}$$

（4）额定流量 q_n。液压泵在正常工作条件下，按试验标准规定（如在额定压力和额定转速下）必须保证的流量。

3．功率和效率

1）液压泵的功率损失

液压泵的功率损失有容积损失和机械损失两部分。

（1）容积损失。容积损失是指液压泵流量上的损失，液压泵的实际输出流量总是小于其理论流量，其主要原因是液压泵内部高压腔的泄漏、油液的压缩以及在吸油过程中吸油阻力太大、油液黏度大以及液压泵转速高等，因此油液不能全部充满密封工作腔。液压泵的容积损失用容积效率来表示，它等于液压泵的实际输出流量 q 与其理论流量 q_t 之比，即

$$\eta_v = \frac{q}{q_t} = \frac{q_t - \Delta q}{q_t} = 1 - \frac{\Delta q}{q_t} \tag{3-3}$$

因此液压泵的实际输出流量 q 为

$$q = q_t \eta_v = Vn\eta_v \tag{3-4}$$

式中，V 为液压泵的排量，m^3/r；n 为液压泵的转速，r/s。

液压泵的容积效率随着液压泵工作压力的增大而减小，且随液压泵的结构类型不同而异。

（2）机械损失。机械损失是指液压泵在转矩上的损失。驱动液压泵实际的输入转矩 T 总是大于理论上所需要的转矩 T_t，这主要是由于液压泵体内相对运动部件之间因机械摩擦而引起的摩擦转矩损失。液压泵的机械损失用机械效率表示，它等于液压泵的理论转矩 T_t 与实际

输入转矩 T 之比，设转矩损失为 ΔT，则液压泵的机械效率为

$$\eta_\mathrm{m} = \frac{T_\mathrm{t}}{T} = \frac{1}{1+\dfrac{\Delta T}{T_\mathrm{t}}} \tag{3-5}$$

2）液压泵的功率

（1）输入功率 P_i。液压泵的输入功率是指作用在液压泵主轴上的机械功率，当输入转矩为 T，角速度为 ω 时，有

$$P_\mathrm{i} = T\omega \tag{3-6}$$

（2）输出功率 P_o。液压泵的输出功率是指液压泵在工作过程中的实际吸、压油口间的压差 Δp 和输出流量 q 的乘积，即

$$P_\mathrm{o} = \Delta p q \tag{3-7}$$

式中，Δp 为液压泵吸、压油口之间的压力差，Pa；q 为液压泵的实际输出流量，m³/s；P_o 为液压泵的输出功率，W。在实际的计算中，若油箱通大气，液压泵吸、压油的压力差往往用液压泵出口压力 p 代入。

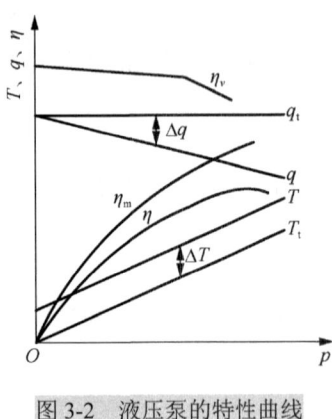

（3）液压泵的总效率。液压泵的总效率是指液压泵的实际输出功率与其输入功率的比值，即

$$\eta = \frac{P_\mathrm{o}}{P_\mathrm{i}} = \frac{\Delta p q}{T\omega} = \frac{\Delta p q_\mathrm{t} \eta_v}{\dfrac{T_\mathrm{t}\omega}{\eta_\mathrm{m}}} = \eta_v \eta_\mathrm{m} \tag{3-8}$$

式中，$\Delta p q_\mathrm{t}/\omega$ 为理论输入转矩 T_t。

由式（3-8）可知，液压泵的总效率等于其容积效率与机械效率的乘积，所以液压泵的输入功率也可写成：

$$P_\mathrm{i} = \frac{\Delta p q}{\eta} \tag{3-9}$$

液压泵的各个参数和压力之间的关系如图 3-2 所示。

图 3-2 液压泵的特性曲线

3.2 齿 轮 泵

齿轮泵是液压系统中应用广泛的一种液压泵。按结构不同，齿轮泵分为外啮合齿轮泵和内啮合齿轮泵，而以外啮合齿轮泵应用最广。下面以外啮合齿轮泵为例来剖析齿轮泵。

3.2.1 外啮合齿轮泵的结构和工作原理

齿轮泵的结构如图 3-3 所示，由一对几何参数相同的齿轮、泵体、前后泵盖及长短轴组成。相互啮合的齿轮和泵体、前后泵盖之间组成若干个密封的工作腔。由齿轮的齿顶和啮合线把密封腔划分为两部分，即吸油区和压油区。两齿轮分别用键固定在主动轴和从动轴上，主动轴由电动机带动旋转。

当泵的主动齿轮顺时针方向旋转时，齿轮泵左侧（吸油腔）齿轮退出啮合，使密封容积增大，形成局部真空，油箱中的油液在外界大气压的作用下，经吸油管路、吸油腔进入齿间。随着齿轮的旋转，吸入齿间的油液被带到另一侧，进入压油腔。这时轮齿进入啮合，使密封容积逐渐减小，齿轮间部分的油液被挤出，形成了齿轮泵的压油过程。齿轮啮合时齿向接触

线把吸油腔和压油腔分开，起配油作用。当齿轮泵的主动齿轮由电动机带动不断旋转时，轮齿脱开啮合的一侧，由于密封容积变大则不断从油箱中吸油，轮齿进入啮合的一侧，由于密封容积减小则不断地排油，这就是齿轮泵的工作原理。

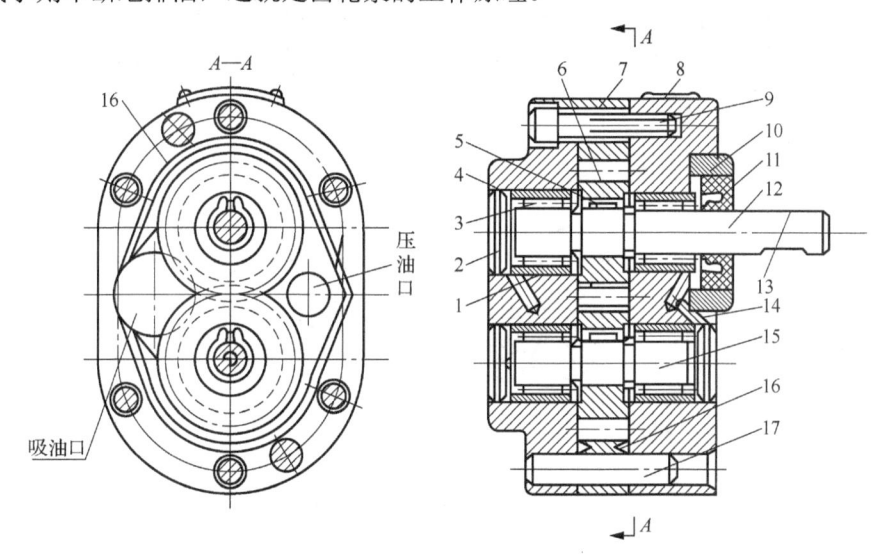

图 3-3 外啮合齿轮泵的结构

1-轴承外环；2-堵头；3-滚子；4-后泵盖；5-键；6-齿轮；7-泵体；8-前泵盖；9-螺钉；10-压环；
11-密封环；12-主动轴；13-键；14-泄油孔；15-从动轴；16-泄油槽；17-定位销

3.2.2 齿轮泵存在的问题

1. 齿轮泵的困油问题

根据齿轮连续运转的条件，齿轮泵要能连续地供油，要求齿轮啮合的重叠系数 ε 大于 1，即当一对齿轮尚未退出啮合时，另一对齿轮就要进入啮合。这样就会出现同时有两对齿轮啮合的瞬间，在两对齿轮的齿向啮合线之间形成一个封闭空间，与吸油腔和压油腔均不相通，如图 3-4(a)所示。这部分封闭空间内的液体体积随齿轮的运转发生变化，齿轮旋转时，这一封闭空间先逐渐减小，当两啮合点处于节点两侧的对称位置时，封闭容积为最小，如图 3-4(b)所示。随着齿轮继续转动，越过节点，此封闭空间又逐渐增大，当旋转到图 3-4(c)所示位置时，容积又变为最大。

在封闭空间减小时，被困油液受到挤压，压力急剧上升，使轴承上突然受到很大的冲击载荷，泵剧烈振动，这时高压油从一切可能泄漏的缝隙中挤出，造成功率损失、油液发热等。当封闭容积增大时，由于没有油液补充，因此形成局部真空，当压力低于空气分离压时，油液中会析出气体，形成气泡。会引起噪声、气蚀等一系列后果。这一现象就是齿轮泵的困油问题，严重地影响着泵的工作平稳性和使用寿命。

由于封闭空间的位置相对固定，在啮合线节点处随齿轮转动先减小，后增大。因此，为了消除困油现象，在齿轮泵的泵盖上铣出两个卸荷凹槽，其几何关系如图 3-4 所示。卸荷槽的位置应该使困油腔由大变小时，能通过卸荷槽与压油腔相通，辅助压油。而当困油腔由小变大时，能通过另一卸荷槽与吸油腔相通，辅助吸油。

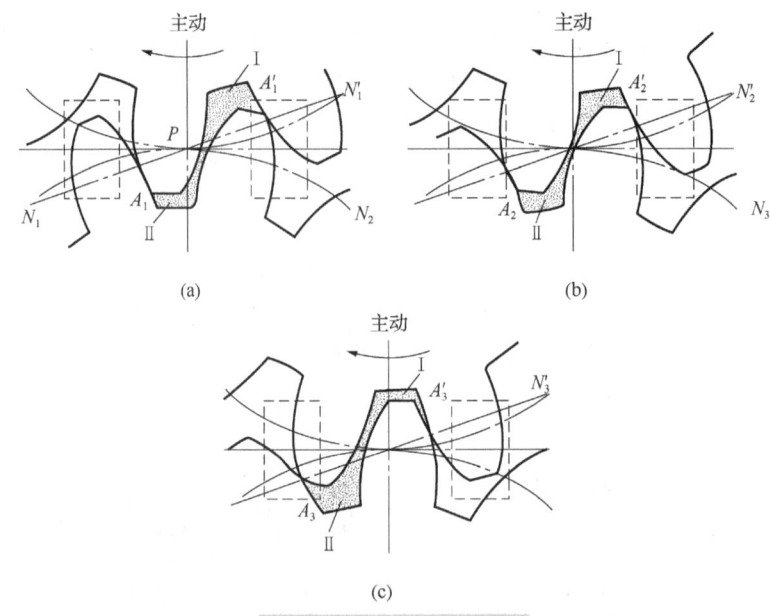

图 3-4 齿轮泵的困油问题

2. 径向不平衡力

齿轮泵工作时，在齿轮和轴承上承受径向液压力的作用。如图 3-5 所示，泵的下侧为吸油腔，上侧为压油腔。在压油腔内有液压力作用于齿轮上，沿着齿顶的泄漏油，具有大小不等的压力，就是齿轮和轴承受到的径向不平衡力。液压力越高，这个不平衡力就越大，其结果不仅加速了轴承的磨损，降低了轴承的寿命，甚至使轴变形，造成齿顶和泵体内壁的摩擦等。

为了解决径向力不平衡的问题，通常采用两种方法，一种是采用开压力平衡槽来消除径向不平衡力，但这将使泄漏增大、容积效率降低等。另一种是采用缩小压油腔，以减小液压力对齿顶部分的作用面积来减小径向不平衡力，所以这类齿轮泵的压油口孔径比吸油口孔径小。

3. 泄漏

外啮合齿轮泵存在三种泄漏形式，分别为齿轮泵轴向泄漏、径向泄漏和啮合线泄漏。轴向泄漏是指齿轮端面与两端泵盖之间的泄漏；径向泄漏指齿轮齿顶与泵体内表面之间的泄漏；啮合线泄漏是指高压侧压力油由轮齿的啮合线处泄漏到低压侧。其中轴向泄漏占总泄漏量的75%～80%，是制约齿轮泵压力提高的首要问题。为了解决轴向泄漏问题，采用端面间隙自动补偿的方法。利用浮动盖板减小缝隙流量的原理，如图 3-6 所示。浮动侧板沿轴向可移动，并将泵出口压力油引到浮动侧板 1 的背面，使该部件始终紧贴于齿轮 3 的端面来自动补偿端面磨损，并减小间隙。

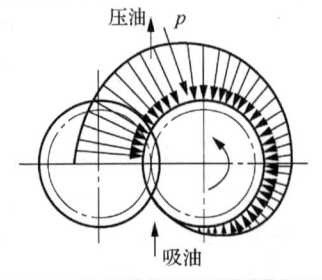

图 3-5 齿轮泵的径向不平衡力

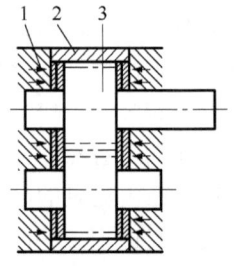

图 3-6 端面间隙补偿装置示意图

1-浮动侧板；2-泵体；3-齿轮

3.2.3 齿轮泵的流量计算

齿轮泵的排量 V 相当于一对齿轮所有齿槽容积之和，假定齿槽容积等于轮齿的体积，那么齿轮泵的排量等于一个齿轮的齿槽容积和轮齿体积的总和，即相当于以有效齿高（$h=2m$）和齿宽构成的平面所扫过的环形体积，即

$$V = \pi DhB = 2\pi z m^2 B \tag{3-10}$$

式中，D 为齿轮分度圆直径，$D=mz$；h 为有效齿高，$h=2m$；B 为齿轮宽；m 为齿轮模数；z 为齿数。齿轮泵的流量 q 为

$$q = 6.66 z m^2 B n \eta_v \tag{3-11}$$

式中，n 为齿轮泵转速，r/min；η_v 为齿轮泵的容积效率。

实际上齿轮泵的输油量是有脉动的，故式（3-11）所表示的是泵的平均输油量。

3.2.4 内啮合齿轮泵

内啮合齿轮泵的工作原理也是利用齿间密封容积的变化来实现吸油压油的。图 3-7 所示是内啮合齿轮泵的工作原理。它是由配油盘（前、后盖）、外转子（从动轮）和偏心安置在泵体内的内转子（主动轮）等组成的。内、外转子相差一齿，图中内转子为六齿，外转子为七齿，由于内外转子是多齿啮合，这就形成了若干个密封容积。当内转子围绕中心 O_1 旋转时，带动外转子绕外转子中心 O_2 做同向旋转。这时，由内转子齿顶 A_1 和外转子齿谷 A_2 间形成的密封容积 C，随着转子的转动密封容积逐渐扩大，形成局部真空，油液从吸油腔 b 被吸入密封腔，至 A_1'、A_2' 位置时封闭容积最大，这时吸油完毕。当转子继续旋转时，充满油液的密封容积便逐渐减小，油液受挤压，于是通过另一压油腔 a 将油排出，至内转子的另一齿和外转子的齿谷 A_2 全部啮合时，压油完毕，内转子每转一周，由内转子齿顶和外转子齿谷所构成的每个密封容积完成吸油、压油各一次，当内转子连续转动时，即完成了液压泵的吸排油工作。

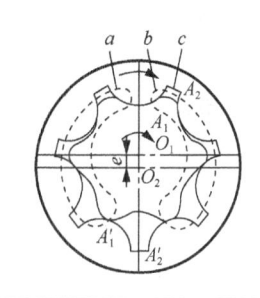

图 3-7 内啮合齿轮泵的工作原理图

a-压油腔；b-吸油腔；c-转子

内啮合齿轮泵的外转子齿形是圆弧，内转子齿形为短幅外摆线的等距线，故又称为内啮合摆线齿轮泵，也称转子泵。

内啮合齿轮泵有许多优点，如结构紧凑、体积小、零件少、转速可高达 10000r/min、运动平稳、噪声低、容积效率较高等。缺点是流量脉动大、转子的制造工艺复杂等，目前已采用粉末冶金压制成型。随着工业技术的发展，内啮合齿轮泵的应用将会越来越广泛，内啮合齿轮泵可正、反转，可作液压马达用。

3.3 叶 片 泵

叶片泵结构较齿轮泵复杂，其工作压力较高、流量脉动小、工作平稳、噪声较小、寿命较长、广泛应用于机械制造中的专用机床、自动线等中低液压系统中。但其结构复杂，吸油特性不太好，对油液的污染也比较敏感。

根据各密封容积在转子旋转一周吸、排油液次数的不同,叶片泵分为单作用和双作用两类。转子旋转一周,吸油和压油各一次的叶片泵称为单作用叶片泵,吸油和压油各两次的叶片泵称为双作用叶片泵。

3.3.1 单作用叶片泵

1. 单作用叶片泵的工作原理

单作用叶片泵工作原理如图 3-8 所示,由转子、定子、叶片、配流盘和端盖等组成。定子的内表面和转子的外表面均为圆柱面,转子径向均布叶片槽,叶片装在叶片槽中,并可在槽内自由滑动。当转子旋转时,在离心力的作用下,叶片紧靠在定子内壁,这样在定子、转子、相邻叶片和两侧配油盘间就形成若干个密封的工作空间。依靠定子和转子的偏心安装实现密封容积的周期性变化。

当转子逆时针方向回转时,图中右侧叶片逐渐伸出,叶片间的密封容积逐渐增大,从吸油口吸油,这是吸油腔。图中左侧叶片被定子内壁逐渐压进槽内,密封容积逐渐缩小,将油液从压油口压出,这是压油腔。在吸油腔和压油腔之间,有一段封油区,把吸油腔和压油腔隔开,这种叶片泵在转子每转一周,每个工作空间完成一次吸油和压油,因此称为单作用叶片泵。转子不停地旋转,泵就不断地吸油和排油。

2. 单作用叶片泵的排量计算

单作用叶片泵的排量为各工作容积在主轴旋转一周时所排出的液体的总和,如图 3-9 所示,两个叶片形成的一个工作容积 V' 近似地等于扇形体积 V_1 和 V_2 之差。若近似地把 $\overset{\frown}{AB}$ 和 $\overset{\frown}{CD}$ 看作中心为 O_1 的圆弧,当定子内径为 D 时,此两圆弧的半径即分别为 ($D/2+e$) 和 ($D/2-e$)。设转子直径为 d,叶片宽度为 b,叶片数为 z,则有

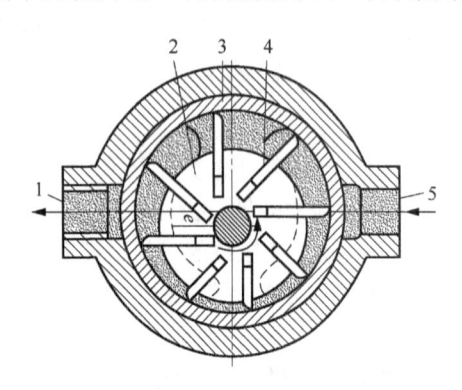

图 3-8 单作用叶片泵工作原理
1-压油口;2-转子;3-定子;4-叶片;5-吸油口

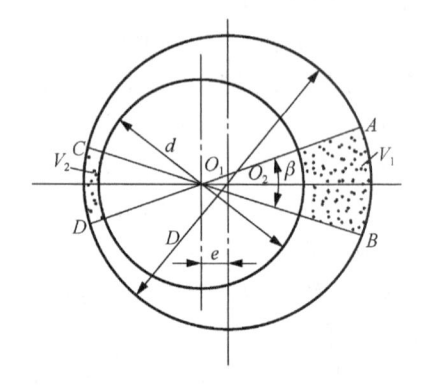

图 3-9 单作用叶片泵排量计算

$$V_1 = \pi\left[\left(\frac{D}{2}+e\right)^2 - \left(\frac{d}{2}\right)^2\right]\frac{\beta}{2\pi}b = \pi\left[\left(\frac{D}{2}+e\right)^2 - \left(\frac{d}{2}\right)^2\right]\frac{b}{z} \quad (3-12)$$

$$V_2 = \pi\left[\left(\frac{D}{2}-e\right)^2 - \left(\frac{d}{2}\right)^2\right]\frac{\beta}{2\pi}b = \pi\left[\left(\frac{D}{2}-e\right)^2 - \left(\frac{d}{2}\right)^2\right]\frac{b}{z} \quad (3-13)$$

因此,单作用叶片泵的排量为

$$V = zV' = 4\pi ReB \quad (3-14)$$

故当转速为 n，泵的容积效率为 η_v 时，泵的理论流量和实际流量分别为

$$q_t = Vn = 4\pi ReBn \tag{3-15}$$

$$q = q_t \eta_v = 4\pi ReBn\eta_v \tag{3-16}$$

在式（3-14）～式（3-16）的计算中并未考虑叶片的厚度以及叶片的倾角对单作用叶片泵排量与流量的影响。实际上叶片在槽中伸出和缩进时，叶片槽底部也有吸油和压油过程，一般在单作用叶片泵中，压油腔和吸油腔处的叶片的底部是分别与压油腔及吸油腔相通的，因此叶片槽底部的吸油和压油恰好补偿了叶片厚度及倾角所占据体积而引起的排量和流量的减小，这就是在计算中不考虑叶片厚度和倾角影响的原因。

单作用叶片泵的流量也是有脉动的，理论分析表明，泵内叶片数越多，流量脉动率越小，此外，奇数叶片泵的脉动率比偶数叶片泵的脉动率小，所以单作用叶片泵的叶片数均为奇数，一般为 13 片或 15 片。

3. 单作用叶片泵的特点

（1）改变定子和转子之间的偏心距即可改变流量。偏心反向时，吸油压油方向也相反。

（2）处在压油腔的叶片顶部受到压力油的作用，把叶片推入转子槽内。为了使叶片顶部可靠地和定子内表面相接触，压油腔一侧的叶片底部要通过特殊的沟槽和压油腔相通。吸油腔一侧的叶片底部要和吸油腔相通，这里的叶片仅靠离心力的作用顶在定子内表面上。

（3）由于转子受到不平衡的径向液压作用力，所以这种泵一般不宜用于高压。

（4）为了更有利于叶片在惯性力作用下向外伸出，而使叶片有一个与旋转方向相反的倾斜角，称后倾角，一般为 24°。

3.3.2 双作用叶片泵

1. 双作用叶片泵的工作原理

双作用叶片泵的工作原理如图 3-10 所示，泵也是由定子 1、转子 2、叶片 3 和配油盘等组成的。转子和定子中心重合，定子内表面近似为椭圆形，该椭圆形由两段长半径 R、两段短半径 r 和四段过渡曲线所组成。当转子转动时，叶片在离心力的作用下，在转子槽内做径向移动紧压在定子内表面。由叶片、定子的内表面、转子的外表面和两侧配油盘间形成若干个密封空间。当转子按顺时针方向旋转时，处在小圆弧上的密封空间经过渡曲线而运动到大圆弧的过程中，叶片外伸，密封空间的容积增大，吸入油液；再从大圆弧经过渡曲线运动到小圆弧的过程中，叶片被定子内壁逐渐压进槽内，密封空间的容积变小，将油液从压油口压出。转子每转一周，每个工作空间完成两次吸油和压油，所以称为双作用叶片泵。

2. 双作用叶片泵的排量

双作用叶片泵的排量计算简图如图 3-11 所示，由于转子在转一周的过程中，每个密封空间完成两次吸油和压油，所以当定子的大圆弧半径为 R、小圆弧半径为 r、叶片宽度为 b、两叶片间的夹角为 $\beta = 2\pi/z$ 时，每个密封容积排出的油液体积为半径 R 和 r、扇形角为 β、叶片厚度为 s 的两扇形体积之差的两倍。考虑到叶片槽底部的吸油和压油不能补偿由于叶片厚度所造成的排量减小，因此双作用叶片泵当叶片厚度为 b、叶片安放的倾角为 θ 时的排量为

$$V = 2b\left[\pi(R^2 - r^2) - \frac{(R-r)}{\cos\theta}sz\right] \tag{3-17}$$

双作用叶片泵流量均匀，其脉动率较其他形式的泵小得多，且在叶片数为 4 的整数倍时

最小，为此，双作用叶片泵的叶片数一般为 12 片或 16 片。

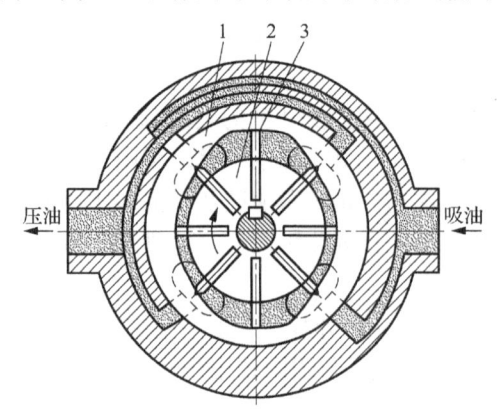

图 3-10　双作用叶片泵的工作原理
1-定子；2-转子；3-叶片

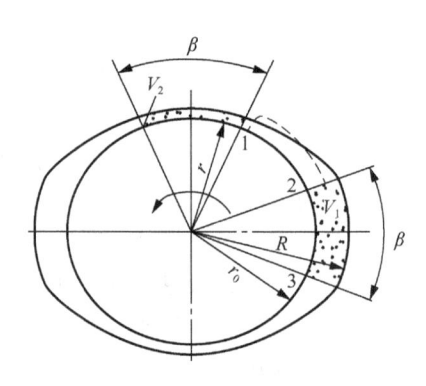

图 3-11　双作用叶片泵的排量计算

3．双作用叶片泵的结构特点

（1）定子曲线。定子曲线是由四段圆弧和四段过渡曲线组成的。过渡曲线应保证叶片贴紧在定子内表面上，保证叶片在转子槽中径向运动时速度和加速度的变化均匀，使叶片对定子的内表面的冲击尽可能小。

过渡曲线如采用阿基米德螺线，则叶片泵的流量理论上没有脉动，但是叶片在大、小圆弧和过渡曲线的连接点处产生很大的径向加速度，对定子产生冲击，造成连接点处严重磨损，并发生噪声。在连接点处用小圆弧进行修正，可以改善这种情况，在较为新式的泵中采用"等加速-等减速"曲线。

（2）叶片的倾角。叶片在工作过程中，受离心力和叶片根部压力油的作用，使叶片和定子紧密接触。当叶片转至压油区时，定子内表面迫使叶片推向转子中心。叶片泵叶片的倾角 θ 一般相对于转子径向连线前倾 10°～14°。

4．提高双作用叶片泵压力的措施

一般双作用叶片泵的叶片底部通压力油，因此处于吸油区的叶片顶部和底部的液压作用力不平衡，叶片顶部以很大的压紧力抵在定子吸油区的内表面上，使磨损加剧，影响叶片泵的使用寿命，尤其是工作压力较高时，磨损更严重，因此吸油区叶片两端压力不平衡，限制了双作用叶片泵工作压力的提高。所以在高压叶片泵的结构上必须采取措施，使叶片压向定子的作用力减小。常用的措施有以下三种。

1）减小作用在叶片底部的油液压力

将泵的压油腔的油通过阻尼槽或内装式小减压阀通到吸油区的叶片底部，使叶片经过吸油腔时，叶片压向定子内表面的作用力不致过大。

2）减小叶片底部承受压力油作用的面积

叶片底部受压面积为叶片的宽度和叶片厚度的乘积，因此减小叶片的实际受力宽度和厚度，就可减小叶片受压面积。减小叶片实际受力宽度结构如图 3-12(a)所示，这种结构采用了复合式叶片（也称子母叶片），叶片分为母叶片 1 与子叶片 2 两部分。通过配油盘使 K 腔总是接通压力油，引入子母叶片间的小腔 c 内，而母叶片底部 L 腔则始终与顶部油液压力相同。这样，无论叶片处在吸油区还是压油区，母叶片顶部和底部的压力油总是相等的，当叶片处在吸油腔时，只有 c 腔的高压油作用而压向定子内表面，减小了叶片和定子内表面间的作用力。图 3-12(b) 所示为阶梯叶片结构，阶梯叶片和阶梯叶片槽之间的油室 d 始终与压力油相通，而叶片的底部与所在腔相通。这样，叶片在 d 室内油液压力作用下压向定子表面，由于作用面积减小，其作用力不致太大，但这种结构的工艺性较差。

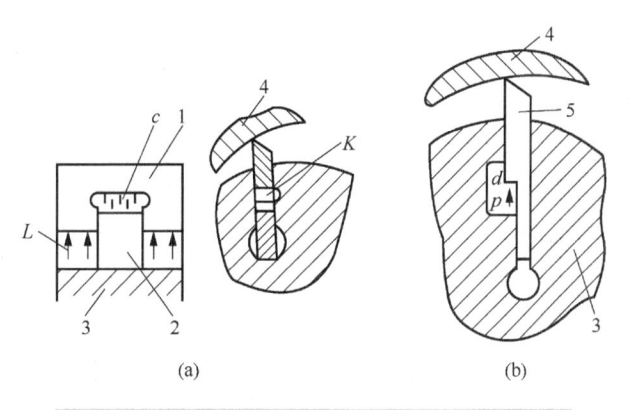

图 3-12　减小叶片作用面积的高压叶片泵叶片结构

1-母叶片；2-子叶片；3-转子；4-定子；5-叶片

3）使叶片顶端和底部的液压作用力平衡

图 3-13(a) 所示的泵采用双叶片结构，叶片槽中有两个可以做相对滑动的叶片 1 和 2，每个叶片都有一棱边与定子内表面接触，在叶片的顶部形成一个油腔 a，叶片底部油腔 b 始终与压油腔相通，并通过两叶片间的小孔 c 与油腔 a 相连通，因此叶片顶端和底部的液压作用力平衡。适当选择叶片顶部棱边的宽度，可以使叶片对定子表面既有一定的压紧力，又不致过大。为了使叶片运动灵活，对零件的制造精度将提出较高的要求。

图 3-13(b) 所示为叶片装弹簧的结构，这种结构的叶片较厚，顶部与底部有孔相通，叶片底部的油液是由叶片顶部经叶片的孔引入的，因此叶片上下油腔油液的作用力基本平衡，为使叶片紧贴定子内表面，保证密封，在叶片根部装有弹簧。

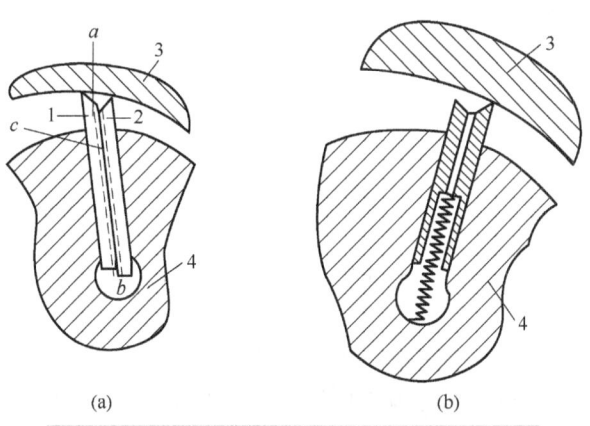

图 3-13　叶片液压力平衡的高压叶片泵叶片结构

1，2-叶片；3-定子；4-转子

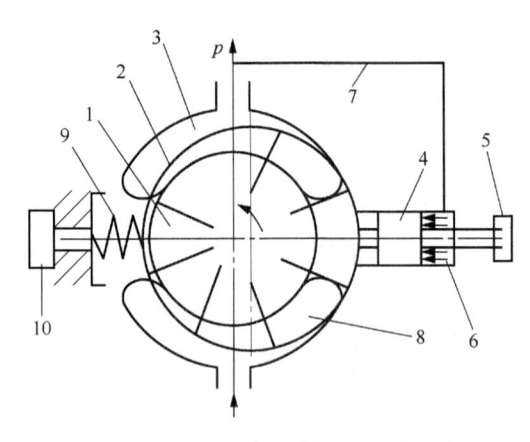

3.3.3 限压式变量叶片泵

1. 限压式变量叶片泵的工作原理

限压式变量叶片泵是单作用叶片泵，根据前面介绍的单作用叶片泵的工作原理，改变定子和转子间的偏心距 e，就能改变泵的输出流量，限压式变量叶片泵能借助输出压力的大小自动改变偏心距 e 的大小来改变输出流量。当压力低于某一可调节的限定压力时，泵的输出流量最大；压力高于限定压力时，随着压力增加，泵的输出流量线性减少。限压式变量叶片泵的工作原理如图 3-14 所示。

泵的出口经通道 7 与活塞腔 6 相通。在泵未运转时，定子 2 在调压弹簧 9 的作用下，紧靠活塞 4，处于最右端，并使活塞 4 靠在螺钉 5 上。这时，定子和转子有一偏心量 e_0，调节螺钉 5 的位置，便可改变 e_0。当泵的出口压力 p 较低时，作用在活塞 4 上的液压力也较小，若此液压力小于上端的弹簧作用力，当活塞的面积为 A、调压弹簧的刚度为 k_s、预压缩量为 x_0 时，有

$$pA < k_s x_0 \tag{3-18}$$

图 3-14 限压式变量叶片泵的工作原理
1-转子；2-定子；3-吸油窗口；4-活塞；5-螺钉；6-活塞腔；7-通道；8-压油窗口；9-调压弹簧；10-调压螺钉

此时，定子相对于转子的偏心量最大，输出流量最大。随着外负载的增大，液压泵的出口压力 p 也将提高，当压力升至与弹簧力相平衡的控制压力 p_B 时，有

$$p_B A = k_s x_0 \tag{3-19}$$

当压力进一步升高，使 $pA > k_s x_0$ 时，若不考虑定子移动时的摩擦力，液压作用力就要克服弹簧力推动定子向左移动，随之泵的偏心量减小，泵的输出流量也减小。p_B 称为泵的限定压力，即泵处于最大流量时所能达到的最高压力，调节调压螺钉 10，可改变弹簧的预压缩量 x_0，即可改变 p_B 的大小。

设定子的最大偏心量为 e_0，偏心量减小时，弹簧的附加压缩量为 x，则定子移动后的偏心量 e 为

$$e = e_0 - x \tag{3-20}$$

这时，定子上的受力平衡方程式为

$$pA = k_s(x_0 + x) \tag{3-21}$$

将式（3-19）、式（3-21）代入式（3-20）可得

$$e = e_0 - A(p - p_B)/k_s, \quad p \geq p_B \tag{3-22}$$

式（3-22）表示泵的工作压力与偏心量的关系，由式（3-22）可以看出，泵的工作压力越高，偏心量就越小，泵的输出流量也就越小，且当 $p = k_s(e_0 + x_0)/A$ 时，泵的输出流量为零，控制定子移动的作用力是将液压泵出口的压力油引到柱塞上，然后加到定子上，这种控制方式称为外反馈式。

2. 限压式变量叶片泵的特性曲线

限压式变量叶片泵在工作过程中,当工作压力 p 小于预先调定的限定压力 p_c 时,液压作用力不能克服弹簧的预紧力,这时定子的偏心距保持最大不变,因此泵的输出流量 q_A 不变,但由于供油压力增大时,泵的泄漏流量 p_1 也增加,所以泵的实际输出流量 q 也略有减少,如图 3-15 中的 AB 段所示。调节螺钉 5(图 3-14)可调节最大偏心量(初始偏心量)。从而改变泵的最大输出流量 q_A,特性曲线 AB 段上下平移,当泵的供油压力 p 超过预先调整的压力 p_B 时,液压作用力大于弹簧的预紧力,此时弹簧受压缩定子向偏心量减小的方向移动,使泵的输出流量减小,压力越高,弹簧压缩量越大,偏心量越小,输出流量越小,其变化规律如特性曲线 BC 段所示。调节调压弹簧 9 可改变限定压力 p_c 的大小,这时特性曲线 BC 段左右平移,而改变调压弹簧的刚度时,可以改变 BC 段的斜率。弹簧越"软"(k_s 值越小),BC 段越陡,p_{max} 值越小;反之,弹簧越"硬"(k_s 值越大),BC 段越平坦,p_{max} 值也越大。当定子和转子之间的偏心量为零时,系统压力达到最大值,该压力称为截止压力,实际上由于泵存在泄漏,当偏心量尚未达到零时,泵向系统的输出流量已为零。

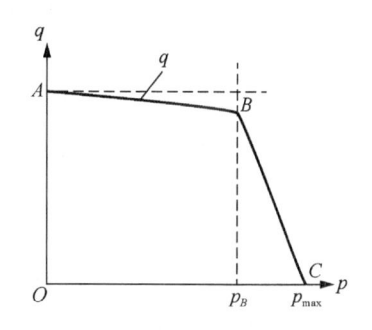

图 3-15 限压式变量叶片泵的特性曲线

限压式变量叶片泵结构复杂,轮廓尺寸大,相对运动的机件多,泄漏较大,轴上承受不平衡的径向液压力,噪声较大,容积效率和机械效率都没有定量叶片泵高。但是,它能按负载压力自动调节流量,在功率使用上较为合理,可减少油液发热。

限压式变量叶片泵对既要实现快速行程,又要实现工作进给(慢速移动)的执行元件来说是一种合适的油源。快速行程需要大的流量,负载压力较低,正好使用特性曲线的 AB 段,工作进给时负载压力升高,需要流量减小,正好使用其特性曲线的 BC 段,因此合理调整拐点压力 p_B 是使用限压式变量叶片泵的关键。目前限压式变量叶片泵广泛用于要求执行元件有快速、慢速和保压阶段的中低压系统中,有利于节能和简化回路。

3.4 柱 塞 泵

柱塞泵是靠柱塞在缸体中做往复运动,使底部密封容积变化来实现吸油与压油的液压泵。与齿轮泵和叶片泵相比,柱塞泵构成密封容积的零件为圆柱形的柱塞和缸孔,加工方便,可得到较高的配合精度,密封性能好,在高压工作仍有较高的容积效率,并且只需改变柱塞的工作行程就能改变流量,易于实现变量。柱塞泵中的主要零件均受压应力作用,材料强度性能可得到充分利用。柱塞泵压力高、结构紧凑、效率高、流量调节方便,故在需要高压、大流量、大功率的系统中和流量需要调节的场合,如龙门刨床、拉床、液压机、工程机械、矿山冶金机械、船舶上得到了广泛的应用。柱塞泵按柱塞的排列和运动方向不同,可分为径向柱塞泵和轴向柱塞泵两类。

3.4.1 径向柱塞泵

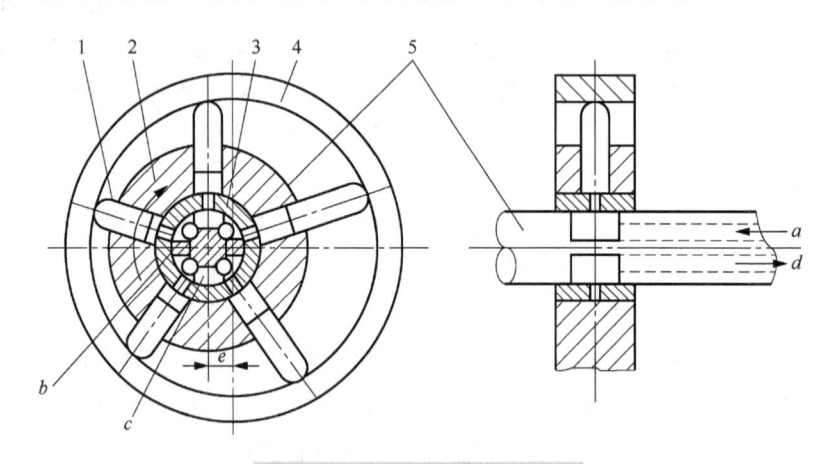

1. 径向柱塞泵的工作原理

径向柱塞泵的工作原理如图 3-16 所示，柱塞 1 径向均布在转子 2 柱塞孔中，转子由原动机带动连同柱塞 1 一起旋转，柱塞 1 端部在离心力的作用下压紧在定子 4 的内壁。当转子按顺时针方向回转时，由于定子和转子之间有偏心距 e，柱塞绕经上半周时向外伸出，柱塞底部的容积逐渐增大，形成部分真空，因此便经过衬套 3（衬套 3 是压紧在转子内，并和转子一起回转）上的油孔从配油轴 5 和吸油口 b 吸油。当柱塞转到下半周时，定子内壁将柱塞向内推，柱塞底部的容积逐渐减小，向配油轴的压油口 c 压油，当转子回转一周时，每个柱塞底部的密封容积完成一次吸压油，转子连续运转，即完成压吸油工作。配油轴固定不动，油液从配油轴上半部的两个孔 a 流入，从下半部两个油孔 d 压出。为了进行配油，配油轴在和衬套 3 接触的一段加工出上下两个缺口，形成吸油口 b 和压油口 c，留下的部分形成封油区。封油区的宽度应能封住衬套上的吸压油孔，以防吸油口和压油口相连通。

图 3-16 径向柱塞泵的工作原理

1-柱塞；2-转子；3-衬套；4-定子；5-配油轴

2. 径向柱塞泵的排量和流量计算

当转子和定子之间的偏心距为 e 时，柱塞在缸体孔中的行程为 $2e$，设柱塞个数为 z，直径为 d，径向柱塞泵的排量为

$$V = \frac{\pi}{4}d^2 2ez \tag{3-23}$$

设泵的转数为 n，容积效率为 η_v，则泵的实际输出流量为

$$q = \frac{\pi}{4}d^2 2ezn\eta_v = \frac{\pi}{2}d^2 ezn\eta_v \tag{3-24}$$

3.4.2 轴向柱塞泵

1. 轴向柱塞泵的工作原理

轴向柱塞泵是将多个柱塞配置在一个共同缸体的圆周上，并使柱塞中心线和缸体中心线平行的一种泵。轴向柱塞泵有直轴式和斜轴式两种形式。图 3-17 所示为直轴式轴向柱塞泵的

工作原理。柱塞沿圆周均匀分布在转子内。斜盘轴线与缸体轴线倾斜一角度，柱塞靠机械装置或在低压油作用下压紧在斜盘上，配油盘 2 和斜盘 4 固定不转。当原动机通过传动轴使缸体转动时，由于斜盘的作用，迫使柱塞在缸体内做往复运动，并通过配油盘的配油窗口进行吸油和压油。柱塞向外伸出，柱塞底部缸孔的密封容积增大，通过配油盘的吸油窗口吸油；柱塞被斜盘压回，缸孔容积减小，通过配油盘的压油窗口压油。缸体每转一周，每个柱塞各完成吸、压油一次。改变斜盘倾角，可改变柱塞行程的长度，即改变液压泵的排量。改变斜盘倾角方向，就能改变吸油和压油的方向，即称为双向变量泵。

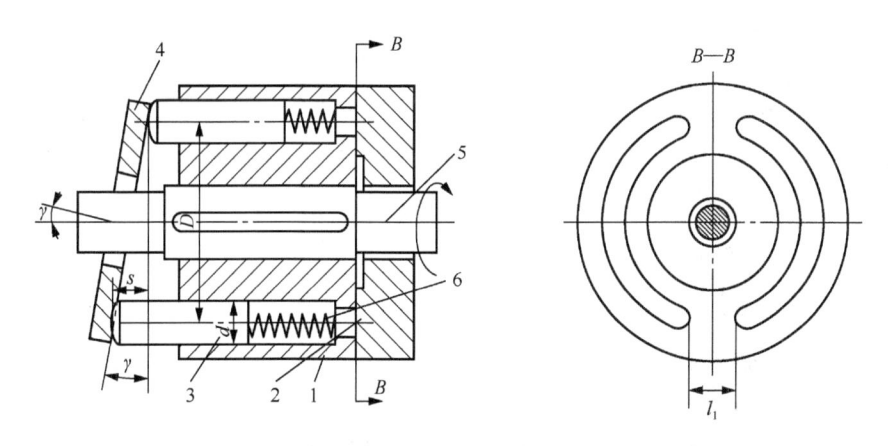

图 3-17 轴向柱塞泵的工作原理

1-缸体；2-配油盘；3-柱塞；4-斜盘；5-传动轴；6-弹簧

配油盘上吸油窗口和压油窗口之间的密封区宽度应稍大于柱塞缸体底部通油孔宽度 l_1。但不能相差太大，否则会产生困油现象。一般在两配油窗口的两端部开有小三角槽，以减小冲击和噪声。

轴向柱塞泵的优点是结构紧凑、径向尺寸小、惯性小、容积效率高。目前最高压力可达 40MPa 以上。一般用于工程机械、压力机等高压系统中，但其轴向尺寸较大，轴向作用力也较大，结构比较复杂。

2．轴向柱塞泵的排量和流量计算

柱塞的直径为 d，柱塞分布圆直径为 D，斜盘倾角为 γ 时，柱塞的行程为 $s = D\tan\gamma$，所以当柱塞数为 z 时，轴向柱塞泵的排量为

$$V = \pi d^2 Dz\tan\gamma/4 \tag{3-25}$$

设泵的转数为 n，容积效率为 η_v，则泵的实际输出流量为

$$q = \pi d^2 Dzn\eta_v\tan\gamma/4 \tag{3-26}$$

实际上，由于柱塞在缸体孔中运动的速度不是恒定的，因此输出流量是有脉动的。当柱塞数为奇数时，脉动较小，且柱塞数越多脉动越小，因此一般常用的柱塞泵的柱塞个数为 7、9 或 11。

3．轴向柱塞泵的结构

（1）典型结构。图 3-18 所示为一种直轴式轴向柱塞泵的结构。柱塞的球状头部装在滑履 4 内，以缸体作为支撑的弹簧通过钢球推压回程盘 3，回程盘和柱塞滑履一同转动。在排油过程中借助斜盘 2 推动柱塞做轴向运动；在吸油时依靠回程盘、钢球和弹簧组成的回程装置将

滑履紧紧压在斜盘表面上滑动，弹簧一般称为回程弹簧，这样的泵具有自吸能力。在滑履与斜盘相接触的部分有一油室，它通过柱塞中间的小孔与缸体中的工作腔相连，压力油进入油室后在滑履与斜盘的接触面间形成一层油膜，起静压支承的作用，使滑履作用在斜盘上的力大大减小，因此磨损也减小。传动轴 8 通过左边的花键带动缸体 6 旋转，由于滑履 4 贴紧在斜盘表面上，柱塞在随缸体旋转的同时在缸体中做往复运动。缸体中柱塞底部的密封工作容积是通过配油盘 7 与泵的进出口相通的。随着传动轴的转动，液压泵就连续地吸油和排油。

（2）变量机构。通过改变斜盘的倾角，即可改变轴向柱塞泵的排量和输出流量，下面介绍常用的轴向柱塞泵的手动变量的工作原理。如图 3-18 所示，转动手轮，使丝杠转动，带动变量活塞做轴向移动（因导向键的作用，变量活塞只能做轴向移动，不能转动）。通过轴销使斜盘绕变量机构壳体上的圆弧导轨面的中心（即钢球中心）旋转。从而使斜盘倾角改变，达到变量的目的。当流量达到要求时，可用锁紧螺母锁紧。这种变量机构结构简单，但操纵不轻便，且不能在工作过程中变量。

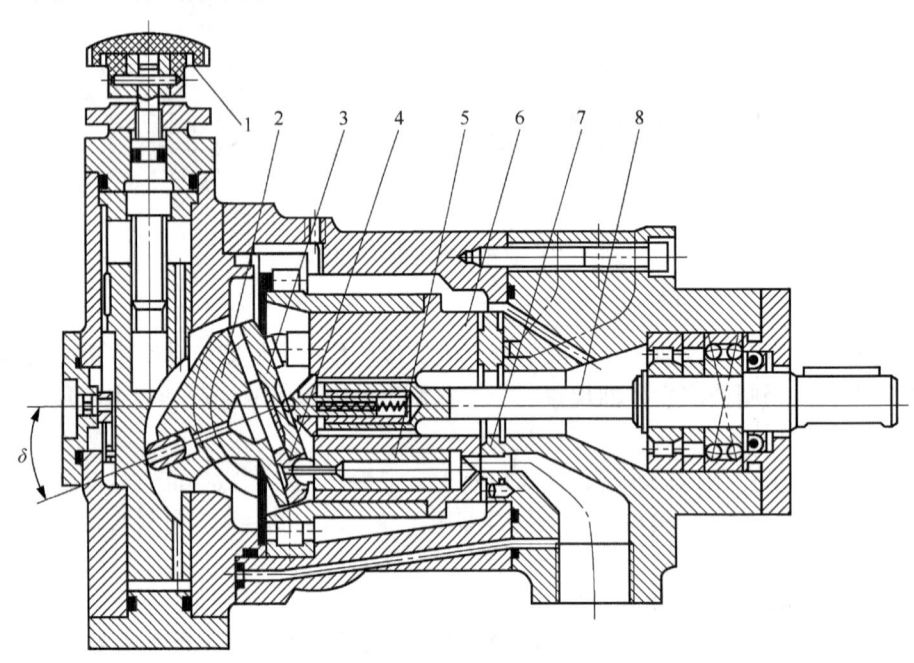

图 3-18 直轴式轴向柱塞泵结构

1-转动手轮；2-斜盘；3-回程盘；4-滑履；5-柱塞；6-缸体；7-配油盘；8-传动轴

3.5 液压泵的选用

液压泵是液压系统提供一定流量和压力的油液动力元件，它是每个液压系统不可缺少的核心元件，合理地选择液压泵对于降低液压系统的能耗、提高系统的效率、降低噪声、改善工作性能和保证系统的可靠性都十分重要。

选择液压泵的原则是：根据主机工况、功率大小和系统对工作性能的要求，首先确定液压泵的类型，然后按系统所要求的压力、流量大小确定其规格型号。表 3-1 列出了液压系统中常用液压泵的性能比较。

表 3-1　液压系统中常用液压泵的性能比较

性能	外啮合齿轮泵	双作用叶片泵	限压式变量叶片泵	径向柱塞泵	轴向柱塞泵
输出压力	低压	中压	中压	高压	高压
流量调节	不能	不能	能	能	能
效率	低	较高	较高	高	高
输出流量脉动	很大	很小	一般	一般	一般
自吸特性	好	较差	较差	差	差
对油的污染敏感性	不敏感	较敏感	较敏感	很敏感	很敏感
噪声	大	小	较大	大	大

一般来说，由于各类液压泵各自突出的特点，其结构、功用和转动方式各不相同，因此应根据不同的使用场合选择合适的液压泵。一般在机床液压系统中，往往选用双作用叶片泵和限压式变量叶片泵；而在筑路机械、港口机械以及小型工程机械中往往选择抗污染能力较强的齿轮泵；在负载大、功率大的场合往往选择柱塞泵。

3.6　气压传动的气源装置

气压传动是指以压缩空气为工作介质来传递动力和控制信号，控制和驱动各种机械与设备，实现生产过程机械化、自动化的一门技术。压缩空气具有防火、防爆、防电磁干扰、抗振动、抗冲击、抗辐射、无污染、结构简单、工作可靠等特点，气动技术已发展成为实现生产过程自动化的一个重要手段，在机械工业、冶金工业、轻纺食品工业、化工工业、交通运输业、航空航天工业、国防工业等各个部门已得到广泛的应用。

1. 气源装置的组成

气源装置包括压缩空气的发生装置以及压缩空气的存储、净化等辅助装置。它为气动系统提供符合质量要求的压缩空气，是气动系统的重要组成部分。

图 3-19 中，1 为空气压缩机，用于产生压缩空气，一般由电动机带动。其吸气口装有空气过滤器，以减少进入空气压缩机内的气体杂质。2 为后冷却器，用于降温冷却压缩空气，使气化的水、油凝结起来。3 为油水分离器，用于分离并排出降温冷却凝结的水滴、油滴、杂质等。4 为储气罐，用于储存压缩空气，稳定压缩空气的压力，并除去部分油分和水分。5 为干燥器，用于进一步吸收或排除压缩空气中的水分及油分，使之变成干燥空气。6 为过滤器，用于进一步过滤压缩空气中的灰尘、杂质颗粒。7 为储气罐。储气罐 4 输出的压缩空气可用于一般要求的气压传动系统，储气罐 7 输出的压缩空气可用于气动仪表及射流元件组成的控制回路等要求较高的气压传动系统。8 为加热器，可将空气加热，使热空气吹入闲置的干燥器中进行再生，以备干燥器Ⅰ、Ⅱ交替使用。9 为四通阀，用于转换两个干燥器的工作状态。

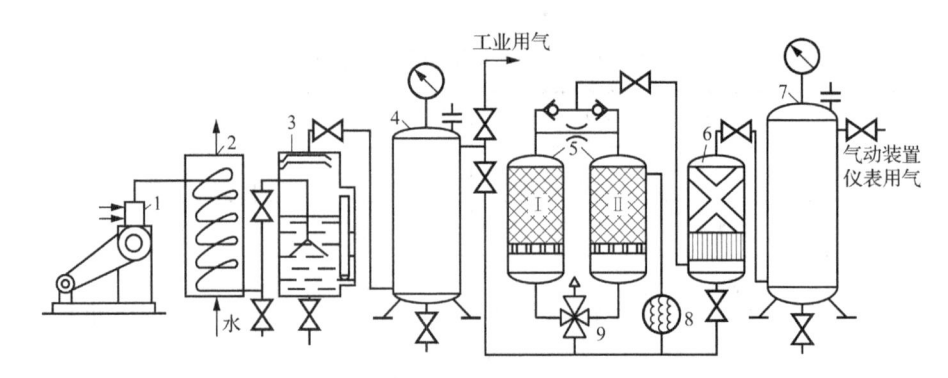

图 3-19 气源装置的组成

1-空气压缩机；2-后冷却器；3-油水分离器；
4、7-储气罐；5-干燥器；6-过滤器；8-加热器；9-四通阀

2．空气压缩机

空气压缩机简称空压机，是气源装置的核心，用于将原动机输出的机械能转化为气体的压力能。气动系统中最常用的是往复活塞式空压机，其工作原理如图 3-20 所示。通过曲柄连杆机构实现活塞的往复运动，利用吸气阀和排气阀的交替工作实现自由空气的压缩。

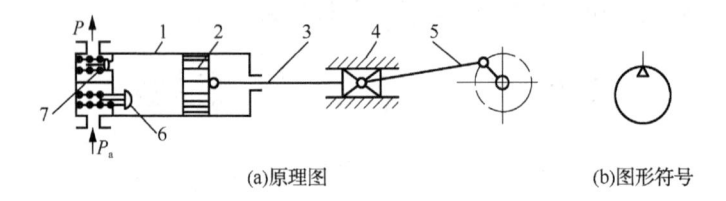

图 3-20 往复活塞式空压机工作原理图

1-缸体；2-活塞；3-活塞杆；4-滑块；5-曲柄连杆机构；6-吸气阀；7-排气阀

选择空气压缩机应依据气动系统所需的工作压力和流量两个主要参数。空气压缩机的额定压力应等于或略高于气动系统所需的工作压力，一般气动系统的工作压力为 0.4~0.8MPa，故常选用低压空压机，特殊需要也可选用中、高压或超高压空压机。输出流量的选择，要把整个气动系统对压缩空气的需要再加一定的备用余量，作为选择空气压缩机（或机组）流量的依据。空气压缩机铭牌上的流量是自由空气流量。

3．压缩空气净化设备

（1）后冷却器。后冷却器安装在空气压缩机出口管道上，空气压缩机排出具有 140~170℃的压缩空气经过后冷却器，温度降至 40~50℃。这样，就可使压缩空气中油雾和水汽达到饱和，使其大部分凝结成滴而析出。其结构和图形符号如图 3-21 所示。

（2）油水分离器。油水分离器主要利用回转离心、撞击、水浴等方法使水滴、油滴及其他杂质颗粒从压缩空气中分离出来。撞击折回式油水分离器结构形式如图 3-22 所示。

（3）储气罐。储气罐的主要作用是储存一定数量的压缩空气，减少气源输出气流脉动，增强气流连续性，减弱空气压缩机排出气流脉动引起的管道振动；进一步分离压缩空气中的水分和油分，如图 3-23 所示。

(a)蛇管式　　　　　　　　　(b)列管式

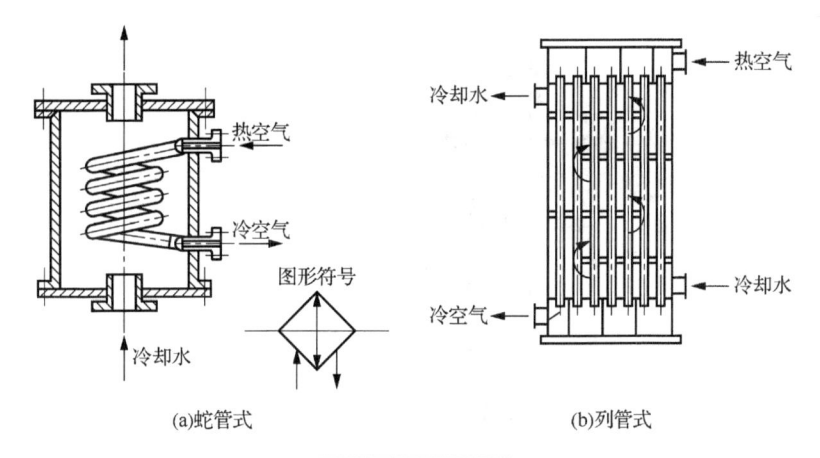

图 3-21　后冷却器

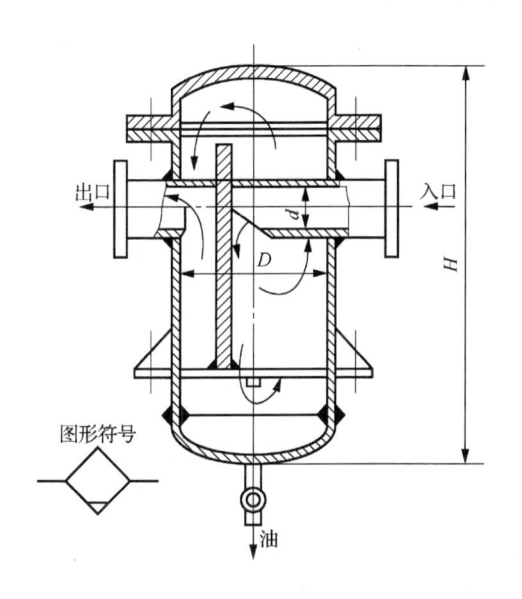

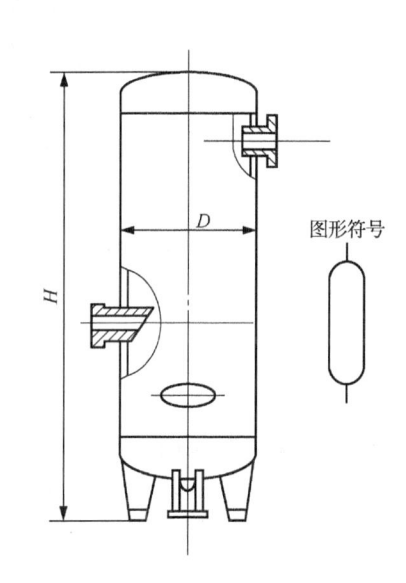

图 3-22　撞击折回式油水分离器结构形式　　　　图 3-23　储气罐

（4）干燥器。干燥器的作用是进一步除去压缩空气中含有的水分、油分和颗粒杂质等，使压缩空气干燥。其提供的压缩空气，用于对气源质量要求较高的气动装置、气动仪表等。压缩空气干燥方法主要采用吸附、离心、机械降水及冷冻等。图 3-24 所示为吸附式干燥器的结构。干燥器内装有干燥吸附剂（如焦炭、硅胶、铝胶、分子筛、滤网）等，以达到干燥、除去气态水分的目的。

吸附剂使用一定时间之后，当其中水分达到饱和状态时，吸附剂失去继续吸湿的能力，需要将吸附剂中的水分排出，使其恢复干燥状态，这一过程即为吸附剂的再生。

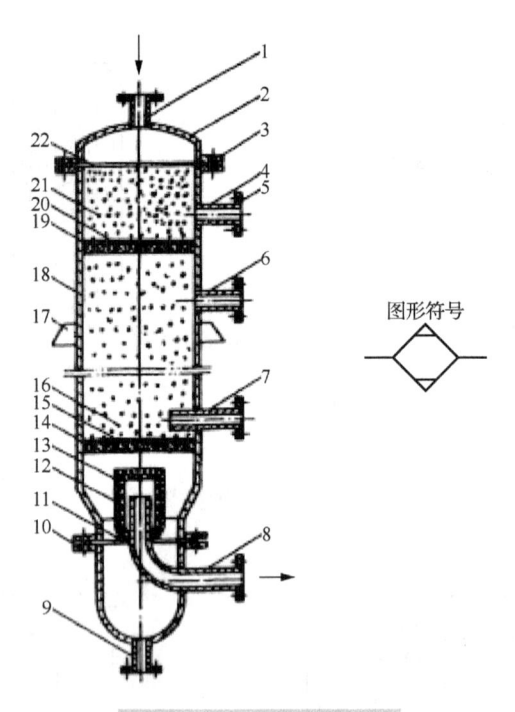

图 3-24 吸附式干燥器结构

1-进气管；2-顶盖；3、5、10-法兰；4、6-再生空气排气管；7-再生空气进气管；8-干燥空气输出管；9-排水管；11-密封；12、15、20-铜丝过滤网；13-毛毡层；14-下栅板；16、21-吸附剂层；17-支撑板；18-罐体；19-上栅板；22-挡板

习 题

3-1 已知液压泵的额定压力和额定流量，不计管道内压力损失，说明图 3-25 所示的各种工况下液压泵出口处的工作压力值。

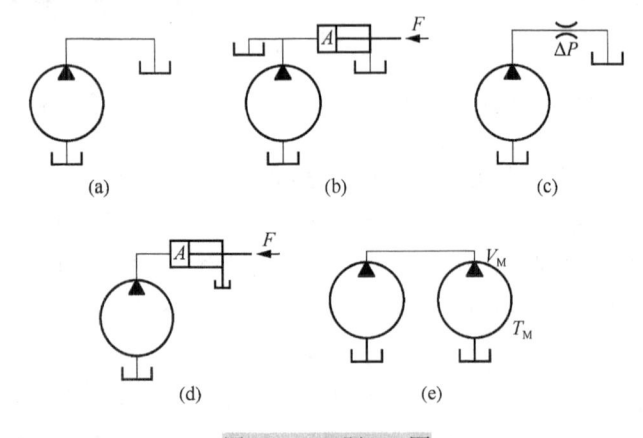

图 3-25 习题 3-1 图

3-2 简述形成容积式液压泵的三个基本条件。

3-3 液压泵的工作压力取决于什么？液压泵的工作压力和额定压力有什么区别？

3-4 如何计算液压泵的输出功率和输入功率？液压泵在工作过程中产生功率损失的主要原因是什么？

3-5 试述齿轮泵的困油现象的形成原因及解决办法。

3-6 试述叶片泵的工作原理。并比较说明双作用叶片泵和单作用叶片泵的优缺点。

3-7 某泵的额定流量为 100L/min，额定压力为 2.5MPa，当转速为 1450r/min 时，机械效率为 $\eta_m = 0.9$。由实验测得，当泵出口压力为零时，流量为 106L/min；当压力为 2.5MPa 时，流量为 100.7L/min，试求：

（1）泵的容积效率；

（2）当泵的转速下降到 500r/min，在额定压力下工作时，计算泵的流量；

（3）上述两种转速下泵的驱动功率。

3-8 设液压泵转速为 950r/min，排量为 168L/r，在额定压力为 29.5MPa 和同样转速下，测得的实际流量为 150L/min，额定工况下的总效率为 0.87，试求：

（1）泵的理论流量；

（2）泵的容积效率；

（3）泵的机械效率；

（4）泵在额定工况下，所需电机驱动功率；

（5）驱动泵的转矩。

3-9 限压式变量叶片泵的限定压力和最大流量怎样调节？画出压力流量特性曲线，并分析在调节时，叶片泵的压力流量曲线将如何变化？

3-10 简述气压传动气源装置的组成。

第4章 液压与气压执行元件

液压与气压传动中的执行元件将流体的压力能转化为机械能。它驱动机构做直线往复或旋转（或摆动）运动，其输入为压力和流量，输出为力和速度或转矩和转速。

4.1 直线往复运动执行元件

4.1.1 液压缸

液压缸是实现直线往复运动的执行元件。

液压缸按其结构形式，可以分为活塞缸、柱塞缸两类。活塞缸和柱塞缸的输入为压力与流量，输出为推力和速度。

1. 活塞缸

1）双杆活塞缸

图 4-1(a)所示为缸筒固定的双杆活塞缸。它的进、出油口布置在缸筒两端，两活塞杆的直径是相等的，因此，当工作压力和输入流量不变时，两个方向上输出的推力 F 和速度 v 是相等的，其值为

$$F_1 = F_2 = (p_1 - p_2) A \eta_m = (p_1 - p_2) \frac{\pi}{4}(D^2 - d^2) \eta_m \tag{4-1}$$

$$v_1 = v_2 = \frac{q}{A} \eta_v = \frac{4q\eta_v}{\pi(D^2 - d^2)} \tag{4-2}$$

式中，A 为活塞的有效面积；D、d 分别为活塞和活塞杆的直径；q 为输入流量；p_1、p_2 分别为缸的进、出口压力；η_m、η_v 分别为缸的机械效率、容积效率。

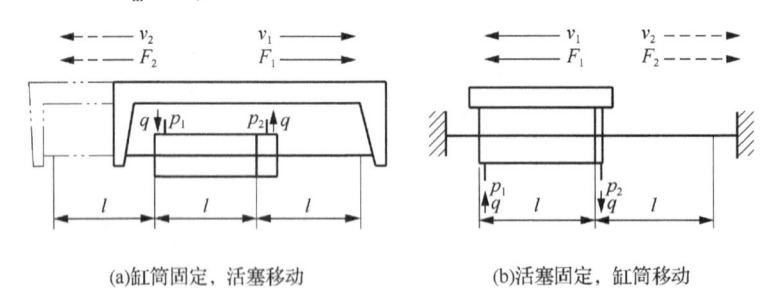

(a)缸筒固定，活塞移动　　(b)活塞固定，缸筒移动

图 4-1　双杆活塞缸

这种安装形式，工作台移动范围约为活塞有效行程的三倍，占地面积大，适用于小型机械。

图 4-1(b)所示为活塞杆固定的双杆活塞缸。它的进、出油液可经活塞杆内的通道输入液压缸或从液压缸流出，也可以用软管连接，进、出口就位于缸筒的两端。它的推力和速度与缸筒固定的形式相同。但是其工作台移动范围为缸筒有效行程的两倍，故可用于较大型机械。

双杆活塞缸可设计成在工作时一个活塞杆受力，而另一个活塞杆不受力，因此这种液压缸的活塞杆可以做得细些。

2）单杆活塞缸

图 4-2 所示为单杆活塞缸，它的进出油口的布置视其安装方式而定，可以缸筒固定，也可以活塞杆固定，工作台的移动范围都是活塞（或缸筒）有效行程的两倍。

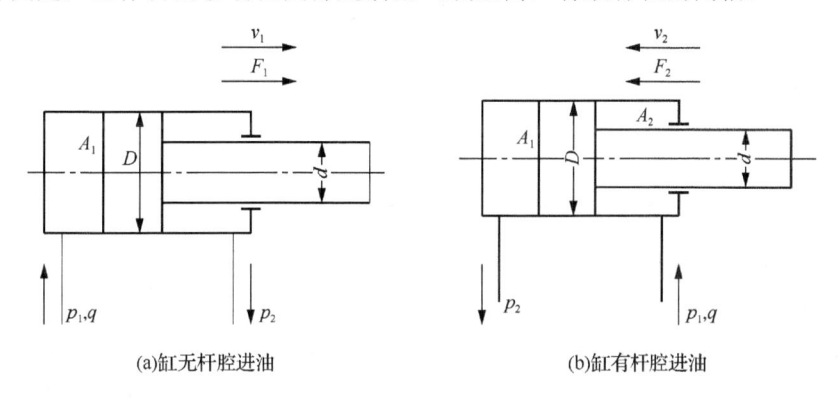

图 4-2 单杆活塞缸

(a)缸无杆腔进油　　(b)缸有杆腔进油

由于液压缸两腔的有效工作面积不等，因此它在两个方向上的输出推力 F 和速度 v 也不等，其值分别为

$$F_1 = (p_1 A_1 - p_2 A_2)\eta_m = \frac{\pi}{4}\left[(p_1 - p_2)D^2 + p_2 d^2\right]\eta_m \tag{4-3}$$

$$F_2 = (p_1 A_2 - p_2 A_1)\eta_m = \frac{\pi}{4}\left[(p_1 - p_2)D^2 - p_1 d^2\right]\eta_m \tag{4-4}$$

$$v_1 = \frac{q}{A_1}\eta_v = \frac{4q\eta_v}{\pi D^2} \tag{4-5}$$

$$v_2 = \frac{q}{A_2}\eta_v = \frac{4q\eta_v}{\pi(D^2 - d^2)} \tag{4-6}$$

在液压缸的活塞往复运动速度有一定要求的情况下，活塞杆直径 d 通常根据液压缸速度比 $\lambda_v = \dfrac{v_2}{v_1}$ 的要求以及缸内径 D 来确定。由式（4-5）和式（4-6），得

$$\frac{v_2}{v_1} = \frac{1}{1-\left(\dfrac{d}{D}\right)^2} = \lambda_v \tag{4-7}$$

$$d = D\sqrt{\frac{\lambda_v - 1}{\lambda_v}} \tag{4-8}$$

由此可见，速比 λ_v 越大，活塞杆直径 d 越大。

单杆活塞缸在其左右两腔都接通高压油时称为"差动连接"，这时液压缸称为差动缸，如图 4-3 所示。差动连接时活塞（或缸筒）只能向一个方向运动，要使它反向运动，油路的接法必须和非差动式连接相同（图 4-2(b)）。差动连接时输出的推力为

$$F_3 = p_1(A_1 - A_2)\eta_m = p_1 \frac{\pi}{4} d^2 \eta_m \tag{4-9}$$

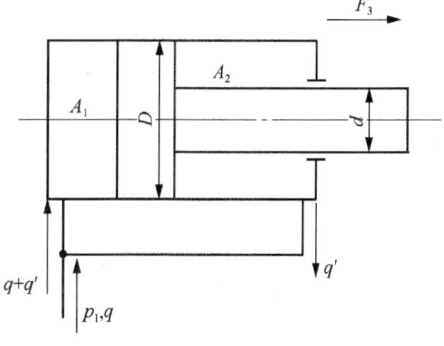

由图 4-3 可知

图 4-3 差动缸

$$A_1v_3=q+A_2v_3$$

则有

$$v_3=\frac{q}{A_1-A_2}=\frac{q}{\frac{\pi}{4}d^2}$$

考虑容积效率 η_v，则

$$v_3=\frac{4q}{\pi d^2}\eta_v \tag{4-10}$$

反向运动时，F_2 和 v_2 的公式同式（4-4）、式（4-6）。

如果要求 $v_2=v_3$，则由式（4-10）和式（4-6）可得 $D=\sqrt{2}d$。

2. 柱塞缸

单柱塞缸只能实现一个方向运动，反向要靠外力，如图 4-4(a)所示。用两个柱塞缸组合，如图 4-4(b)所示，也能用压力油实现往复运动。柱塞运动时，由缸盖上的导向套来导向，因此，缸筒内壁不需要精加工。它特别适用于行程较长的场合。

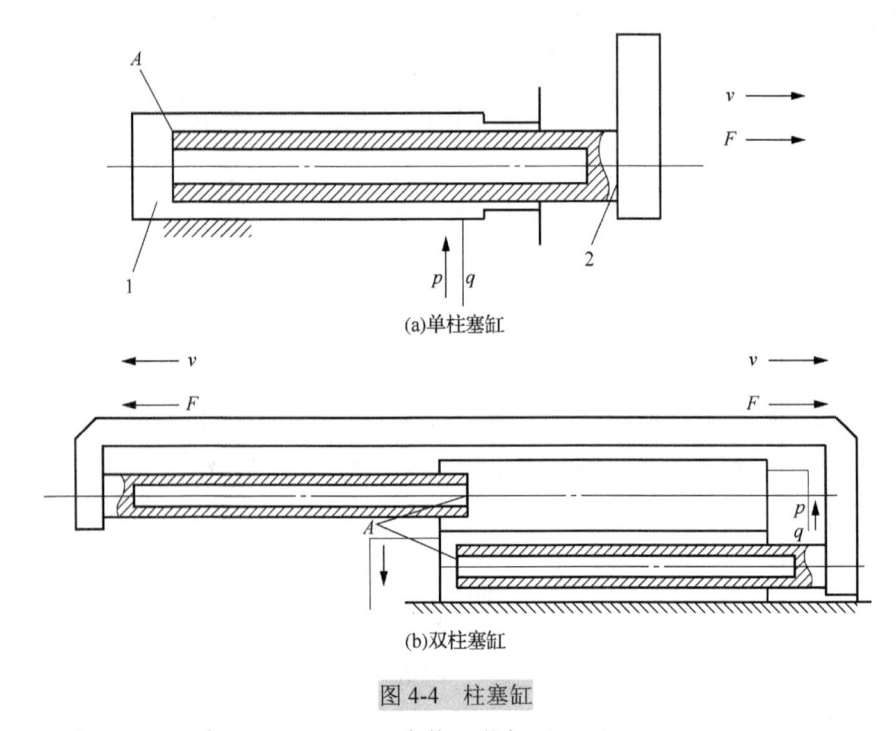

(a)单柱塞缸

(b)双柱塞缸

图 4-4 柱塞缸

1-缸筒；2-柱塞

柱塞缸输出的推力和速度分别为

$$F=pA\eta_m=p\frac{\pi}{4}d^2\eta_m \tag{4-11}$$

$$v=\frac{q\eta_v}{A}=\frac{4q\eta_v}{\pi d^2} \tag{4-12}$$

式中，d 为柱塞直径。

3．其他液压缸

1）增压缸

增压缸也称增压器。图 4-5 所示是一种由活塞缸和柱塞杆组成的增压缸，它利用活塞和柱塞有效面积的不同使液压系统中的局部区域获得高压。当输入活塞缸的液体压力为 p_1，活塞直径为 D，柱塞直径为 d 时，柱塞缸中输出的液体压力为高压，其值为

$$p_3 = p_1 \left(\frac{D}{d}\right)^2 \eta_m \tag{4-13}$$

2）伸缩缸

伸缩缸由两个或多个活塞套装而成，前一级缸的活塞杆是后一级缸的缸筒。伸出时，可以获得很长的工作行程，缩回时可保持很小的结构尺寸。图 4-6 所示为一种双作用式两级伸缩缸。

通入压力油时各级活塞按有效面积依次先后动作，并在输入流量不变的情况下，输出推力逐渐减小，速度逐级加大，其值分别为

$$F_i = p \frac{\pi}{4} D_i^2 \eta_{mi} \tag{4-14}$$

$$v_i = \frac{4 q \eta_{vi}}{\pi D_i^2} \tag{4-15}$$

式中，i 为 i 级活塞。

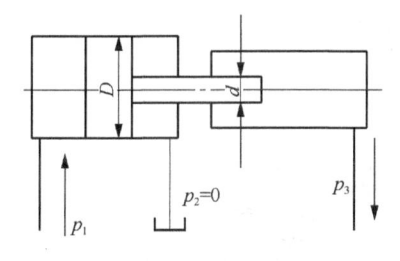

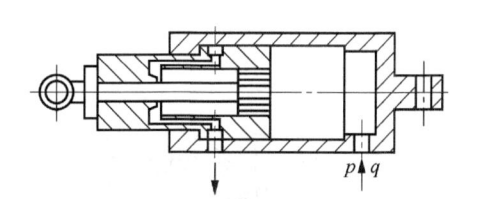

图 4-5　增压缸　　　　　　　　图 4-6　双作用式两级伸缩缸

图 4-7 所示为单作用式三级同步伸缩缸。该缸各级活塞面积设计成 $A_1 = 2A_2$，$A_2 = 2A_3$，$A_3 = 2A_4$，并在一级和二级活塞缸的右端各设一带有顶杆的单向阀，而在其缸筒右侧壁面各开有小孔，正常工作时单向阀均关闭。当压力油进入 B 腔时，一级活塞缸筒 2 向左移动，C 腔油通过小孔进入 D 腔，推动二级活塞缸筒 3 以相同速度向左移动；同样的原理，三级活塞缸筒 4 也以同一速度向左移动。若因泄漏原因，二级或三级活塞缸没有移动到最左位置，则相应的单向阀开启，补充液压油使其到位。外力推其向右移动时各活塞缸动作与向左移动时相反。一级和二级活塞缸运动到最右端时，两个单向阀的顶杆使其开启，从而恢复各级间的平衡状态。

这种同步伸缩缸输出的推力和速度始终保持恒定，其值分别为

$$F = p A_4 \eta_m = p \frac{\pi}{4} d^2 \eta_m \tag{4-16}$$

$$v = \frac{q \eta_v}{A_4} = \frac{4 q \eta_v}{\pi d^2} \tag{4-17}$$

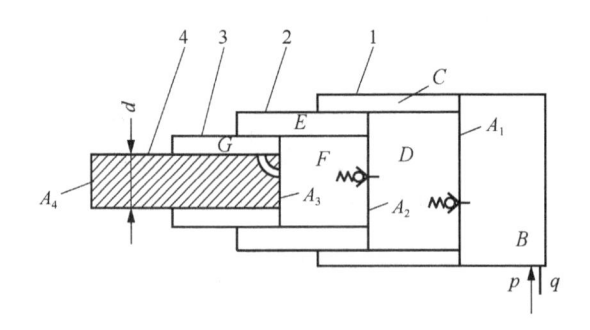

图 4-7 单作用式三级同步伸缩缸

1-外缸筒；2-一级活塞缸筒；3-二级活塞缸筒；4-三级活塞缸筒

4.1.2 液压缸的典型结构和组成

单杠活塞式液压缸如图 4-8 所示，由缸筒 5、活塞 12、活塞杆 8、前缸盖 1、后缸盖 7、活塞杆导向装置 9、前缓冲柱塞 4、后缓冲柱塞 11 等主要零件组成。活塞与活塞杆用螺纹连接，并用止动销 13 固死。前法兰 14、后法兰 10 用螺纹与缸筒连接，前缸盖 1、后缸盖 7 分别通过前法兰 14、后法兰 10 和螺钉（图中未示）压紧在缸筒的两端。为了提高密封性能并减小摩擦力，在活塞与缸筒之间、活塞杆与导向装置之间、导向装置与后缸盖之间、前后缸盖与缸筒之间装有各种动、静密封圈。当活塞移动接近左右终端时，液压缸回油腔的油只能通过缓冲柱塞上通流面积逐渐减小的轴向三角槽和可调锥阀 2、6 回油箱，对移动部件起制动缓冲作用。缸中空气经排气装置（图中未画出）排出。

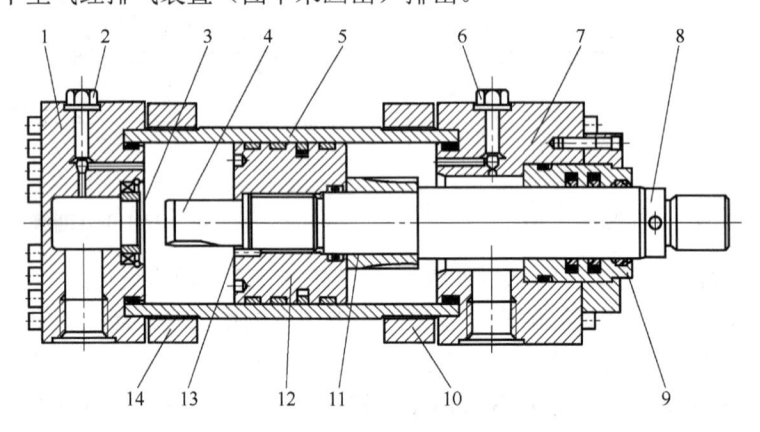

图 4-8 单杆活塞式液压缸结构

1-前缸盖；2、6-锥阀；3-前缓冲套；4、11-前、后缓冲柱塞；5-缸筒；7-后缸盖；8-活塞杆；
9-活塞杆导向装置；10-后法兰；12-活塞；13-止动销；14-前法兰

从图 4-8 可以看到，液压缸的结构基本上可以分为缸筒和缸盖、活塞和活塞杆、缓冲装置、排气装置和密封装置五个部分，现分述如下。

1．缸筒和缸盖

缸筒和缸盖的常见连接结构形式如图 4-9 所示，图 4-9(a)所示为法兰连接，结构简单，加工和装拆都方便，但外形尺寸和质量都大。图 4-9(b)所示为半环连接，加工和装拆方便，但是，这种结构须在缸筒外部开有环形槽而削弱其强度，有时要为此增加缸的壁厚。图 4-9(c)

所示为外螺纹连接，图 4-9(d)所示为内螺纹连接。螺纹连接装拆时要使用专用工具，适用于较小的缸筒，图 4-9(e)所示为拉杆式连接，容易加工和装拆，但外形尺寸较大，且较重。图 4-9(f)所示为焊接式连接，结构简单，尺寸小，但缸底处内径不易加工，且可能引起变形。

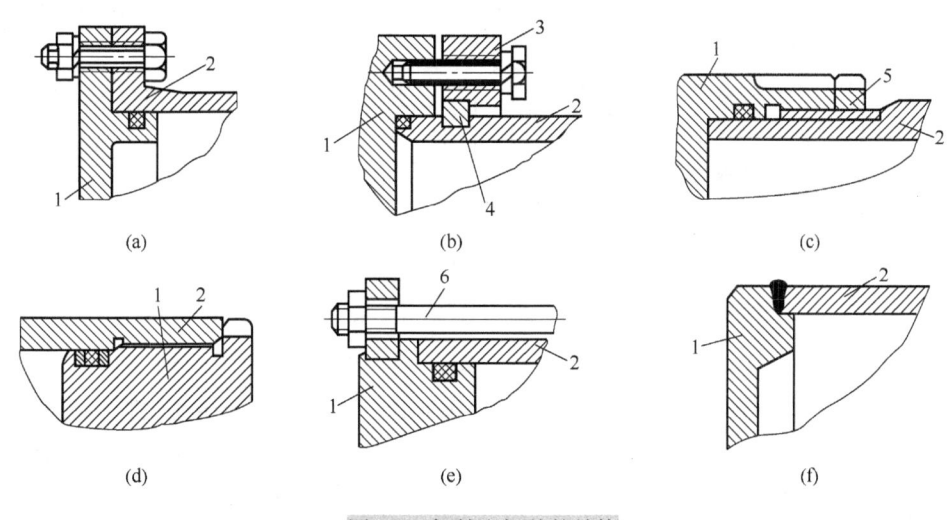

图 4-9 缸筒和缸盖的结构

1-缸盖；2-缸筒；3-压板；4-半环；5-防松螺母；6-拉杆

2．活塞和活塞杆

活塞和活塞杆的结构形式很多：有整体活塞和分体活塞；有实心活塞杆和空心活塞杆。活塞与活塞杆的连接有螺纹式和半环式等，如图 4-10 所示。螺纹式连接结构简单，但需有螺母防松装置；半环式连接结构复杂，但工作较可靠。此外，也有用锥销连接的。

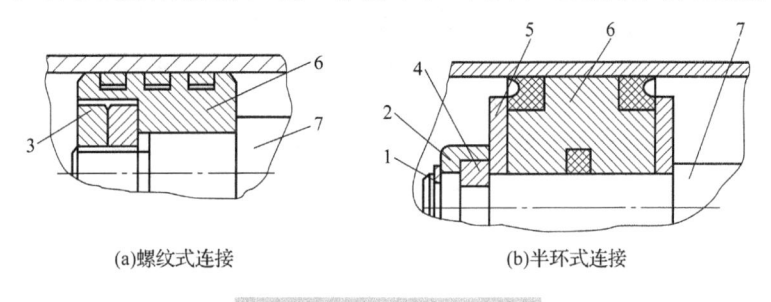

图 4-10 活塞和活塞杆的结构

1-弹簧卡圈；2-轴套；3-螺母；4-半环；5-压板；6-活塞；7-活塞杆

3．缓冲装置

缓冲装置是利用活塞或缸筒移动到接近终点时，将活塞和缸盖之间的一部分油液封住迫使油液从小孔或缝中挤出，从而产生很大的阻力，使工作部件平稳制动，并避免活塞和缸盖相互碰撞。液压缸缓冲装置的工作原理如图 4-11 所示。理想的缓冲装置应在其整个工作过程中保持缓冲压力恒定不变，实际的缓冲装置则很难做到这点。图 4-12 所示为上述各种形式缓冲装置的缓冲压力曲线。由图 4-12 可见，反抛物线式性能曲线最接近于理想曲线，缓冲效果最好。但是，这种缓冲装置需要根据液压缸的具体工作情况进行专门设计和制造，通用性差。阶梯圆柱式的缓冲效果也很好。最常用的则是节流口可调的单圆柱式和节流口变化式。

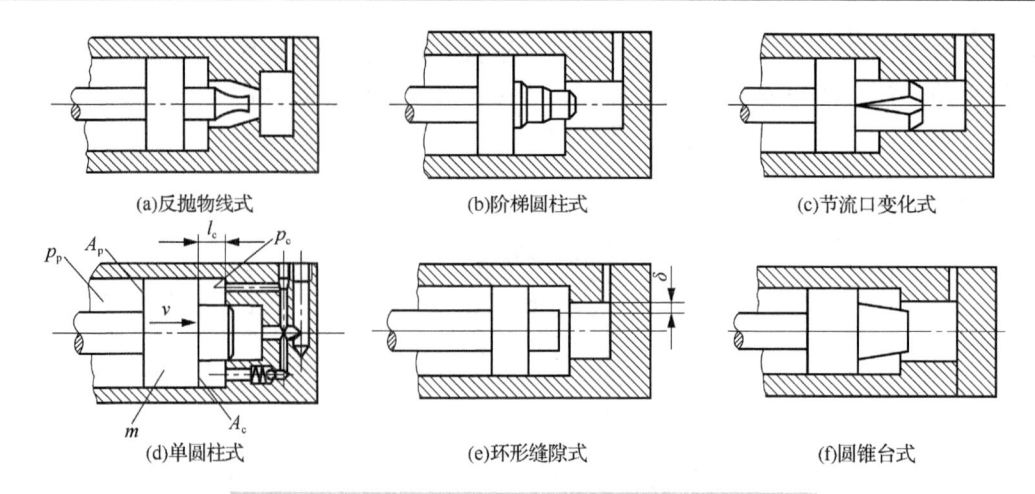

(a)反抛物线式　(b)阶梯圆柱式　(c)节流口变化式
(d)单圆柱式　(e)环形缝隙式　(f)圆锥台式

图 4-11　液压缸缓冲装置的工作原理（缓冲柱塞的形式）

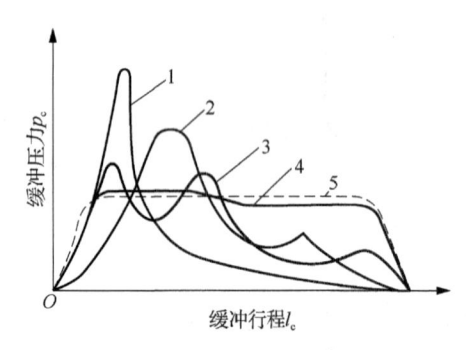

图 4-12　各种缓冲装置的缓冲压力曲线
1-单圆柱式；2-圆锥台式；3-阶梯圆柱式；
4-反抛物线式；5-理想曲线

1）节流口可调式缓冲装置（图 4-11(d)）

当活塞上的缓冲柱塞进入端盖凹腔后，圆环形的回油腔中的油液只能通过针形节流阀流出，这就使活塞制动。调节节流阀的开口，可改变制动阻力的大小。这种缓冲装置起始缓冲效果好，随着活塞向前移动，缓冲效果逐渐减弱，因此它的制动行程较长。

2）节流口变化式缓冲装置（图 4-11(c)）

活塞的缓冲柱塞上开有变截面的轴向三角形节流槽。当活塞移近端盖时，回油腔油液只能经过三角槽流出，使活塞受到制动作用。随着活塞的移动，三角槽通流截面逐渐变小，阻力作用增大，因此缓冲作用均匀，冲击压力较小，制动位置精度高。

例 4-1　试推导图 4-11(c)、(d) 所示缓冲装置的各种特性。

解　(1) 节流口可调式缓冲装置（图 4-11(d)）。这种装置中节流口面积 A_T 调定后为常值。缓冲开始后，活塞产生减速度，考虑 $v = dx/dt$，则其运动方程和节流口流量方程分别为

$$p_c A_c = -m\frac{dv}{dt} = -m\frac{d\left(\frac{v^2}{2}\right)}{dx} \tag{4-18}$$

$$q_c = A_c v = C_d A_T \sqrt{\frac{2\Delta p}{\rho}} = C_d A_T \sqrt{\frac{2p_c}{\rho}} \tag{4-19}$$

式中，p_c 为缓冲腔压力；A_c 为缓冲腔工作面积；m 为活塞等移动件质量；v 为移动件速度；A_T 为节流口通流截面积；C_d 为节流口流量系数；ρ 为油液密度；x 为移动件位移。

将式（4-19）代入式（4-18），经整理、积分、化简，并使用 $x = 0$ 时 $v = v_0$（v_0 为缓冲起始时的速度）的条件，得

$$v = v_0 \exp\left[-\frac{A_c \rho}{2m}\left(\frac{A_c}{C_d A_T}\right)^2 x\right] \tag{4-20}$$

将式（4-20）代入式（4-18），并使用 $x=0$ 时 $a = a_0$、$p_c = p_0$ 的条件（a_0 为缓冲起始时的加速

度，p_0 为缓冲起始时的缓冲压力），得

$$p_c = p_0 \exp\left(-\frac{A_c p_0}{mv^2}x\right) \tag{4-21}$$

（2）节流口变化式缓冲装置（图 4-11(c)）。这种装置中 A_T 为变量。由于要求 p_c（因而亦有减速度 a）在整个缓冲过程中保持常值，$v^2 = v_0^2 - 2a_0 x$，则

$$v = v_0 \sqrt{1 - \frac{2a_0 x}{v_0^2}} \tag{4-22}$$

将式（4-20）代入式（4-18），整理后得

$$A_T = \frac{A_c v_0}{C_d} \sqrt{\frac{\left(1 - \dfrac{2a_0 x}{v_0^2}\right)\rho}{2p_c}} \tag{4-23}$$

这表明节流槽纵截面必须呈抛物线形。

4. 排气装置

排气装置用来排除积聚在液压缸内的空气。一般把排气装置安装在液压缸两端。常用的排气装置如图 4-13 所示。

5. 密封装置

密封装置的作用在于防止液压缸工作介质的泄漏和外界尘埃与异物的侵入。缸内泄漏会引起容积效率下降，达不到所需的工作压力；缸外泄漏则造成工作介质浪费和环境污染。密封装置选用、安装不当，又直接关系到

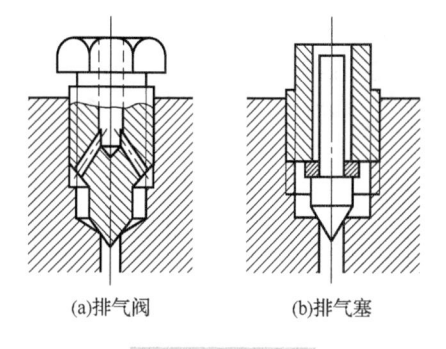

(a)排气阀　　(b)排气塞

图 4-13　排气装置

缸的摩擦阻力和机械效率，还影响缸的动、静态性能。因此，正确和合理地使用密封装置是保证液压缸正常工作的关键所在，应予以高度重视。

1）间隙密封

如图 4-14 所示，间隙密封依靠运动件间的微小间隙来防止泄漏。为了提高这种装置的密封能力，常在活塞 3 的表面上制出几条细小的环形槽，以增大油液通过间隙时的阻力。其结构简单、摩擦阻力小、可耐高温，但泄漏大、加工要求高、磨损后无法恢复原有的密封能力，只有在尺寸较小、压力较低、相对运动速度较高的缸筒和活塞间使用。

采用间隙密封的液压缸可以利用活塞与缸筒相对活动时产生的液压对冲力，而设计成低摩擦液压缸，如图 4-15 所示。这种液压缸有可能实现液体摩擦，从而最大限度地减小摩擦力，提高机械效率，并且显著提高液压缸的低速性能，不会产生爬行现象。

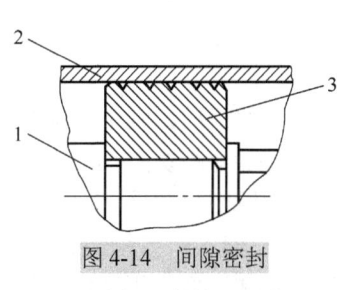

图 4-14　间隙密封

1-活塞杆；2-缸筒；3-活塞

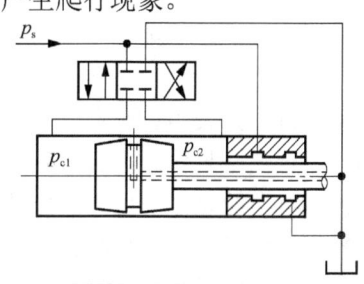

图 4-15　低摩擦液压缸

2）密封件密封

密封件密封利用橡胶或塑料的弹性使各种截面的环形圈贴紧在静、动配合面之间来防止泄漏。其结构简单、制造方便、磨损后有自动补偿能力、性能可靠，它在缸筒和活塞之间、缸盖和活塞杆之间、活塞和活塞杆之间、缸筒和缸盖之间都能使用。

（1）常用密封件。图 4-16 所示为 O 形密封圈，它的截面为圆形，是一种最常用的密封元件，与其他形式密封圈比较，其主要特点：①结构小巧，安装部位紧凑，装拆方便；②具有自密封能力，无须经常调整；③静、动密封均可使用，用于静密封时，几乎没有泄漏；用于动密封时，阻力比较小，但很难做到不泄漏；④使用单件 O 形圈，可对两个方向起密封作用；⑤若使用安装不当，容易造成 O 形圈被剪切、扭曲等故障，导致密封失效，故用于动密封时一般需加保护挡圈；⑥价格低廉。

图 4-17 所示为 Y 形密封圈，其截面呈 Y 形，是一种典型的唇形密封圈。按两唇高度是否相等，可分为轴、孔通用的等高唇 Y 形密封圈（图 4-17(a)）和不等高唇的轴用与孔用 Y 形密封圈（图 4-17(b)）。Y 形密封圈的特点：①密封性能良好，由于介质压力的作用而具有一定的自动补偿能力；②摩擦阻力小，运动平稳；③耐压性好，适用压力范围广；④宜用作大直径的往复运动密封件；⑤结构简单，价格低廉；⑥安装方便。

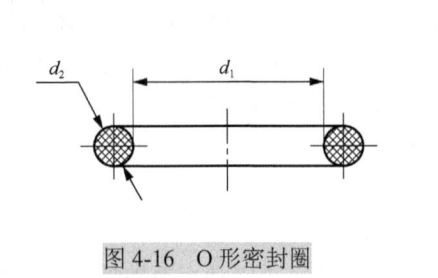

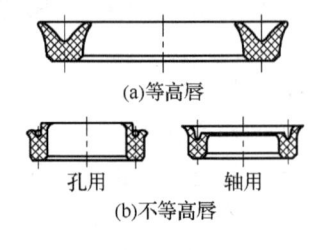

图 4-16 O 形密封圈

图 4-17 Y 形密封圈

图 4-18 所示为 V 形密封装置，其中密封圈截面呈 V 形，是一种应用最早、至今仍用途广泛的单向密封装置。根据制作材质的不同，可分为纯橡胶 V 形密封圈和夹织物（夹布橡胶）V 形密封圈等。密封装置由压环、V 形密封圈和支撑环三部分组成。V 形密封装置主要用于液压缸活塞和活塞杆的往复动密封，其特点：①耐压性能好，使用寿命长；②根据使用压力的高低，可以合理地选择 V 形密封圈的数量以满足密封要求，并可调整压紧力来获得最佳密封效果；③根据密封装置不同的使用要求，可以交替安装不同材质的 V 形密封圈，以获得不同的密封特性和最佳综合效果；④维修和更换密封圈方便；⑤密封装置的轴向尺寸大，摩擦阻力大。

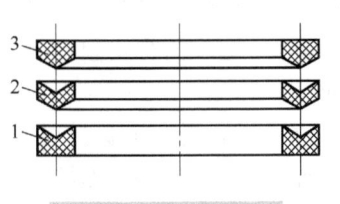

图 4-18 V 形密封装置
1-压环；2-V 形密封圈；3-支撑环

（2）新型密封件。20 世纪 80 年代以来出现了一批新型密封件，它们提高了密封可靠性、运动精度和综合性能。有代表性的几种新型密封件如表 4-1 所示。

（3）组合式密封件。组合式密封件由两个或两个以上元件组成。其中一部分是润滑性能好、摩擦因数小的元件；另一部分是充当弹性体的元件，从而大大改善了综合密封性能。

同轴密封圈是结构与材料全部实施组合形式的往复运动用密封元件。它由加了填充材料的改性聚四氟乙烯滑环和作为弹性体的橡胶环（如 O 形圈、矩形圈、星形圈等）组合而成。按其用途可分为活塞用同轴密封圈（格来圈加 O 形圈）和活塞杆用同轴密封圈（斯特圈加 O 形密封圈），其结构形式如图 4-19 所示。

表 4-1 新型密封件

名称	密封部位 活塞	密封部位 活塞杆	截面形状	特点
星形（X 形密封圈）	√	√		有四个唇口。在往复运动时，不会翻转扭曲；所需径向预缩最小，接触应力小，摩擦力也小；接触应力分布均匀，密封效果良好；密封圈分型面可设在两唇边之间，飞边不影响密封作用；动、静密封均可使用
Zurcon L 形密封圈		√		截面呈倒 L 形。Zurcon 是专门研制的高性能聚氨酯，与介质的相容性和综合性能达到最佳；在整个工作压力范围内应力分布状态稳定，具有流体动力回收性能；密封唇不受压力作用，摩擦力小；抗挤出性好；动、静态密封性能均好；耐磨性好，使用寿命长

格来圈和斯特圈都是以聚四氟乙烯树脂为基材，按不同使用条件、配以不同比例的填充材料（如铜粉、石墨、碳素纤维、玻璃纤维、石棉、二硫化钼等）制作而成的。由于聚四氟乙烯树脂具有自润滑性能，因此同轴密封圈在各类密封圈中，是动摩擦阻力较小的一种。

格来圈也可用于旋转密封，如图 4-20 所示。为了提高密封表面的比压，在密封面上加工有环形沟槽，既可改善密封效果，又因形成润滑油腔而减小了摩擦力。格来圈背面呈凹弧形，以增加接触面，防止自身旋转。

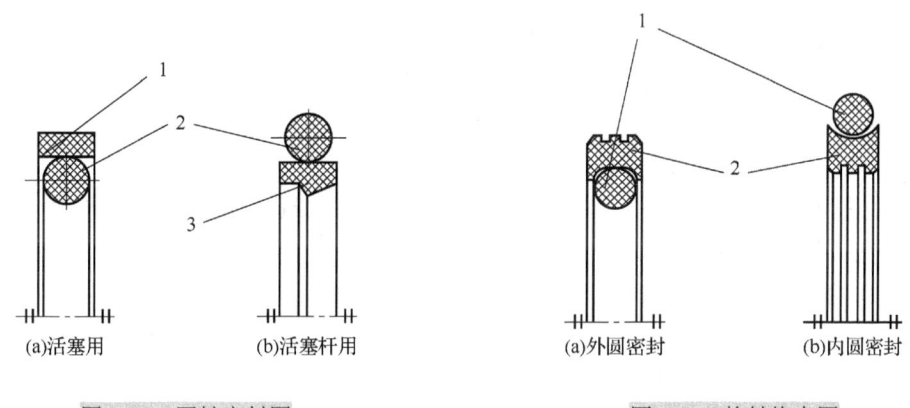

图 4-19 同轴密封圈

1-格来圈；2-O 形密封圈；3-斯特圈

图 4-20 旋转格来圈

1-O 形密封圈；2-格来圈

同轴密封圈在材质、截面形状等方面仍在不断改进，新产品层出不穷，如图 4-21 所示。

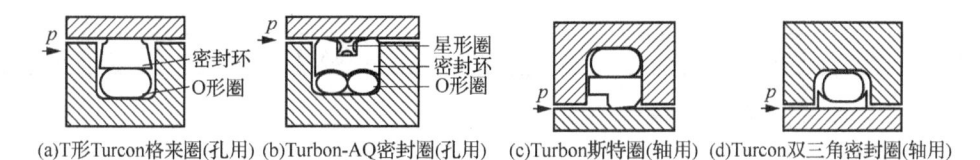

(a)T形Turcon格来圈(孔用)　(b)Turbon-AQ密封圈(孔用)　(c)Turbon斯特圈(轴用)　(d)Turcon双三角密封圈(轴用)

图 4-21 新型同轴密封圈

(a)普通防尘圈　(b)Z形Turcon防尘圈

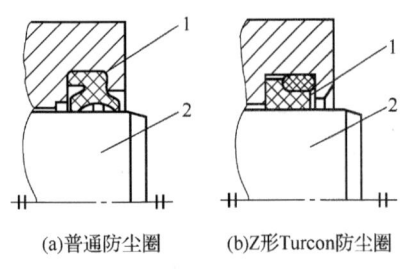

图 4-22　防尘圈

1-防尘圈；2-活塞杆

3）防尘圈

对于活塞杆外伸部分来说，它很容易把脏物带入液压缸，使油液受污染，密封件被磨损，因此常需在活塞杆密封处增添防尘圈（图 4-22），并放在向着活塞杆外伸的一端。

4.1.3　液压缸的设计和计算

液压缸的设计是在对整个液压系统进行了工况分析，编制了负载图，选定了工作压力之后进行的（详见第 10 章）：首先根据使用要求选择结构类型，其次按负载情况、运动要求、最大行程等确定其主要工作尺寸，进行强度、稳定性和缓冲验算，最后进行结构设计。

1. 液压缸设计中应注意的问题

液压缸的设计和使用正确与否，直接影响它的性能和是否发生故障。在这方面，经常碰到液压缸安装不当、活塞杆承受偏载、液压缸或活塞下垂以及活塞杆的压杆失稳等问题。所以，在设计液压缸时，必须注意以下几点。

（1）尽量使活塞杆在受拉状态下承受最大负载，或在受压状态下具有良好的纵向稳定性。

（2）考虑液压缸行程终了处的制动问题和液压缸的排气问题。缸内若无缓冲装置和排气装置，系统中需有相应的措施。但是并非所有的液压缸都要考虑这些问题。

（3）正确确定液压缸的安装、固定方式：承受弯曲的活塞杆不能用螺纹连接，要用止口连接；液压缸不能在两端用键或销定位，只能在一端定位，不致阻碍它在受热时的膨胀；若冲击载荷使活塞杆压缩，定位件须设置在活塞杆端，若为拉伸则设置在缸盖端。

（4）液压缸各部分的结构需根据推荐的结构形式和设计标准进行设计，尽可能做到结构简单、紧凑，加工、装配和维修方便。

2. 液压缸主要尺寸的确定

（1）缸筒内径 D。根据负载大小和选定的工作压力，或运动速度和输入流量，按本章有关算式确定后，再从《流体传动系统及元件-缸径及活塞杆直径》（GB/T 2348—2018）中选取相近尺寸加以圆整。

（2）活塞杆直径 d 按工作时受力情况来确定，如表 4-2 所示。对单杆活塞缸，d 值也可由 D 和 λ_v 来决定，按 GB/T 2348—2018 进行圆整。《单活塞杆液压缸两腔面积比》（JB/T 7939—2010）规定了单杆活塞液压缸两腔面积比的标准系列。

表 4-2　中、低压液压缸活塞杆直径推荐值

活塞杆受力情况	受拉伸	受压缩，工作压力 p_1/MPa		
		$p_1 \leq 5$	$5 < p_1 \leq 7$	$p_1 > 7$
活塞杆直径 d	$(0.3 \sim 0.55)D$	$(0.3 \sim 0.5)D$	$(0.6 \sim 0.7)D$	$0.7D$

（3）缸筒长度 L 由最大工作行程决定。

3. 强度校核

对于液压缸的缸筒壁厚 δ、活塞杆直径 d 和缸盖处固定螺钉的直径，在高压系统中，必须进行强度校核。

1）缸筒壁厚 δ 的校核

在中、低压液压系统中，缸筒壁厚往往由结构工艺要求决定，一般不须校核。在高压系统中，须按下列情况进行校核。

当 $D/\delta>10$ 时为薄壁，δ 可按下式校核：

$$\delta \geqslant \frac{p_y D}{2[\sigma]} \tag{4-24}$$

式中，D 为缸筒内径；p_y 为试验压力，当缸的额定压力 $p_n \leqslant 16\mathrm{MPa}$ 时取 $p_y=1.5p_n$，$p_n>16\mathrm{MPa}$ 时取 $p_y=1.25p_n$；$[\sigma]$ 为缸筒材料的许用应力，$[\sigma]=\sigma_b/n$，σ_b 为材料的抗拉强度，n 为安全系数，一般取 $n=5$。

当 $D/\delta<10$ 时为厚壁，δ 应按下式进行校核

$$\delta \geqslant \frac{D}{2}\left(\sqrt{\frac{[\sigma]+0.4p_y}{[\sigma]-1.3p_y}}-1\right) \tag{4-25}$$

2）活塞杆直径 d 的校核

$$d \geqslant \sqrt{\frac{4F}{\pi[\sigma]}} \tag{4-26}$$

式中，F 为活塞杆上的作用力；$[\sigma]$ 为活塞杆材料的许用应力，$[\sigma]=\sigma_b/1.4$。

3）缸盖固定螺栓 d_s 的校核

$$d_s \geqslant \sqrt{\frac{5.2kF}{\pi z[\sigma]}} \tag{4-27}$$

式中，F 为液压缸负载；k 为螺纹拧紧系数，$k=1.12\sim1.5$；z 为固定螺栓个数；$[\sigma]$ 为螺栓材料许用应力，$[\sigma]=\sigma_s/(1.22\sim2.5)$，$\sigma_s$ 为材料的屈服强度。

4. 稳定性校核

活塞杆受轴向压缩负载时，其值 F 超过某临界值 F_k，就会失去稳定性。活塞杆稳定性按下式进行校核：

$$F \leqslant \frac{F_k}{n_k} \tag{4-28}$$

式中，n_k 为安全系数，一般取 $n_k=2\sim4$。

当活塞杆的细长比 $l/r_k > \psi_1\sqrt{\psi_2}$ 时

$$F_k = \frac{\psi_2 \pi^2 EJ}{l^2} \tag{4-29}$$

当活塞杆的细长比 $l/r_k \leqslant \psi_1\sqrt{\psi_2}$，且 $\psi_1\sqrt{\psi_2}=20\sim120$ 时，有

$$F_k = \frac{fA}{1+\dfrac{\alpha}{\psi_2}\left(\dfrac{l}{r_k}\right)^2} \tag{4-30}$$

式中，l 为安装长度，其值与安装方式有关，见表 4-3；r_k 为活塞杆横截面最小回转半径，$r_k=\sqrt{J/A}$；ψ_1 为柔性系数，其值见表 4-4；ψ_2 为由液压缸支承方式决定的末端系数，见表 4-3；E 为活塞杆材料的弹性模量，对钢，可取 $E=2.06\times10^{11}\mathrm{Pa}$；$J$ 为活塞杆横截面惯性矩；A 为活塞杆横截面积；f 为由材料强度决定的试验值，见表 4-4；α 为系数，具体数值见表 4-4。

表 4-3 液压缸支承方式和末端系数 ψ_2 的值

支承方式	支承说明	末端系数 ψ_2
	一端自由、一端固定	$\frac{1}{4}$
	两端铰接	1
	一端铰接、一端固定	2
	两端固定	4

表 4-4 f, α, ψ_1 的值

材料	f/MPa	α	ψ_1
铸铁	560	1/1600	80
锻钢	250	1/9000	110
低碳钢	340	1/7500	90
中碳钢	490	1/5000	85

5. 缓冲计算

液压缸的缓冲计算主要是估计缓冲时缸内出现的最大冲击压力，以便用来校核缸筒强度、制动距离是否符合要求。缓冲计算中当发现工作腔中的液压能和工作部件的动能不能全部被缓冲腔所吸收时，制动中就可能产生活塞和缸盖相碰现象。

液压缸缓冲时，背压腔内产生的液压能 E_1 和工作部件产生的机械能 E_2 分别为

$$E_1 = p_c A_c l_c \tag{4-31}$$

$$E_2 = p_p A_p l_c + \frac{1}{2} m v^2 - F_f l_c \tag{4-32}$$

式中，p_c 为缓冲腔中的平均缓冲压力；p_p 为高压腔中的油液压力；A_c、A_p 分别为缓冲腔、高压腔的有效工作面积；l_c 为缓冲行程长度；m 为工作部件质量；v 为工作部件运动速度；F_f 为摩擦力。

式（4-32）表示工作部件产生的机械能 E_2 是高压腔中的液压能与工作部件的动能之和，再减去因摩擦消耗的能量。当 $E_1 = E_2$，即工作部件的机械能全部被缓冲腔液体吸收时，有

$$p_c = \frac{E_2}{A_c l_c} \tag{4-33}$$

若缓冲装置为节流口可调式缓冲装置，在缓冲过程中的缓冲压力逐渐降低，假定缓冲压力线性降低，则最大缓冲压力即冲击压力为

$$p_{cmax} = p_c + \frac{mv^2}{2A_c l_c} \tag{4-34}$$

若缓冲装置为节流口变化式缓冲装置，则由于缓冲压力 p_c 始终不变，最大缓冲压力值如式（4-33）所示。

6. 拉杆计算

有些液压缸的缸筒和两端缸盖是用四根或更多根拉杆组装成一体的。拉杆端都有螺纹，用螺母固紧，给拉杆造成一定的应力，以使缸盖和缸筒不会在工作压力下松开，产生泄漏。拉杆计算的目的是针对某一规定的分离压力值估出拉杆的预加载荷量。

令 F_I 为预加在拉杆上的拉力，则拉杆的变形量（伸长量）为

$$\delta_T = \frac{F_I}{K_T} \tag{4-35}$$

式中，K_T 为拉杆的刚度，$K_T = \frac{A_T E_T}{L_T}$，$A_T$、$L_T$ 分别为拉杆的受力总截面积和长度；E_T 为拉杆材料的弹性模量。

在拉杆预加力 F_I 的作用下，缸筒也要压缩变形，其变形量（压缩量）

$$\delta_c = \frac{F_I}{K_c} \tag{4-36}$$

式中，K_c 为缸筒的刚度，$K_c = \frac{A_c E_c}{L_c}$，$A_c$、$L_c$ 分别为缸筒筒壁的截面积和长度；E_c 为缸筒材料的弹性模量。

当液压缸在压力 p 下工作时，拉杆中的拉力将增大至 F_T，缸盖和缸筒间的接触力变为 F_c，它们之间的关系为

$$F_T = F_c + pA_p \tag{4-37}$$

式中，A_p 为活塞的有效工作面积。

这时拉杆的变形量增大了一个 $\varDelta_T$ 的量，即

$$\varDelta_T = \frac{F_T - F_I}{K_T} \tag{4-38}$$

而缸筒的变形量减小了一个 $\varDelta_c$ 的压缩量（或增加了一个 $\varDelta_c$ 的伸长量），且有

$$\delta_c - \varDelta_c = \varepsilon_c l_c \tag{4-39}$$

式中，ε_c 为缸筒的轴向应变，其表达式为

$$\varepsilon_c = \frac{F_c}{A_c E_c} - \frac{\mu(\sigma_h + \sigma_r)}{E_c} = \frac{F_c}{A_c E_c} - \frac{2\mu p A_p}{A_c E_c} \tag{4-40}$$

式中，σ_h 和 σ_r 分别为缸筒筒壁中的切向应力和径向应力；μ 为缸筒材料的泊松比。很明显，$\varDelta_c = \varDelta_T$。为此有

$$F_T = F_I + \frac{(1-2\mu)pA_p}{1+\dfrac{K_c}{K_T}} = F_I + \xi p A_p \tag{4-41}$$

式中，ξ 为压力负载系数，它与拉杆和缸筒的材料性质及结构尺寸有关，即

$$\xi = \frac{1-2\mu}{1+\dfrac{A_c E_c L_T}{A_T E_T L_c}} \tag{4-42}$$

当液压缸中压力到达规定的分离压力 p_s 时，缸盖和缸筒分离，$F_c = 0$，此时 $F_T = p_s A_p$，由此可求得拉杆上应施加的预加载荷为

$$F_I = A_p(1-\xi)p_s \tag{4-43}$$

式（4-43）适用于活塞到达全行程的终端，且活塞力全由缸盖来承受的场合。实践证明，活塞在零行程处的 ξ 值是其在全行程中的一倍。这表明活塞在零行程处使缸盖和缸筒分离所需的压力，比规定的分离压力 p_s 还要高。

4.1.4 气缸

1．气缸的类型

气缸是气动系统中使用最多的执行元件，它以压缩空气为动力驱动机构做直线往复运动，气缸的分类如图 4-23 所示。

2．普通气缸

普通气缸是在缸筒内只有一个活塞和一根活塞杆的气缸，有单作用气缸和双作用气缸两种。

图 4-24 所示为普通型单活塞杆双作用气缸。气缸一般由缸筒 11，前、后缸盖 13、1，活塞 8，活塞杆 10，密封件和紧固件等零件组成。缸筒在前后缸盖之间由四根拉杆和螺母将其紧固锁定（图中未画出）。活塞与活塞杆相连，活塞上装有密封圈 4、导向环 5 及磁性环 6。为防止漏气和外部粉尘的侵入，前缸盖上装有防尘组合密封圈 15。磁性环用来产生磁场，使活塞接近磁性开关时发出电信号，即在普通气缸上装了磁性开关就构成开关气缸。

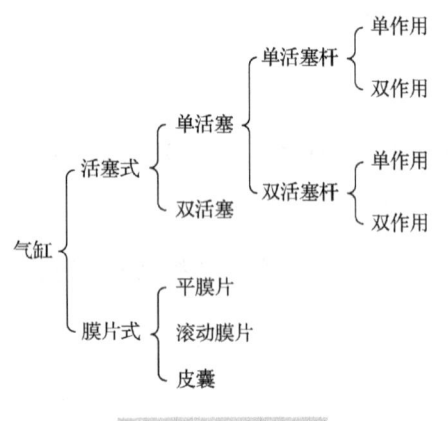

图 4-23 气缸的分类

3．其他形式气缸

1）无杆气缸

无杆气缸没有普通气缸的刚性活塞杆，它利用活塞直接或间接实现往复直线运动。这种气缸的最大优点是节省了安装空间，特别适用于小缸径长行程的场合。在自动化系统、气动机器人中获得了大量应用。

图 4-25 所示为无杆气缸。在气缸筒轴向开有一条槽，在气缸两端设置空气缓冲装置。活塞 5 带动与负载相连的滑块 6 一起在槽内移动，且借助缸体上的一个管状沟槽防止其产生旋转。因防泄漏和防尘的需要，在开口部采用聚氨酯密封带 3 和防尘不锈钢带 4 固定在两侧端盖上。

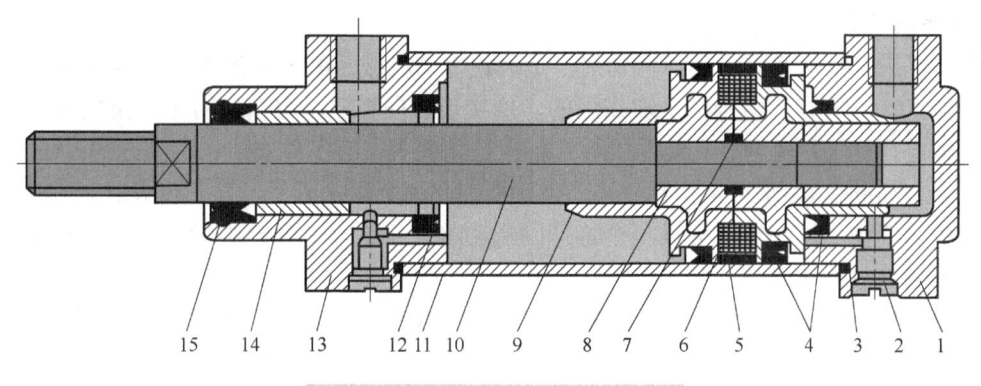

图 4-24 普通型单活塞杆双作用气缸

1-后缸盖；2-缓冲节流阀；3、7-密封圈；4-活塞密封圈；5-导向环；6-磁性环；8-活塞；9-缓冲柱塞；
10-活塞杆；11-缸筒；12-缓冲密封圈；13-前缸盖；14-导向套；15-防尘组合密封圈

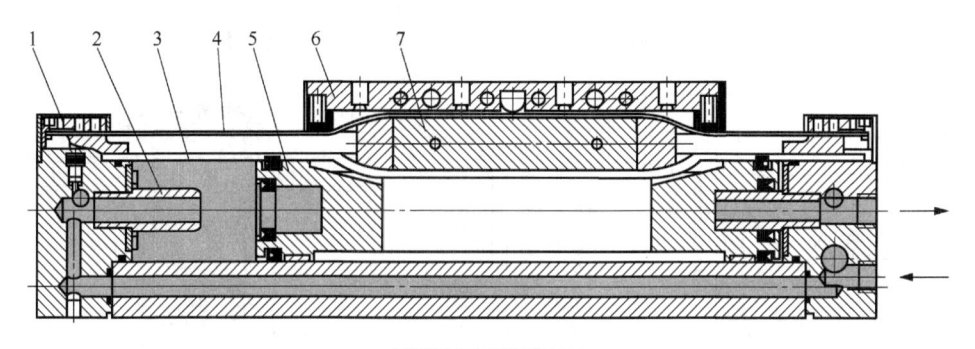

图 4-25 无杆气缸

1-节流阀；2-缓冲柱塞；3-聚氨酯密封带；4-防尘不锈钢带；5-活塞；6-滑块；7-管状体

这种气缸适用缸径为 8~80mm，最大行程在缸径不小于 40mm 时可达 6m。气缸运动速度高，可达 2m/s。若需用无杆气缸构成气动伺服定位系统，可用内置式位移传感器的无杆气缸。

2）磁性气缸

图 4-26 所示为一种磁性气缸。在活塞上安装了一组高磁性的稀土永久磁环，磁力线穿过薄壁缸筒（不锈钢或铝合金非导磁材料）作用在缸筒外面的另一组磁环套上。由于两组磁环极性相反，两者间具有很强的吸力，当活塞在输入气压作用下移动时，通过磁力线带动缸筒外的磁环套与负载一起移动。在气缸行程两端设有空气缓冲装置。

它的特点是体积和质量小、无外部空气泄漏、维护保养方便。

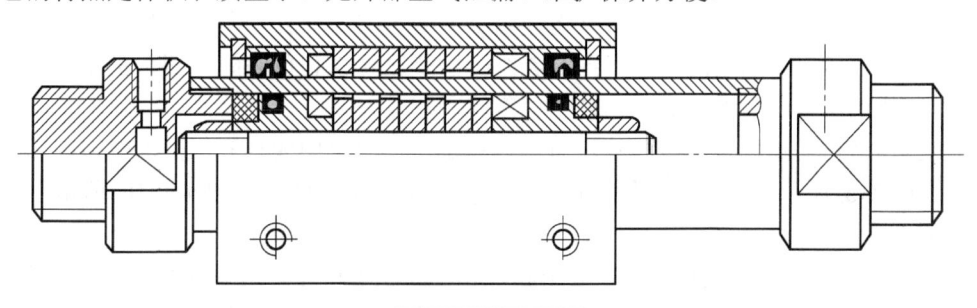

图 4-26 磁性气缸

3）手指气缸

气动手指气缸能实现各种抓取功能，是现代气动机械手的关键部件。图 4-27 所示的手指气缸的特点有：所有的结构都是双作用的，能实现双向抓取，可自动对中，重复精度高；抓取力矩恒定；在气缸两侧可安装非接触式行程检测开关；有多种安装、连接方式；耗气量少。

图 4-27(a)所示为平行手指气缸，平行手指通过两个活塞工作。每个活塞由一个滚轮和一个双曲柄与气动手指相连，形成一个特殊的驱动单元。这样，气缸手指总是径向移动，每个手指是不能单独移动的。

如果手指反向移动，则先前受压的活塞处于排气状态，而另一个活塞处于受压状态。

图 4-27(b)所示为摆动手指气缸，活塞杆上有一个环形槽，由于手指耳轴与环形槽相连，因此手指可同时摆动且自动对中，并确保抓取力矩始终恒定。

图 4-27(c)所示为旋转手指气缸，其动作和齿轮齿条的啮合原理相似。活塞与一根可上下移动的轴固定在一起。轴的末端有三个环形槽，这些槽与两个驱动轮的齿啮合。因此，两个手指可同时转动并自动对中，其齿轮齿条啮合原理确保了抓取力矩始终恒定。

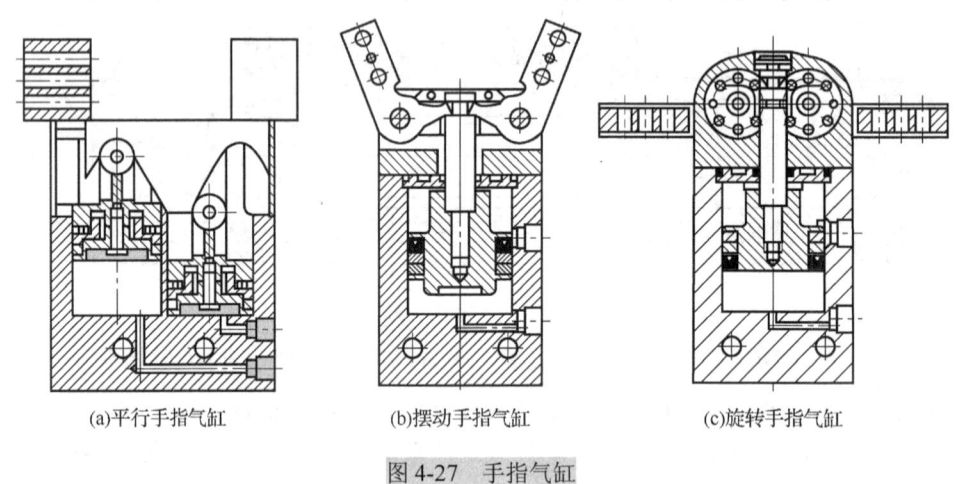

(a)平行手指气缸　　(b)摆动手指气缸　　(c)旋转手指气缸

图 4-27　手指气缸

4）气液阻尼缸

气液阻尼缸是一种由气缸和液压缸构成的组合缸。由气缸产生驱动力，而通过液压缸的阻尼调节作用获得平稳的运动。这种气缸常用于机床和切削加工的进给驱动装置，克服了普通气缸在负载变化较大时容易产生的爬行或自移现象。

图 4-28(a)、(b)所示为这种气液阻尼缸的工作原理图及速度特性。它由一根活塞杆将气缸活塞和液压缸活塞串联在一起，两缸之间用中盖 6 隔开，防止空气与液压油互窜。在液压缸的进出口处连接了调速用的液压单向节流阀。由节流阀 3 和单向阀 4 组成的节流机构可调节液压缸的排油量，从而调节活塞运动的速度。

当气缸活塞向右退回运动时，液压缸右腔排油，此时单向阀打开，回油快，使活塞快速退回。图 4-28(a)所示的节流机构能实现慢进—快退的速度特性，如图 4-28(b)所示。

5）膜片式气缸

图 4-29 所示为膜片式气缸，它主要由膜片和中间硬芯相连来代替普通气缸中的活塞，依靠膜片在气压作用下的变形来使活塞杆前进。活塞的位移较小，一般小于 40mm。

这种气缸的特点是结构紧凑、质量小、维修方便、密封性能好、制造成本低，广泛应用于气动夹具、化工生产过程中的自动调节阀等短行程工作场合。

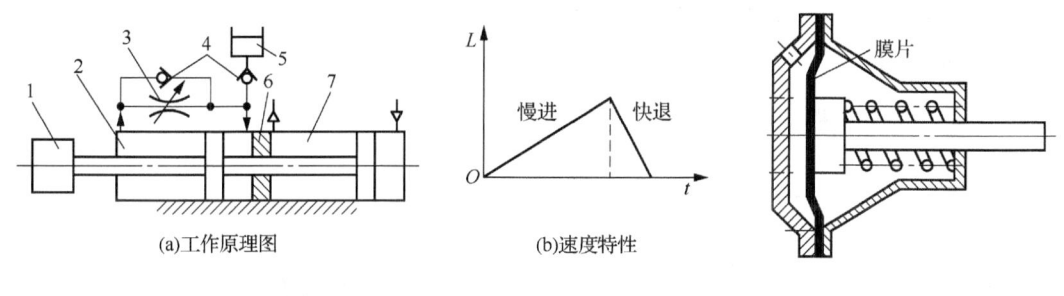

(a) 工作原理图　　　(b) 速度特性

图 4-28　气液阻尼缸　　　　图 4-29　膜片式气缸

1-负载；2-液压缸；3-节流阀；4-单向阀；5-油杯；6-中盖；7-气缸

6）仿生气动肌腱

仿生气动肌腱（muscle actuator sinale，MAS）是一种新型的拉伸型执行元件，是新概念气动元件。如同人类的肌肉那样，仿生气动肌腱能产生很强的收缩力。从结构上看，它非常简单：一段加强的纤维管两端由连接器固定（图 4-30），因为没有运动的机械零件和外部摩擦，故寿命比一般气缸更长、更耐用。

仿生气动肌腱是一种能量转换装置，由一根包裹着特殊纤维格栅网的橡胶织物管与两端连接接头组成。这种特殊材质纤维格栅网预先嵌入在能承受高负载、高吸收能力的橡胶材料之中。如图 4-30 所示，当仿生气动肌腱内有工作压力后，橡胶管开始变形，使格栅中的纤维网络夹角 α 变大，在直径方向膨胀，在长度方向收缩，气动肌腱便由此产生轴向拉力。当工作压力被释放后，弹性的橡胶材料迫使特殊纤维格栅恢复到原来位置，恢复原状。仿生气动肌腱的收缩长度与气压成正比，若配合比例控制阀使用，可调节气动肌腱的终端位置。

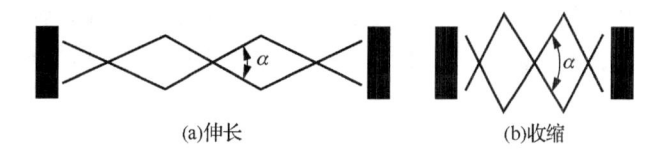

(a) 伸长　　　(b) 收缩

图 4-30　仿生气动肌腱工作原理图

仿生气动肌腱的拉伸力是同样直径普通单作用气缸的十倍，而质量仅为普通单作用气缸的几分之一。与产生相等力的气缸相比，其耗气量仅为普通气缸的 40%。

仿生气动肌腱的独特优势使它在工业自动化领域有着广泛的应用。其较适合于夹紧技术、搬移技术、定位机构、制动器、注塑机、汽车技术、仿真技术、机器人、仿生/平台机械、建筑技术，甚至体育、健康服务等。此外，气动肌腱还可以用于制作动感电影院的动态椅子等，可以大大增强观众身临其境的感觉。

4.1.5　气缸的工作特性及计算

1. 气缸的类型

气缸的压力特性是指气缸内压力随时间变化的关系，如图 4-31 所示。

气缸活塞的运动速度在运动过程中不是恒定的，这一点与液压缸有很大不同。

图 4-31 所示状态时无杆腔内的气压 p_1 为大气压，有杆腔内的气压 p_2 为工作气压。当换向阀切换后，无杆腔与气源接通，因其容腔小，气体以高速向无杆腔充气，并很快升至气源压

力;同时有杆腔开始向大气排气,但因其容腔大,故容腔中气体压力下降的速度较缓慢。当两腔的压差 $\Delta p = p_1 - p_2$ 超过起动压差后,活塞就开始向右运动。可见,从换向阀切换到气缸起动需要一段时间。

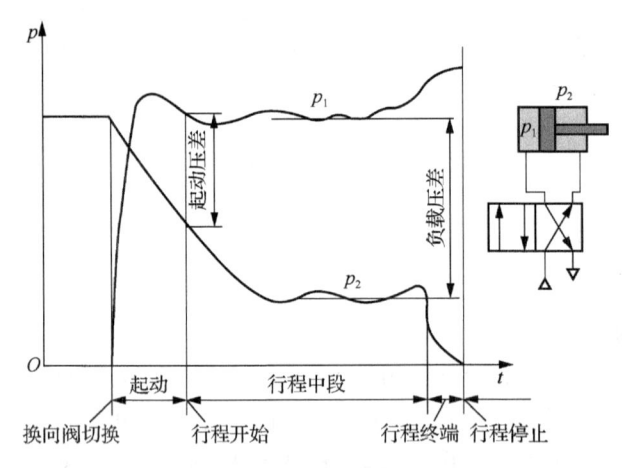

图 4-31 气缸的压力特性曲线

起动以后,活塞所受的摩擦阻力由静摩擦转为动摩擦而变小,使活塞加速运动,无杆腔的压力有所下降。若供气充分,活塞继续运动,无杆腔压力基本保持不变;而有杆腔容积的相对减小量越来越大,在排气过程中其压力继续下降。

若活塞杆上的负载保持恒定,会出现气缸进排气速度与活塞运动速度相平衡的情况,这时压力特性曲线趋于水平,活塞在两腔不变的压差推动下匀速前进。

当活塞行至行程终端时,无杆腔压力再次急剧上升到气源压力;有杆腔压力却快速下降至大气压。这种较大的压差往往会造成"撞缸"。如果气缸设有缓冲装置,活塞运动进入缓冲行程时,排气通路受阻,有杆腔压力瞬时增大,随后降至大气压,可避免产生"撞缸"现象。

2. 气缸的速度

气缸活塞运动的速度在运动过程中是变化的。通常所说的气缸速度是指气缸活塞的平均速度,例如,普通气缸的速度为 50~500mm/s,是气缸活塞在全行程范围内的平均速度。目前,普通气缸的最低速度为 5mm/s,最高速度可达 17mm/s。

3. 气缸的理论输出力

气缸的理论输出力的计算公式和液压缸的相同。

4. 气缸的效率和负载率

气缸未加载时实际所能输出的力,受到气缸活塞和缸筒之间的摩擦力、活塞杆和前缸盖之间的摩擦力影响。摩擦力影响程度用气缸效率 η 表示。图 4-32 所示为气缸的效率 η 与气缸的缸径 D 和工作压力 p 的关系曲线,缸径增大,工作压力提高,则气缸效率 η 增加。当气缸缸径增大时,在同样的气缸结构和加工条件下,摩擦力在气缸的理论输出力中所占的比例明显减小,即效率提高了。一般气缸的效率在 70%~95%。

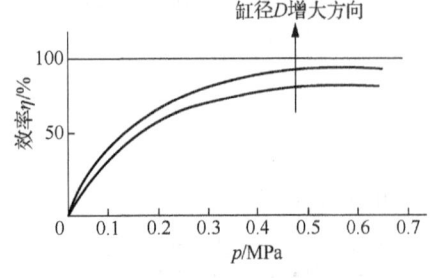

图 4-32 气缸效率曲线

从气缸的特性研究知道,要精确确定气缸的实际输出力是困难的。于是，在研究气缸的性能和选择确定气缸缸径时，常用到负载率 β 的概念。气缸负载率 β 定义为

$$\beta = \frac{\text{气缸的实际负载} F}{\text{气缸的理论输出力} F_o} \times 100\%$$

气缸的实际负载（轴向负载）是由工况决定的，若确定了气缸的负载率 β，则由定义就能确定气缸的理论输出力 F_o，从而可以计算气缸的缸径。气缸负载率 β 的选取与气缸的负载性质及气缸的运动速度有关，见表 4-5。

表 4-5 气缸的运动速度与负载率

阻性负载	惯性负载的运动速度 v		
	<100mm/s	100~500mm/s	>500mm/s
$\beta < 0.8$	$\beta \leq 0.65$	$\beta \leq 0.5$	$\beta \leq 0.3$

由此即可以计算气缸的缸径，再依标准缸径进行圆整。

估算时可取活塞杆直径 $d = 0.3D$。

例 4-2 有一气缸推动工件在导轨上运动，已知运动工件的质量 $m = 250$kg，工件与导轨间的摩擦因数 $f = 0.25$，气缸行程为 300mm，动作时间为 1s，工作压力 $p = 0.4$MPa，试选定缸径 D。

解 气缸的轴向负载力

$$F = fmg = 0.25 \times 250 \times 9.8\text{N} = 612.5\text{N}$$

气缸的平均速度

$$v = \frac{s}{t} = \frac{300}{1}\text{mm/s} = 300\text{mm/s}$$

按表 4-5 选负载率

$$\beta = 0.5$$

气缸的理论输出力

$$F_o = \frac{F}{\beta} = 612.5/0.5\text{N} = 1225\text{N}$$

由此得双作用气缸缸径 D 为

$$D = \sqrt{\frac{4F_o}{\pi p}} = \sqrt{\frac{4 \times 1225}{\pi \times 0.4}}\text{mm} = 62.4\text{mm}$$

故选取双作用气缸的缸径为 63mm。

5. 气缸的耗气量

气缸的耗气量是指气缸往复运动时所消耗的压缩空气量，耗气量大小与气缸的性能无关，但它是选择空压机排量的重要依据。

1) 最大耗气量 q_{max}

最大耗气量是指气缸活塞完成一次行程所需要的耗气量（单位为 L/min），其计算公式为

$$q_{max} = 0.047D^2 s \frac{p+0.1}{0.1} \frac{1}{t}$$

式中，D 为缸径，cm；s 为气缸行程，cm；t 为气缸一次往复行程所需的时间，s；p 为工作压力，MPa。

2）平均耗气量

平均耗气量是由气缸容积和气缸每分钟的往复次数计算出的耗气量平均值（单位为 L/min），其计算公式为

$$q = 0.00157ND^2s\frac{p+0.1}{0.1}$$

式中，N 为气缸每分钟的往复次数。

4.2 旋转运动执行元件

4.2.1 液压马达

液压马达是实现连续旋转或摆动的执行元件。

1．分类

液压马达和液压泵的结构基本相同，按结构分为齿轮式、叶片式和柱塞式等几种。按工作特性可分为高速液压马达和低速液压马达两大类。

1）高速液压马达

高速液压马达的结构形式通常为外啮合齿轮式、双作用叶片式和轴向柱塞式等，其特点是转速高（一般高于 500r/min）、转动惯量小、输出转矩不大，故又称高速小转矩液压马达。

外啮合齿轮式液压马达具有结构简单、体积小、价格低及对油液污染不敏感等优点；其缺点是噪声大、脉动较大且难以变量、低速稳定性较差等。

双作用叶片式液压马达具有结构紧凑、噪声较小、寿命较长及脉动率小等优点；其缺点是抗污染能力较差、对油液的清洁度要求较高。目前，叶片式液压马达的最高转速已达 4000r/min。

轴向柱塞式液压马达具有单位功率质量小、工作压力高、效率高和容易实现变量等优点；其缺点是结构比较复杂、对油液污染敏感、过滤精度要求较高、价格较贵。按其结构特点又可分为斜盘式和斜轴式两类。

2）低速液压马达

低速液压马达的特点是输入油液压力高、排量大，可靠性高，可在马达轴转速为 10r/min 以下平稳运转，低速稳定性好，输出转矩大，可达几百牛·米到几千牛·米，所以又称低速大转矩液压马达。

低速液压马达分为单作用和多作用两大类。单作用液压马达，转子旋转一周，每个柱塞往复工作一次，它又有径向和轴向之分。多作用液压马达，转子旋转一周，每个柱塞往复工作多次，它同样有径向和轴向之分。单作用液压马达结构比较简单、工艺性较好、造价较低，但输出转矩和转速的脉动、低速稳定性不如多作用液压马达；多作用液压马达单位功率的质量较小，若设计合理，可得到无脉动输出，但其制造工艺较复杂，造价高于单作用液压马达。

2．工作原理

图 4-33 所示为轴向柱塞式液压马达的工作原理。斜盘 1 和配流盘 4 固定不动，柱塞 3 可在缸体 2 的孔内移动，斜盘中心线与缸体中心线相交一个倾斜角 δ。高压油经配流盘的窗口进入缸体的柱塞孔时，处在高压腔中的柱塞被顶出，压在斜盘上，斜盘对柱塞的反作用力 F 可分解为两个分力，轴向分力 F_x 和作用在柱塞上的液压力平衡，垂直分力 F_y 使缸体产生转矩，

带动马达轴 5 转动。设在第 i 个柱塞和缸体的垂直中心线夹角为 θ，则在柱塞上产生的转矩为
$$T_i=F_y r=F_y R\sin\theta=F_x R\tan\delta\sin\theta$$
式中，R 为柱塞在缸体中的分布圆半径。

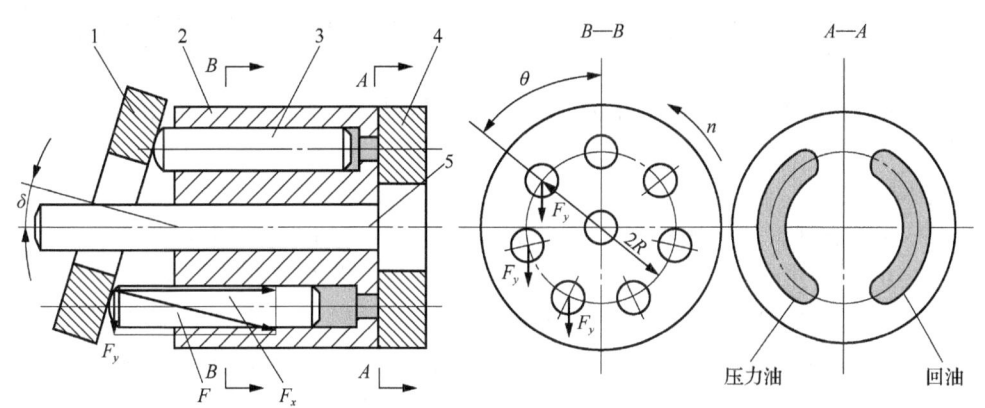

图 4-33 轴向柱塞式液压马达的工作原理

1-斜盘；2-缸体；3-柱塞；4-配流盘；5-马达轴

液压马达产生的转矩应是处于高压腔柱塞产生转矩的总和，即
$$T=\sum F_x R\tan\sigma\sin\theta$$

随着 θ 的变化，每个柱塞产生的转矩也发生变化，故液压马达产生的总转矩也是脉动的，它的脉动情况和讨论液压泵流量脉动时的情况相似。

液压马达的工作原理与液压泵刚好相反：它输入的是压力能，输出的是机械能（转矩和转速）。

图 4-34 所示为多作用内曲线径向柱塞液压马达的结构原理图。马达的配流轴 2 是固定的，其上有进油口和排油口。压力油经配流窗口穿过衬套 5 进入缸体 1 的柱塞孔中，并作用于柱

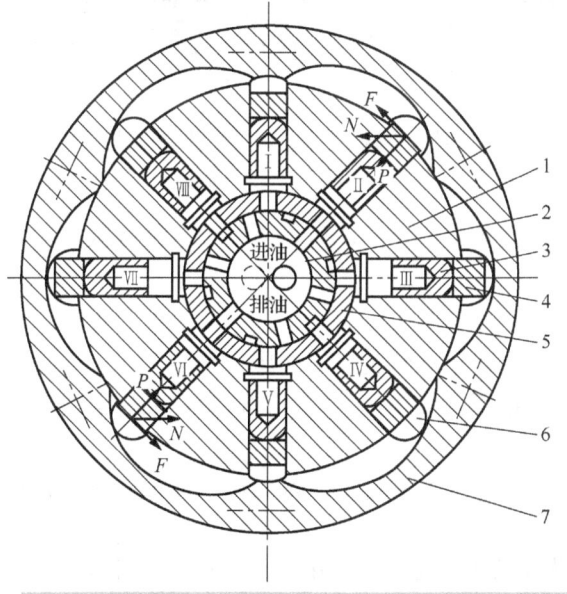

图 4-34 多作用内曲线径向柱塞液压马达的结构原理图

1-缸体；2-配流轴；3-柱塞；4-横梁；5-衬套；6-滚轮；7-定子

塞 3 的底部，柱塞 3 与横梁 4 之间无刚性连接，在液压力的作用下，柱塞 3 的顶部球面与横梁 4 的底部相接触，从而使横梁 4 两端的滚轮 6 压向定子 7 的内壁。定子内壁在与滚轮接触处的反作用力 N 的周向分力 F 对缸体产生转矩，使缸体及与其刚性连接的主轴转动；而径向分力 P 则与柱塞底部的液压力相平衡。由于定子内壁由多段曲面构成，滚轮每经过一段曲面，柱塞往复运动一次，故称为多作用式。

这种液压马达的优点是输出转矩大、转速低、平稳性好；缺点是配流轴磨损后不能补偿，效率较低。

3. 结构举例

图 4-35 所示是轴向点接触柱塞式液压马达的典型结构。在缸体 7 和斜盘 2 间装入鼓轮 4，在鼓轮的圆周上均匀分布着推杆 10，液压力作用在柱塞上并通过推杆作用在斜盘上，推杆在斜盘反作用力的作用下产生一个对轴 1 的转矩，迫使鼓轮转动，又通过传动键带动马达轴，同时通过传动销 6 带动缸体旋转。缸体在弹簧 5 和柱塞孔内的压力油作用下贴在配流盘 8 上。这种结构使缸体和柱塞只受轴向力，因此配流盘表面、柱塞和缸体上的柱塞孔磨损均匀，缸体内孔与马达轴的接触面较小，有一定的自定位作用，使缸体的配流表面和配流盘的配流表面贴合好，减少了端面间的泄漏，并使配流盘表面磨损后能得到自动补偿。

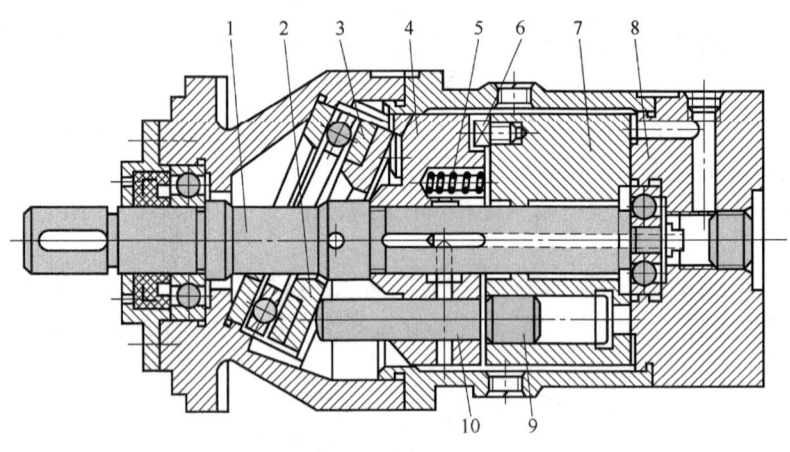

图 4-35 轴向点接触柱塞式液压马达的典型结构

1-轴；2-斜盘；3-轴承；4-鼓轮；5-弹簧；6-传动销；7-缸体；8-配流盘；9-柱塞；10-推杆

这种液压马达的斜盘的倾角是固定的，所以是一种定量液压马达。

4. 性能参数

1）工作压力和额定压力

工作压力是指液压马达实际工作时进口处的压力。

额定压力是指液压马达在正常工作条件下，按试验标准规定能连续运转的最高压力。

2）排量和理论流量

排量 V 是指液压马达轴转一周由其各密封工作腔容积变化的几何尺寸计算得到的油液体积。

理论流量 q_t 是指在没有泄漏的情况下，由液压马达排量计算得到指定转速所需输入油液的流量。

3）效率和功率

容积效率：由于有泄漏损失，为了达到液压马达要求的转速，实际输入的流量 q 必须大于理论流量 q_t。容积效率为

$$\eta_V = \frac{q_t}{q}$$

机械效率：由于有摩擦损失，液压马达的实际输出转矩 T 一定小于理论转矩 T_t，因此机械效率为

$$\eta_m = \frac{T}{T_t}$$

液压马达的总效率为

$$\eta = \eta_V \eta_m$$

液压马达输入功率 P_i 为

$$P_i = \Delta p q$$

液压马达输出功率 P_o 为

$$P_o = T\omega = 2\pi n T$$

式中，Δp 为液压马达进/出口的压差；ω、n 分别为液压马达的角速度和转速。

4）转矩和转速

液压马达能产生的理论转矩 T_t 为

$$T_t = \frac{1}{2\pi} \Delta p V$$

液压马达输出的实际转矩为

$$T = \frac{1}{2\pi} \Delta p V \eta_m$$

液压马达的实际输入流量为 q 时，马达的转速为

$$n = \frac{q \eta_V}{V}$$

例 4-3 图 4-36 所示为定量液压泵和定量液压马达系统。泵输出压力 p_P=10MPa，排量 V_P=10mL/r，转速 n_P=1450r/min，机械效率 η_{Pm}=0.9，容积效率 η_{PV}=0.9，马达排量 V_M=10mL/r，机械效率 η_{MV}=0.9，泵出口和马达进口间管道压力损失为 0.2MPa，其他损失不计，试求：

（1）泵的输出功率；
（2）泵的驱动功率；
（3）马达输出转速、转矩和功率。

解 （1）泵的输出功率为

$$P_{P出} = p_P V_P n_P \eta_{PV} = 10 \times 10^6 \times 10 \times 10^{-6} \times (1450/60) \times 0.9 \text{W} = 2.175 \text{kW}$$

图 4-36 例 4-3 图

（2）泵的驱动功率为

$$P_{P驱} = \frac{P_{P出}}{\eta_{Pm} \eta_{PV}} = \frac{2.175}{0.9 \times 0.9} \text{kW} = 2.685 \text{kW}$$

（3）马达输出转速为

$$n_M = \frac{V_P n_P \eta_{PV}}{V_M} \times \eta_{MV} = \frac{10 \times 1450 \times 0.9}{10} \times 0.9 \text{r/min} = 1174.5 \text{r/min}$$

马达输出功率为

$$P_{M出} = p_P V_P n_P \eta_{PV} \eta_{Mm} \eta_{MV} = (10-0.2) \times 10^6 \times 10 \times 10^{-6} \times (1450/60) \times 0.9 \times 0.9 \times 0.9 \text{W} = 1726.5 \text{W}$$

马达输出转矩为

$$T_M = \frac{P_{M出}}{2\pi n_M} = \frac{1726.5}{2\pi \times (1174.5/60)} \text{N} \cdot \text{m} = 14.04 \text{N} \cdot \text{m}$$

5. 摆动液压马达

摆动液压马达是一种实现往复摆动的执行元件。常用的有单叶片式和双叶片式两种结构。图 4-37(a) 所示为单叶片式摆动液压马达，压力油从进油口进入缸筒 3，推动叶片 1 和轴一起做逆时针方向转动，回油从缸筒的回油口排出。其摆动角度小于 300°，分隔片 2 用于隔开高低压腔。设进出油口压力分别为 p_1、p_2，叶片宽度为 b，叶片底端、顶端半径分别为 R_1、R_2，输入流量为 q，摆动液压马达机械效率、容积效率分别为 η_m、η_v。则输出的转矩 T 和角速度 ω 分别为

$$T = \frac{b}{2}(R_2^2 - R_1^2)(p_1 - p_2)\eta_m$$

$$\omega = \eta_v 2q/[b(R_2^2 - R_1^2)]$$

图 4-37(b) 所示为双叶片式摆动液压马达。它有两个进、出油口，其摆动角度小于 150°。在相同的条件下，它的输出转矩是单叶片式的两倍，角速度是单叶片式的一半。

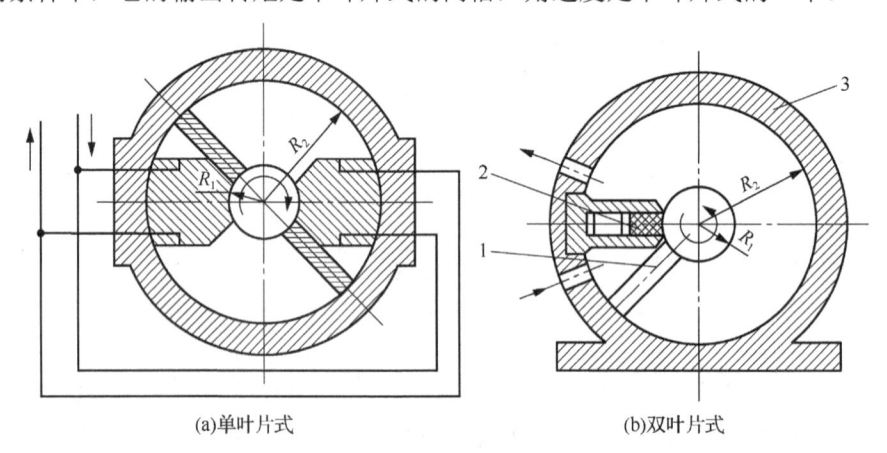

图 4-37 摆动液压马达

1-叶片；2-分隔片；3-缸筒

例 4-4 双叶片摆动液压马达的输入压力 $p_1 = 4\text{MPa}$，$q = 25\text{L/min}$，回油压力 $p_2 = 0.2\text{MPa}$，叶片的底端半径 $R_1 = 60\text{mm}$，顶端半径 $R_2 = 110\text{mm}$，摆动液压马达的容积效率和机械效率均为 0.9，若马达输出轴转速 $n_M = 13.55\text{r/min}$，试求摆动液压马达叶片的宽度 b 和输出转矩 T。

解 因 $\omega_M = 2\pi n_M = \eta_v q/[b(R_2^2 - R_1^2)]$，所以叶片宽度

$$b = \frac{q\eta_V}{2\pi n_M(R_2^2 - R_1^2)} = \frac{\left(25 \times \frac{10^{-3}}{60}\right) \times 0.9}{2 \times \pi \times \left(\frac{13.55}{60}\right) \times (110^2 - 60^2) \times 10^{-6}} \text{m}$$

$$= 3.11 \times 10^{-2} \text{m} = 31.1 \text{mm}$$

叶片摆动液压马达输出转矩

$$T = 2 \times \frac{b}{2}(R_2^2 - R_1^2)(p_1 - p_2)\eta_m$$
$$= 3.11 \times 10^{-2} \times (110^2 - 60^2) \times 10^{-6} \times (4 - 0.2) \times 10^6 \text{N} \cdot \text{m}$$
$$= 1004.53 \text{N} \cdot \text{m}$$

4.2.2 气动马达

气动马达是将压缩空气的能量转换为旋转或摆动的执行元件。

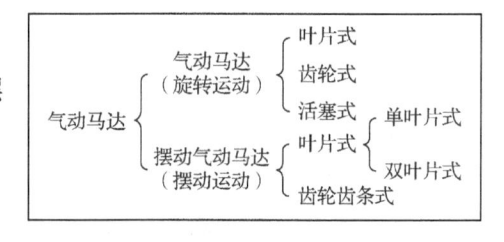

1. 气动马达的分类

气动马达的分类如图 4-38 所示。

2. 叶片式气动马达

1）工作原理

图 4-39 所示为叶片式气动马达，其主要由转子 1、定子 2、叶片 3 及壳体构成。压缩空气从输入口 A 进入，主要在工作腔两侧的叶片上。由于转子偏心安装，气压作用在两侧叶片上产生转矩差，使转子按逆时针方向旋转。做功后的气体从输出口 B 排出。改变压缩空气的输入方向，即可改变转子的转向。

叶片式气动马达一般在中小容量、高速旋转的场合使用，其输出功率为 0.1~20kW，转速为 500~25000r/min。叶片式气动马达主要用于矿山机械和起动工具中。

2）特性曲线

图 4-40 所示为叶片式气动马达的基本特性曲线。该曲线表明，在一定的工作压力下，气动马达的转速及功率都随外负载转矩变化而变化。

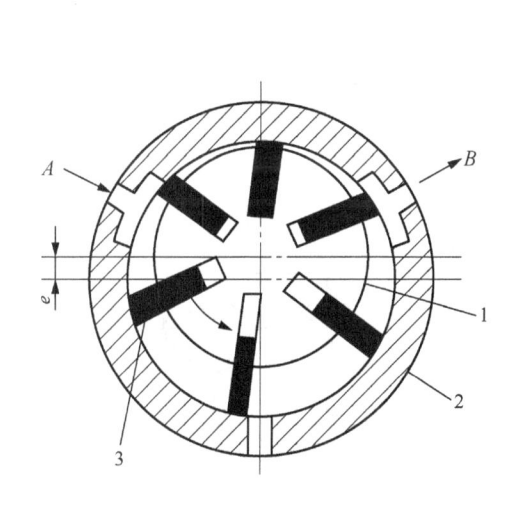

图 4-39 叶片式气动马达

1-转子；2-定子；3-叶片

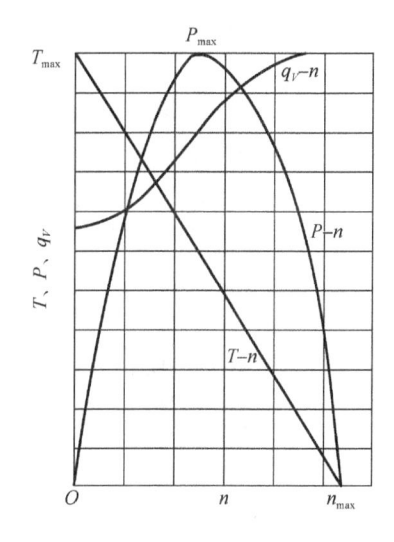

图 4-40 叶片式气动马达的基本特性曲线

T-n-转矩曲线；P-n-功率曲线；q_V-n-流量曲线

由特性曲线可知，叶片式气动马达的特性较软。当外负载转矩为零（即空转）时，转速达最大值 n_{max}，气动马达的输出功率为零。当外负载转矩等于气动马达最大转矩 T_{max} 时，气动马达停转，转速为零。此时输出功率也为零。当外负载转矩约等于起动马达最大转矩一半

$\left(\dfrac{1}{2}T_{max}\right)$ 时，其转速为最大转速的一半 $\left(\dfrac{1}{2}n_{max}\right)$，此时气动马达输出功率达最大值 P_{max}，一般来说，这就是所要求的气动马达额定功率。在工作压力变化时，特性曲线的各值将随压力的改变而有较大的改变。

习　　题

4-1　图 4-41 所示为三种结构形式的液压缸，活塞和活塞杆直径分别为 D、d，若进入液压缸的流量为 q，压力为 p，试分析各缸产生的推力、速度大小以及运动方向。（提示：注意运动件及其运动方向。）

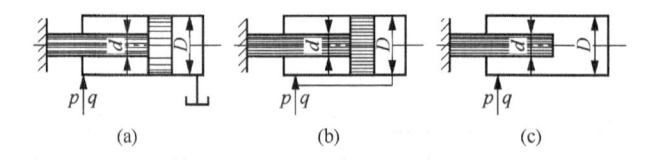

图 4-41　习题 4-1 图

4-2　图 4-42 所示为一个与工作台相连的柱塞液压缸，工作台质量为 980kg，缸筒与柱塞间摩擦阻力 F_f=1960N，D=100mm，d=70mm，d_0=30mm，试求：工作台在 0.2s 时间内从静止到加速到最大稳定速度 v_0=7m/min 时，液压泵的供油压力和流量。

4-3　如图 4-43 所示的系统，液压泵和液压马达的参数如下：泵的最大排量 V_{Pmax}=115mL/r，转速为 n_p=1000r/min，机械效率 η_{PM}=0.9，总效率 η_P=0.84；马达的排量 V_M=148mL/r，机械效率 η_{Mm}=0.9，总效率 η_M=0.84，回路最大允许压力 p_r=8.3MPa，若不计管道损失，试求：

（1）液压马达最大转速及该转速下的输出功率和输出转矩；

（2）驱动液压泵所需的转矩。

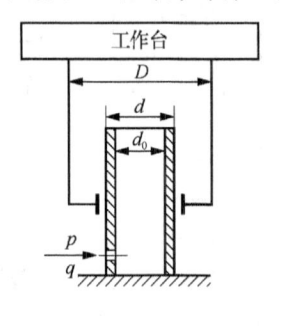

图 4-42　习题 4-2 图　　　　图 4-43　习题 4-3 图

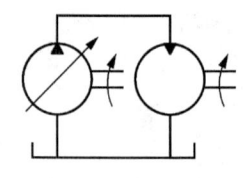

第 5 章 液压与气压控制元件

5.1 概 述

1. 液压阀的作用

液压阀是用来控制液压系统中油液的流动方向或调节其压力和流量的,因此可以分为方向阀、压力阀和流量阀三大类。一个形状相同的阀,可以因为作用机制的不同,而具有不同的功能。压力阀和流量阀利用通流截面的节流作用控制系统的压力与流量,而方向阀则利用流道的更换控制油液的流动方向。换言之,尽管液压阀存在着各种各样不同的类型,但它们之间仍然保持着一些基本的共同点。

(1)在结构上,所有的阀都由阀体、阀芯(座阀或滑阀)和驱使阀芯动作的元、部件(如弹簧、电磁铁)组成。

(2)在工作原理上,所有阀的开口大小,阀进、出口间的压差以及流过阀的流量之间的关系都符合孔口流量公式,只是各种阀控制的参数各不相同。

(3)各种阀都可以看成在油路中的一个液阻,只要有液体流过,都会产生压力下降(有压力损失)和温度升高等现象。

2. 液压阀的分类

液压阀可按不同的特征进行分类,如表 5-1 所示。

表 5-1 液压阀的分类

分类方法	种 类	详细分类
按机能分类	压力控制阀	溢流阀、减压阀、顺序阀、平衡阀、比例压力控制阀、缓冲阀、仪表截止阀、限压切断阀、压力继电器等
	流量控制阀	节流阀、单向节流阀、调速阀、分流阀、集流阀、比例流量控制阀等
	方向控制阀	单向阀、液控单向阀、换向阀、行程减速阀、充液阀、梭阀、比例方向控制阀等
按结构分类	滑阀	圆柱滑阀、旋转阀、平板滑阀
	座阀	锥阀、球阀
	射流阀	射流管阀、偏转板射流阀
	喷嘴挡板阀	单喷嘴挡板阀、双喷嘴挡板阀
按操纵方法分类	手动阀	手把及手轮、踏板、杠杆
	机/液/气动阀	挡块及碰块、弹簧、液压、气动
	电动阀	普通/比例电磁铁控制、力马达/力矩马达/步进电动机/伺服电动机控制
按连接方式分类	管式连接	螺纹式连接、法兰式连接
	板式/叠加式连接	单层连接板式、双层连接板式、油路块式、叠加阀、多路阀
	插装式连接	螺纹式插装(二、三、四通插装阀)、盖板式插装(二通插装)

续表

分类方法	种类	详细分类
按控制方式分类	比例阀	电液比例压力阀、电液比例流量阀、电液比例换向阀、电液比例复合阀、电液比例多路阀
	伺服阀	单、两级（喷嘴挡板式、滑阀式）电液流量伺服阀，三级电液流量伺服阀，电液压力伺服阀，气液伺服阀，机液伺服阀
	数字控制阀	数字控制压力阀、数字控制流量阀与方向阀
按输出参数可调节性分类	开关控制阀	方向控制阀、顺序阀、限速切断阀、逻辑阀
	输出参数连续可调的阀	溢流阀、减压阀、节流阀、调速阀、各类电液控制阀（比例阀、伺服阀）

3．阀口形式

液压阀的阀口形式如图 5-1 所示。

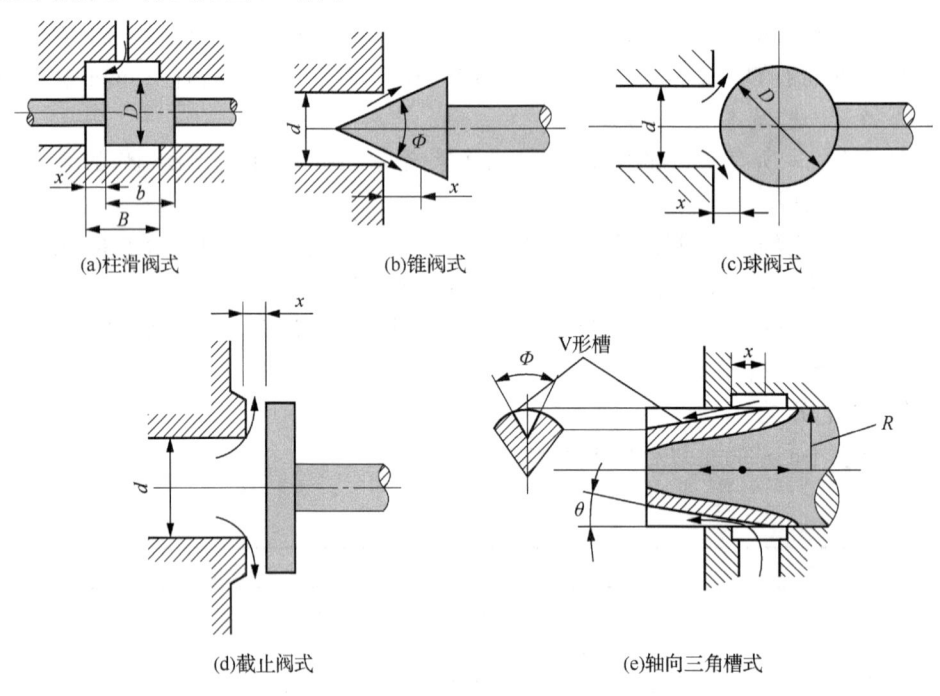

(a) 柱滑阀式　　(b) 锥阀式　　(c) 球阀式

(d) 截止阀式　　(e) 轴向三角槽式

图 5-1　液压阀的阀口形式

4．阀的泄漏特性

锥阀不产生泄漏，滑阀由于阀芯和阀孔间有一定的间隙，在压力作用下会产生泄漏。

滑阀用于压力阀或方向阀时，压力油通过径向缝隙泄漏量的大小，是阀的性能指标之一；滑阀用于伺服阀时，实际和理论滑阀零开口特性之间的差别，也取决于泄漏特性。

滑阀的泄漏量曲线如图 5-2 所示。为了减小泄漏，应尽量使阀芯和阀孔同心，另外应提高制造精度。

滑阀在某一位置停留时，通过缝隙的泄漏量随时间的增加而逐渐减小，但有时也会出现相反的现象，即随时间的增加而增大。泄漏量减小的原因，有的认为是油液中的污染物沉积，但也有的认为是油液分子黏附在缝隙表面而使通流截面减小；泄漏增大的原因是在液压卡紧力作用下，阀芯和阀

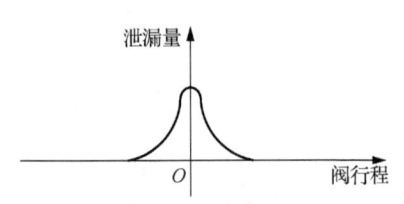

图 5-2　滑阀的泄漏量曲线

孔处于最大偏心状态。为了减小缝隙处的泄漏，往往要在阀芯上开出几条环形槽。

5．液压阀的主要性能参数

1）液压阀的性能参数

（1）公称直径。公称直径代表控制阀的通流能力大小，对应于阀的额定流量。与控制阀进出油口连接的油管的规格应与阀的通径一致。控制阀工作时的实际流量应小于或等于其额定流量，最大不得大于额定流量的 1.1 倍。

（2）额定压力。液压控制阀长期工作时所允许的最高压力称为额定压力。对于压力控制阀而言，其实际最高压力有时还与压力阀的调压范围有关，而换向阀实际最高压力还可能受其功率极限的限制。

2）对液压阀的基本要求

液压系统中所用的液压阀，应满足如下要求。

（1）动作灵敏，使用可靠，工作时冲击和振动小。

（2）油液流过时压力损失小。

（3）密封性能好。

（4）所控制的压力或流量等参量稳定，受外界干扰时变化量小。

（5）结构紧凑，安装、调整、使用、维护方便，通用性强。

5.2　方向控制阀

常见的方向控制阀类型如图 5-3 所示。

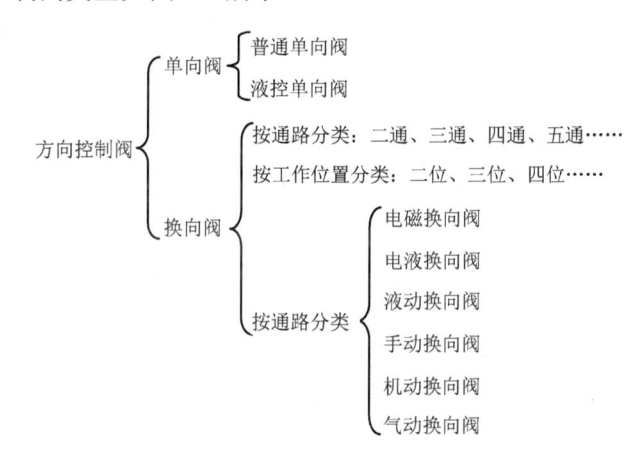

图 5-3　常见的方向控制阀类型

5.2.1　单向阀

液压系统中常用的单向阀包括普通单向阀和液控单向阀两种。

1．普通单向阀

普通单向阀的作用是使油液只能沿一个方向流动，不许它反向倒流。图 5-4(a)所示为一种管式普通单向阀的结构。压力油从阀体左端的通口 P_1 流入时，克服弹簧 3 作用在阀芯 2 上的力，使阀芯向右移动，打开阀口，并通过阀芯上的径向孔 a、轴向孔 b 从阀体右端的通口

P_2 流出。但是压力油从阀体右端的通口 P_2 流入时，它和弹簧力一起使阀芯锥面压紧在阀座上，使阀口关闭，油液无法从 P_2 口流向 P_1 口。图 5-4(b) 所示是单向阀的图形符号（后同）。

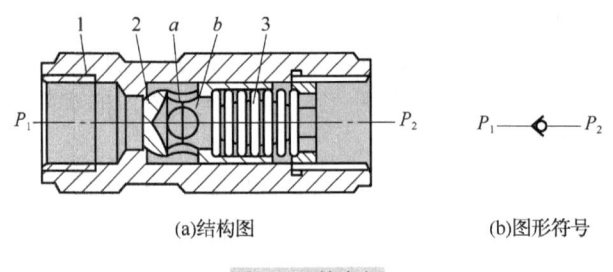

图 5-4 单向阀

1-阀体；2-阀芯；3-弹簧

单向阀的阀芯也可以用钢球式的结构，其制造方便，但密封性较差，只适用于小流量的场合。

在普通单向阀中，通油方向的阻力应尽可能小，而不通油方向应有良好的密封性。另外，单向阀的动作应灵敏，工作时不应有撞击和噪声。单向阀弹簧的刚度一般都选得较小，使阀的正向开启压力仅需 0.03~0.05MPa。如采用刚度较大的弹簧，其开启压力达 0.2~0.6MPa，便可用作背压阀。

单向阀的性能参数主要有正向最小开启压力、正向流动时的压力损失以及反向泄漏量等。这些参数都与阀的结构和制造质量有关。

单向阀常安装在泵的出口，可防止系统压力冲击对泵的影响，另外泵不工作时可防止系统油液经泵倒流回油箱。单向阀还可用来分隔油路，防止干扰。单向阀和其他阀组合，便可组成复合阀。

2. 液控单向阀

液控单向阀有普通型和带卸荷阀芯型两种，每种又按其控制活塞的泄油腔的连接方式分为内泄式和外泄式两种。图 5-5 所示为普通型外泄式单向阀。当控制口 K 处无控制压力通入时，其作用和普通单向阀一样，压力油只能从通口 P_1 流向通口 P_2，不能反向倒流。当控制口 K 有控制压力油，且其作用在控制活塞 4 上的液压力超过 P_2 腔压力和弹簧 1 作用在阀芯 2 上的合力时（控制活塞上腔通泄油口 L），控制活塞推动推杆 3 使阀芯上移开启，通油口 P_1 和 P_2 接通，油液便可在两个方向自由通流。这种结构在反向开启时的控制压力较小。

图 5-5 中，若没有外泄油口，而进油腔 P_1 和控制活塞的上腔直接相通，则是内泄式液控单向阀。这种结构较为简单，在反向开启时，K 腔的压力必须高于 P_1 腔的压力，故控制压力较高，仅适用于 P_1 腔压力较低的场合。

液控单向阀的一般性能与普通单向阀相同，但有反向开启最小控制压力要求。当 P_1 口压力为零时，反向开启最小控制压力，普通型的为 $(0.4~0.5)P_2$，而带卸荷阀芯的为 $0.05P_2$，两者相差近 10 倍。必须指出，其反向流动时的压力

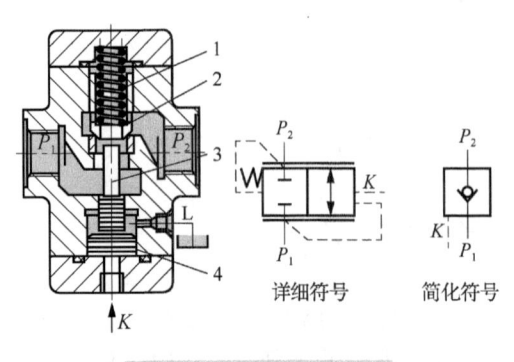

图 5-5 普通型液控单向阀

1-弹簧；2-阀芯；3-推杆；4-控制活塞

损失比正向流动时小，因为在正向流动时，除克服流道损失外，还须克服阀芯上的液动力和弹簧力。

液控单向阀在系统中的主要用途有以下几点。

（1）对液压缸进行锁闭。

（2）立式液压缸的支撑阀。

（3）某些情况下起保压作用。

5.2.2 换向阀

换向阀是利用阀芯在阀体中的相对运动，使液流的通路接通、关断，或变换流动方向，从而使执行元件起动、停止或变换运动方向。

（1）对换向阀的主要要求。

① 流体流经阀时的压力损失要小。

② 互不相通的通口间的泄漏要小。

③ 换向要平稳、迅速且可靠。

（2）换向阀的结构形式。换向阀按阀芯形状分类，主要有滑阀式和转阀式两种。转阀式应用较为广泛。

图 5-6 所示为滑阀式换向阀工作原理和图形符号。阀芯在中间位置时，流体的全部通路均被切断，活塞不运动。当阀芯移到左端时，泵的流量流向 A 口，使活塞向右运动，活塞右腔的油液流经 B 口和阀流回油箱；反之，当阀芯移到右端时，活塞便向左运动。因此通过阀芯移动可实现执行元件的正、反向运动或停止。

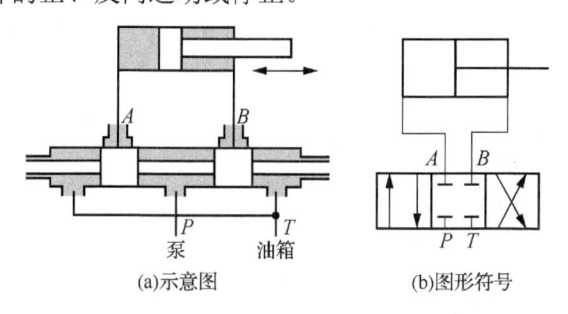

(a)示意图　　(b)图形符号

图 5-6　滑阀式换向阀工作原理和图形符号

换向阀的功能主要由其控制的通路数及工作位置决定。图 5-6 所示的换向阀有三个工作位置和四条通路（P、A、B、T），称为三位四通阀。

1．滑阀式换向阀的结构主体

阀体和滑阀阀芯是滑阀式换向阀的结构主体。表 5-2 列出了常见滑阀式换向阀主体的结构原理、图形符号和使用场合。以表中的三位四通阀为例，阀体上有 P、A、B、T 四个通口，阀芯有左、中、右三个工作位置。当阀芯处在图示中间位置时，四个通口都关闭；当阀芯移向左端时，通口 P 和 A 相通，通口 B 和 T 相通；当阀芯移向右端时，通口 P 和 B 相通，通口 A 和 T 相通。这种结构形式具有使四个通口都关闭的工作状态，故可使受它控制的执行元件在任意位置上停止运动。

图形符号的含义如下。

（1）用方框表示阀的工作位置，有几个方框就表示有几"位"。

（2）方框内的箭头表示油路处于接通状态，但箭头方向不一定表示液流的实际方向。

（3）方框内符号"⊥"或"⊤"表示该油路不通。

（4）方框外部连接的接口数有几个，就表示几"通"。

（5）一般情况下，阀与系统供油路连接的进油口用字母 P 表示，阀与系统回油路连通的回油口用 T（有时用 O）表示；而阀与执行元件连接的油口用 A、B 等表示。有时在图形符号上用 L 表示泄漏油口。

（6）换向阀都有两个或两个以上的工作位置，其中一个为常态位，即阀芯未受到操纵力时所处的位置。图形符号中的中位是三位阀的常态位。利用弹簧复位的二位阀则以靠近弹簧的方框内的通路状态为其常态位。

表 5-2　滑阀式换向阀主体结构原理、图形符号和使用场合

名　称	结构原理图	图形符号	使用场合
二位二通阀			控制油路的接通与切断（相当于一个开关）
二位三通阀			控制液流方向（从一个方向变换成另一个方向）
二位四通阀			不能使执行元件在任一位置上停止运动	控制执行元件换向	执行元件正反向运动时回油方式相同
三位四通阀			能使执行元件在任一位置上停止运动
二位五通阀			不能使执行元件在任一位置上停止运动	执行元件正反向运动时可以得到不同的回油方式
三位五通阀			能使执行元件在任一位置上停止运动

换向阀都有两个或两个以上的工作位置，其中一个是常态位置，即阀芯未受外部操作时的位置。绘制液压系统图时，油路一般应连接在常态位上。

除滑阀式换向阀外，还有一种转阀式换向阀，其工作原理与符号如图 5-7 所示。阀芯 1 在外部手柄的带动下旋转，依靠阀芯 1 内部的通孔来配合阀体 2 的通口，以实现不同线路的导通。

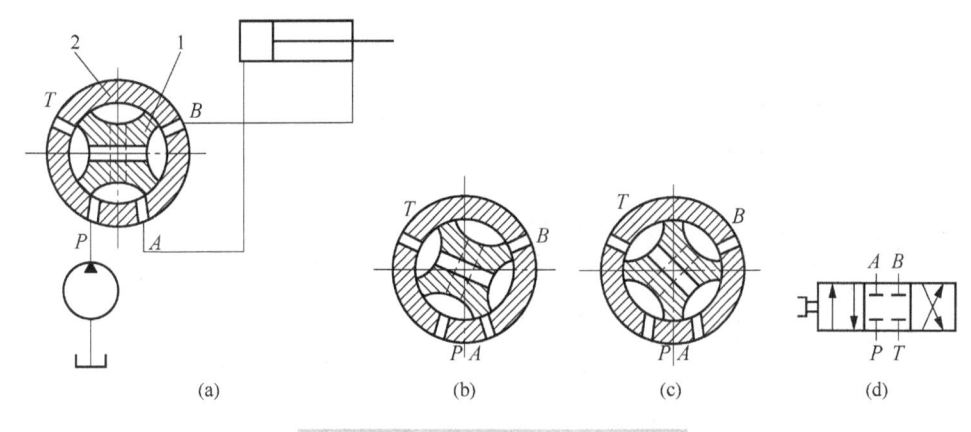

图 5-7 转阀式换向阀工作原理与符号

1—阀芯；2—阀体

2. 滑阀式换向阀的操纵方式

常见的滑阀式换向阀的操纵方式有手动式、机动式、电磁动、液动、电液控制等，其符号如图 5-8 所示。

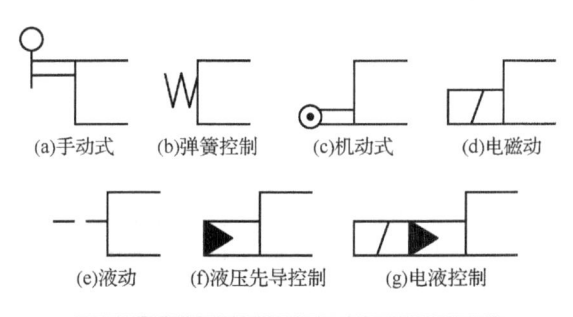

图 5-8 常见的滑阀式换向阀操纵方式符号

1）手动换向阀

图 5-9 所示为手动换向阀及其图形符号。图 5-9(a)所示为弹簧自动复位结构的阀，松开手柄，阀芯靠弹簧力恢复至中位，要想维持在极端位置，必须用手扳住不放，此类阀适用于动作频繁、持续工作时间较短的场合，操作比较安全，常用于工程机械。图 5-9(b)所示为弹簧钢球定位结构的阀，它可以在三个工作位置定位，当松开手柄后，阀仍然保持在所需的工作位置上，适用于机床、液压机、船舶等需保持工作状态时间较长的情况。这种阀也可用脚踏操纵。

2）机动换向阀

图 5-10 所示为机动换向阀结构图及其图形符号，机动换向阀用来控制机械运动部件的行程，故又称行程换向阀。它是借用安装在工作台上的挡铁或凸轮来迫使阀芯移动。挡铁（或凸轮）运动速度一定时，可通过改变挡铁斜面角度 α 来改变换向时阀芯的移动速度，来调节换向过程的快慢。机动换向阀通常是二位的，有二通、三通、四通、五通几种。其中二位二通机动换向阀又可分为常闭式和常开式两种。

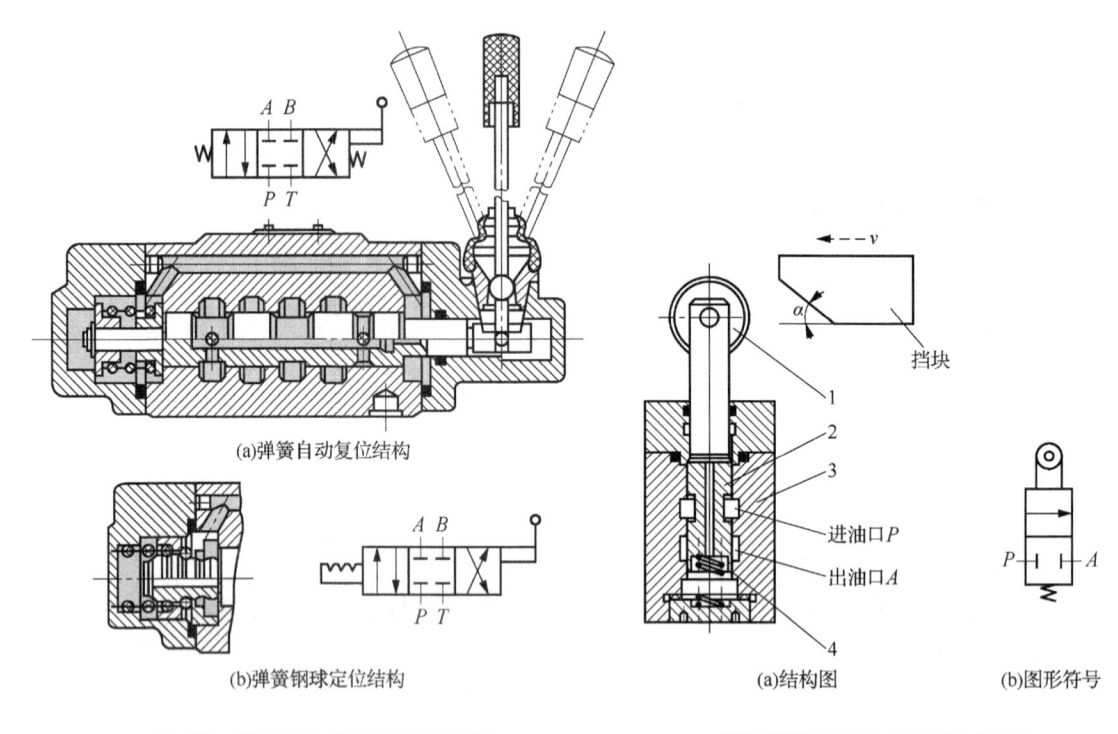

图 5-9 手动换向阀（三位四通）

图 5-10 二位二通机动换向阀
1-滚轮；2-阀芯；3-阀体；4-弹簧

3）电磁换向阀

电磁换向阀借助电磁铁吸力推动阀芯动作来改变液流流向。这类阀操纵方便，布置灵活，易实现动作转换的自动化，因此应用最广泛。图 5-11 所示为电磁换向阀的结构及图形符号。

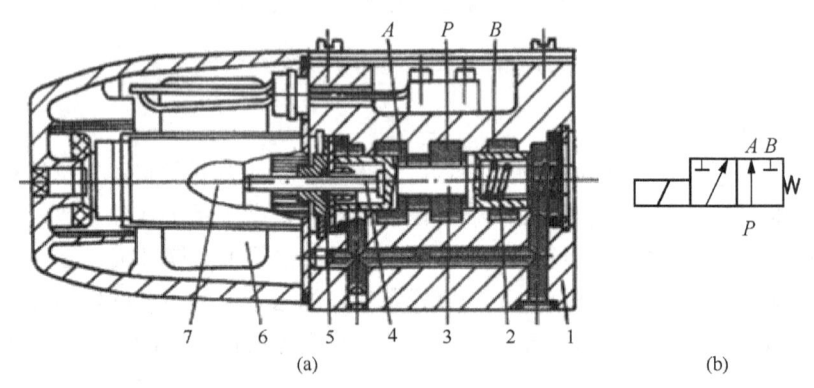

图 5-11 二位三通电磁换向阀及其干式电磁铁结构图
1-阀体；2-弹簧；3-阀芯；4-推杆；5-密封圈；6-线圈；7-衔铁

电磁阀的电磁铁按所用电源不同，分为交流型、直流型和交流本整型三种；按电磁铁内部是否有油流入，又分为干式、湿式和油浸式三种。

交流电磁铁使用方便，起动力大，吸合、释放快，动作时间最快约为 10ms；但工作时冲击和噪声较大，为避免线圈过热，换向频率不能超过 60 次/min；起动电流大，在阀芯被卡时会烧毁线圈；工作寿命仅数百万次至一千万次。

直流电磁铁体积小,工作可靠;冲击小,允许换向频率为 120 次/min,最高可达 300 次/min;使用寿命可高达 2000 万次以上;但起动力比交流电磁铁要小,且需有直流电源。

交流本整型电磁铁自身带有整流器,可以直接使用交流电源,又具有直流电磁铁的性能。

图 5-11 为二位三通电磁换向阀,阀体左端安装的电磁铁可以是直流、交流或交流本整型的。在电磁铁线圈 6 不得电无电磁吸力时,阀芯 3 在右端弹簧 2 的作用下处于左极端位置(常位),油口 P 与 A 通,B 不通。若电磁铁线圈 6 得电产生一个向右的电磁吸力,通过推杆 4 推动阀芯 3 右移,则阀左位工作,油口 P 与 B 通,A 不通。

由于电磁铁的吸力一般小于等于 90N,最大通流量一般小于 100L/min,因此电磁换向阀只适用于压力不太高、流量不太大的场合。

4) 液动换向阀

液动换向阀是利用控制油路的压力油来改变阀芯位置的换向阀。图 5-12 所示为三位四通液动换向阀及其图形符号。当控制油路的压力油从控制口 K_2 进入滑阀左腔、滑阀右腔经控制口 K_1 接通回油时,阀芯在其两端压差作用下右移,使压力油口 P 与 B 相通、A 与 T 相通;当 K_1 接压力油、K_2 接回油时,阀芯左移,使 P 与 A 相通、B 与 T 相通;当 K_1 和 K_2 都通回油时,阀芯在两端弹簧和定位套作用下处于中位,P、A、B、T 相互均不通。必须指出,液动换向阀还需另一个阀来操纵其控制油路的方向。

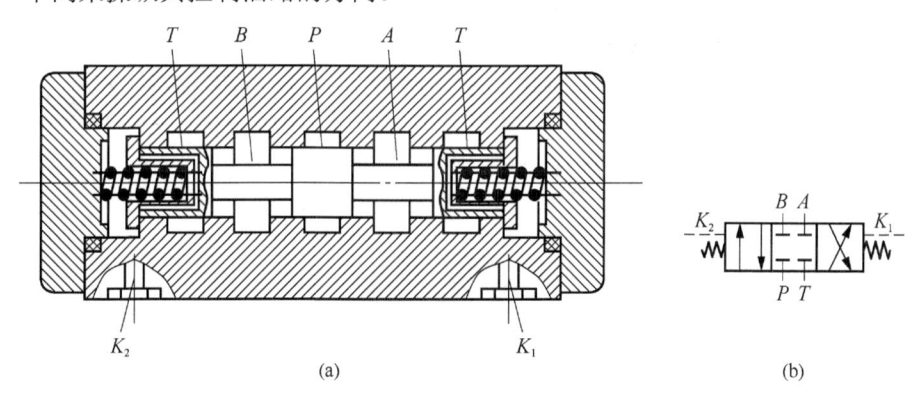

图 5-12 三位四通液动换向阀及其图形符号

5) 电液换向阀

在大中型液压设备中,当通过阀的流量较大时,作用在滑阀的摩擦力和液动力较大,此时电磁换向阀的电磁铁推力太小,需要用电液换向阀来代替电磁换向阀。电液换向阀是由一个普通的电磁换向阀和液动换向阀组合而成的。其中电磁换向阀起先导阀的作用,它通过改变控制油路的方向,继而推动液动换向阀的阀芯移动;液动换向阀是主阀,由于推动主阀的液压推力可以很大,所以主阀芯的尺寸可以做得很大,允许有较大的流量通过,这样可以实现"以小控大",即用较小的电磁铁就能控制较大的流量。

图 5-13 所示为电液换向阀的结构原理及其图形符号,当电磁铁 1、3 都不通电时,电磁阀阀芯处于中位,液动阀阀芯 6 因其两端未接通控制油液(而接通油箱),在对中弹簧的作用下,也处于中位。当电磁铁 1 通电时,阀芯 2 向右移,控制油经单向阀 7 流入阀芯 6 的左端,推动阀芯 6 移向右端,阀芯 6 右端的油液则经节流阀 4、电磁阀流回油箱。阀芯 6 移动的速度由节流阀 4 的开口大小决定。同样道理,若电磁铁 3 通电,则阀芯 6 移向左端(使油路换

向），而阀芯 6 的移动速度由节流阀 8 的开口大小决定。

图 5-13(b)、(c)分别为电液换向阀的详细职能符号和简化的职能符号。

在电液换向阀中，由于阀芯 6 的移动速度可调，因此就调节了液压缸换向的停留时间，并可使换向平稳而无冲击，所以电液换向阀的换向性能较好，适用于高压大流量场合。

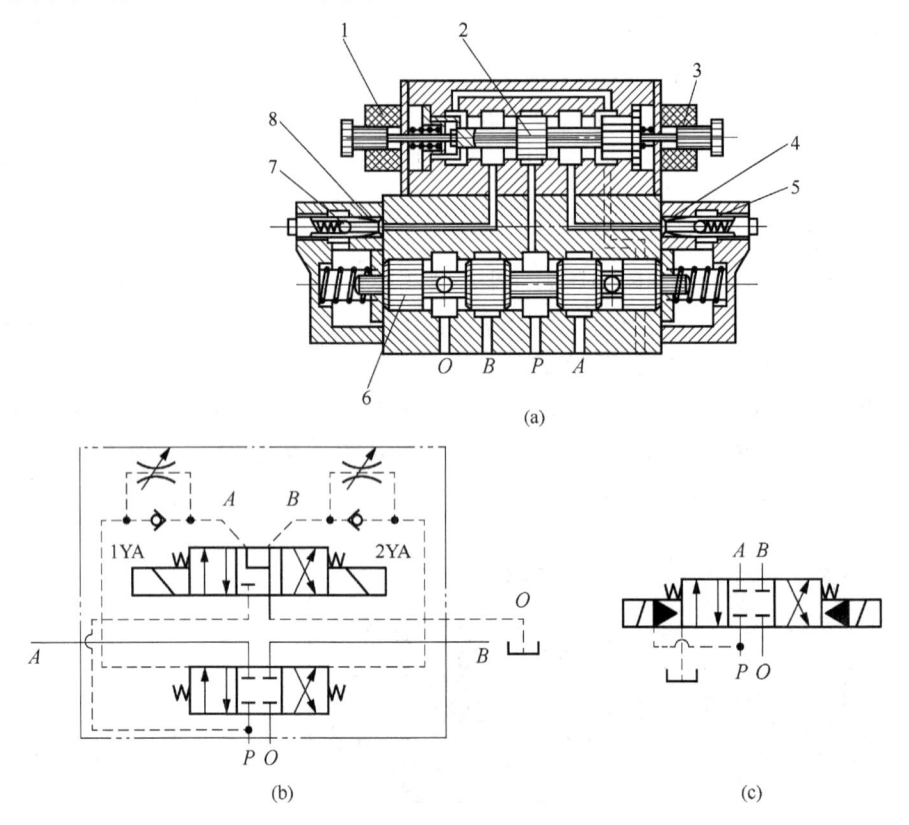

图 5-13 电液换向阀及其图形符号

1、3-电磁铁；2、6-阀芯；4、8-节流阀；5、7-单向阀

3．滑阀工作位置机能

换向阀的滑阀工作位置机能是指滑阀处于某个工作位置时，其各个通口的连通关系。不同的滑阀工作位置机能对应有不同的功能。滑阀工作位置机能对换向阀的换向性能和系统的工作特性有着重要的影响。

三位换向阀常用滑阀工作位置机能见表 5-3。

在分析和选择换向阀中位工作机能时，通常考虑以下因素。

（1）系统保压。当 P 口被堵塞时，系统保压，液压泵能用于多缸系统。当 P 口不太通畅地与 T 口接通时（如 X 型），系统能保持一定的压力供控制油路使用。

（2）系统卸荷。P 口通畅地与 T 口接通，系统卸荷，既节约能量，又防止油液发热。

（3）换向平稳性和精度。当液压缸的 A、B 两口都封闭时，换向过程不平稳，易产生液压冲击，但换向精度高。反之，A、B 两口都通 T 口时，换向过程中工作部件不易制动，换向精度低，但液压冲击小。

表 5-3　三位换向阀常用滑阀工作位置机能

滑阀性能代号	图形符号	中位特点
O		各通口全封闭，系统不卸载，缸封闭
H		各通口全连通，系统卸载
Y		系统不卸载，缸两腔与回油连通
J		系统不卸载，缸一腔封闭，另一腔与回油连通
C		压力油与缸一腔连通，另一腔及回油皆封闭
P		压力油与缸两腔连通，回油封闭
K		压力油与缸一腔及回油连通，另一腔封闭，系统可卸载
X		压力油与各通口半开启连通，系统保持一定压力
M		系统卸载，缸两腔封闭
U		系统不卸载，缸两腔连通，回油封闭
N		系统不卸载，缸一腔与回油连通，另一腔封闭

（4）起动平稳性。阀在中位时，液压缸某腔若通油箱，则起动时该腔因无油液起缓冲作用，起动不太平稳。

（5）液压缸"浮动"和在任意位置上的停止。阀在中位，当 A、B 两口互通时，卧式液压缸呈"浮动"状态，可利用其他机构移动，调整位置。当 A、B 两口封闭或与 P 口连接（非差动情况）时，可使液压缸在任意位置停下来。

4．换向阀的主要性能

换向阀的主要性能，以电磁阀的项目为最多，主要包括下面几项。

（1）压力损失。由于电磁阀的开口很小，故液流流过阀口时产生较大的压力损失。图 5-14 所示为某电磁阀的压力损失曲线。一般地说，阀体铸造流道中的压力损失比机械加工流道中的损失小。

（2）换向可靠性。可靠性是指电磁铁通电后能否可靠地换向，而断电后能否可靠地复位。工作可靠性主要取决于设计和制造，而且与使用过程也有关系。液动力和液压卡紧力的大小对工作可靠性影响很大，而这两个力与通过阀的流量和压力有关。所以电磁阀也只有在一定的流量和压力范围内才能正常工作。这个工作范围的极限称为换向界限，如图 5-15 所示。

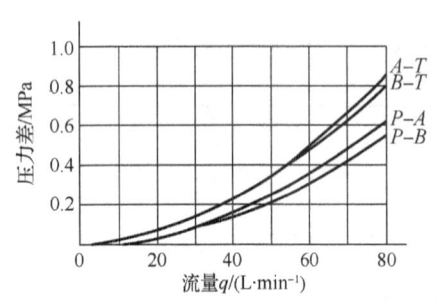

图 5-14　电磁阀的压力损失曲线　　　　图 5-15　电磁阀的换向界限

（3）内泄漏量。在各个不同工作位置，在规定的工作压力下，从高压腔漏到低压腔的泄漏量为内泄漏量。过大的内泄漏量不仅会降低系统的效率，引起过热，而且还会影响执行元件的正常工作。

（4）换向和复位时间。换向时间指从电磁铁通电到阀芯换向终止的时间；复位时间指从电磁铁通电到阀芯回复到常态位置的时间。减少换向和复位时间可提高机构的工作效率，但会引起液压冲击。

一般来说，交流电磁阀的换向时间为 0.03～0.05s，换向冲击较大；直流电磁阀的换向时间为 0.1～0.3s，换向冲击较小。通常复位时间比换向时间稍长。

（5）换向频率。换向频率是在单位时间内阀所允许的换向次数。目前交流电磁铁的电磁阀的换向频率一般为 60 次/min 以下。

（6）使用寿命。指电磁阀用到它某一零件损坏，不能进行正常的换向或复位动作或使用到电磁阀的主要性能指标超过规定指标时经历的换向次数。

电磁阀的使用寿命主要取决于电磁铁。湿式电磁铁的寿命比干式电磁铁的长，直流电磁铁的寿命比交流电磁铁的长。

5．滑阀的液动力

由液流的动量定律可知，油液通过换向阀时作用在阀芯上的液动力有稳态液动力和瞬态液动力两种。滑阀上的稳态液动力是在阀芯移动完毕，开口固定之后，液流流过阀口时因动量变化而作用在阀芯上的使阀口关小的趋势的力，其值与通过阀的流量大小有关，流量越大，液动力也越大,因此使换向阀切换的操纵力也越大。由于在滑阀式换向阀中稳态液动力相当于一个回复力,故它对滑阀性能的影响是使滑阀的工作趋于稳定。滑阀上的瞬态液动力是滑阀在移动过程中(即开口大小发生变化时),阀腔液流因加速或减速而作用在阀芯上的力,这个力与阀芯的移动速度有关(即与阀口开度的变化率有关),而与阀口开度本身无关,且瞬态液动力对滑阀工作稳定性的影响要视具体结构而定,在此不做详细分析。

6．滑阀的液压卡紧现象

一般滑阀的阀孔和阀芯之间有很小的缝隙,当缝隙均匀且缝隙中有油液时,移动阀芯所需的力只需克服黏性摩擦力,数值是相当小的。但在实际使用中,特别是在中、高压系统中,当阀芯停止运动一段时间后(一般约 5min),这个阻力可以大到几百牛顿,使阀芯重新移动十分费力,这就是所谓的液压卡紧现象。液压卡紧的原因主要有以下几方面:①脏物进入缝隙而使阀芯移动困难;②缝隙过小,在油温升高时造成阀芯膨胀而卡死;③来自滑阀副几何误差和同心度变化所引起的径向不平衡液压力。

5.3 压力控制阀

常见的压力控制阀的类型如图 5-16 所示。

5.3.1 溢流阀

1．功用和要求

溢流阀的基本功能是通过阀口的溢流,使被控制系统或回路的压力维持恒定,实现稳压、调压或限压作用。通常将阀口在正常工作时是打开状态,且使系统压力恒定的阀称为溢流阀;而阀口在正常工作时是关闭状态,起过载保护作用的阀称为安全阀。

对溢流阀的主要要求是:调压范围大、调压偏差小、压力振摆小、动作灵敏、过流能力大、噪声小。

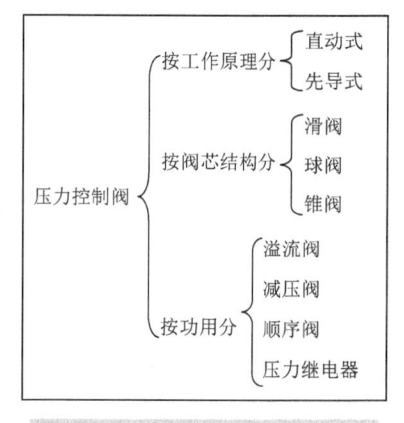

图 5-16 常见的压力控制阀的类型

常用的溢流阀按其结构形式和基本动作方式可分为直动式与先导式两种。

1）直动式

图 5-17 所示为直动式滑阀型溢流阀的工作原理及其图形符号。其基本结构组成包括阀芯、阀体、弹簧、阀盖、调节杆、调节螺母等零件。入口 P 压力通过阻尼孔 1 作用在阀芯下端并产生液压力,当作用在阀芯 3 上的液压力大于弹簧力时,阀口打开,使油液溢流。当通过溢流阀的流量变化时,阀芯位置也要变化,但因阀芯移动量极小,作用在阀芯上的弹簧力变化甚小,因此可以认为,只要阀口打开,有油液流经溢流阀,溢流阀入口处的压力基本上就是恒定的。调节弹簧 7 的预紧力,便可调整溢流压力。改变弹簧的刚度,便可改变调压范围。

这种直动式滑阀型溢流阀结构简单,灵敏度高,但压力受溢流流量的影响较大,不适于在高压、大流量下工作。在溢流阀中,锥阀和球阀式阀芯结构简单,密封性好,但阀芯和阀座的接触力大。滑阀式阀芯用得较多,但泄漏量大。

2）先导式

图 5-18 所示为先导式溢流阀的工作原理及其图形符号。它由先导阀和主阀组成,主阀左

腔设有远程控制口 K。当 K 关闭时，系统的压力作用于主阀 5 左右两侧及先导阀 3 上。当先导阀 3 未打开时，腔中液体没有流动，作用在主阀 5 左右两侧的液压力平衡，主阀 5 被主阀弹簧 4 压在右端位置，阀口关闭。当系统压力增大到使先导阀 3 打开时，液流通过阻尼孔 1、先导阀 3 流回油箱。由于阻尼孔的阻尼作用，使主阀 5 右端的压力大于左端的压力，主阀 5 在压差的作用下向左移动，打开阀口，实现溢流作用。调节先导阀 3 的调压弹簧 2，便可实现溢流压力的调节。在溢流过程中，通过先导阀的流量很小，是主阀额定流量的 1%，因此其尺寸很小，即使是高压阀，其弹簧刚度也不大，阀的调节性能有很大改善。

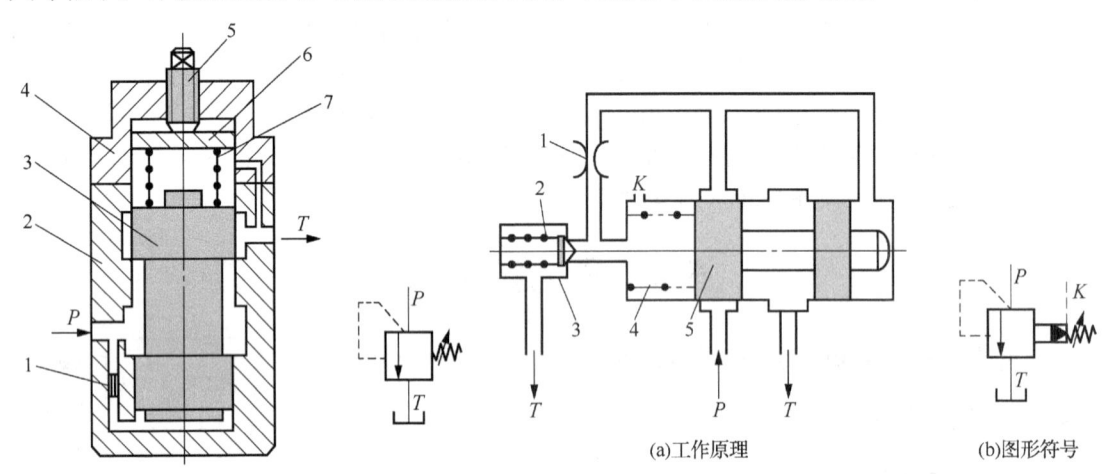

图 5-17　直动式滑阀型溢流阀的工作
原理及其图形符号

1-阻尼孔；2-阀体；3-阀芯；4-阀盖；
5-调压螺钉；6-弹簧座；7-弹簧

图 5-18　先导式溢流阀的工作原理及其图形符号

1-阻尼孔；2-调压弹簧；3-先导阀；4-主阀弹簧；5-主阀

在先导式溢流阀中，主阀芯开启是利用液流流经阻力孔形成的压力差。阻力孔一般为细长孔，孔径很小 $\phi = 0.8 \sim 1.2$mm，孔长 $L = 8 \sim 12$mm，因此工作时易堵塞，一旦堵塞则导致主阀口常开，无法调压。

当将远程控制口 K 通过二位二通阀接通油箱时，主阀 5 左端的压力接近于零，主阀 5 在很小的压力下便可移到左端，阀口开得最大，这时系统的油液在很低的压力下通过阀口流回油箱，实现卸荷作用。如果将 K 接到另一个远程调压阀上（其结构和溢流阀的先导阀一样），并使打开远程调压阀的压力小于先导阀 3 的压力，则主阀 5 左端的压力（从而溢流阀的溢流压力）就由远程调压阀来决定。使用远程调压阀后便可对系统的溢流压力实现远程调节。

2．溢流阀的应用

在系统中，溢流阀的主要用途有以下几点。

（1）作溢流阀。溢流阀有溢流时，可维持阀进口压力使系统压力恒定。

（2）作安全阀。系统超载时，溢流阀才打开，对液压系统起过载保护作用，而平时溢流阀是关闭的。

（3）作背压阀。溢流阀（一般为直动式的）装在系统的回油路上，产生一定的回油阻力，以改善执行元件的运动平稳性。

（4）用先导式溢流阀对系统实现远程调压或使液压系统卸荷。

5.3.2 减压阀

在同一液压系统中，往往存在一个泵要同时向几个执行元件供油，而各执行元件所需的工作压力不尽相同的情况。当某执行元件所需的工作压力比泵的供油压力低时，可在该分支油路中串联一减压阀。油液流经减压阀后，压力降低，且使其出口处相接的某一回路的压力保持恒定。这种减压阀称为定值减压阀。根据减压阀控制的压力不同，减压阀还有定差减压阀和定比减压阀。其中最常用的是定值减压阀。如不指明，通常所称的减压阀即为定值减压阀。对减压阀的要求是：出口压力维持恒定，不受进口压力、通过流量大小的影响。

1. 工作原理和结构

减压阀也有直动式和先导式两种，每种各有二通和三通两种形式。图 5-19 所示为直动式二通减压阀的工作原理。当阀芯处在原始位置上时，它的阀口 a 是打开的，阀的进、出口互通。这个阀的阀芯由出口处的压力控制，出口压力未达到调定压力时阀口全开，阀芯不动。当出口压力达到调定压力时，阀芯上移，阀口开度 x_R 关小。若忽略其他阻力仅考虑阀芯上的液压力和弹簧力相平衡的条件，则可以认为出口压力基本上维持在某一定值（调定值）上。这时若出口压力减小，阀芯下移，阀口开度 x_R 开大，阀口处阻力减小，压降减小，使出口压力回升，达到调定值。反之，若出口压力增大，则阀芯上移，阀口开度 x_R 关小，阀口处阻力加大，压降增大，使出口压力下降到调定值上。

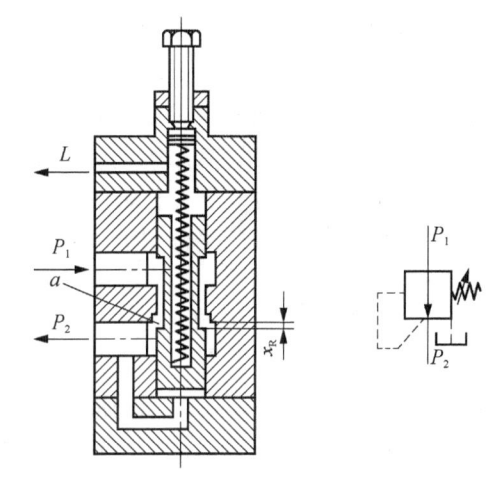

图 5-19 直动式二通减压阀的工作原理及其图形符号

图 5-20 所示为先导式减压阀的结构图及其图形符号。

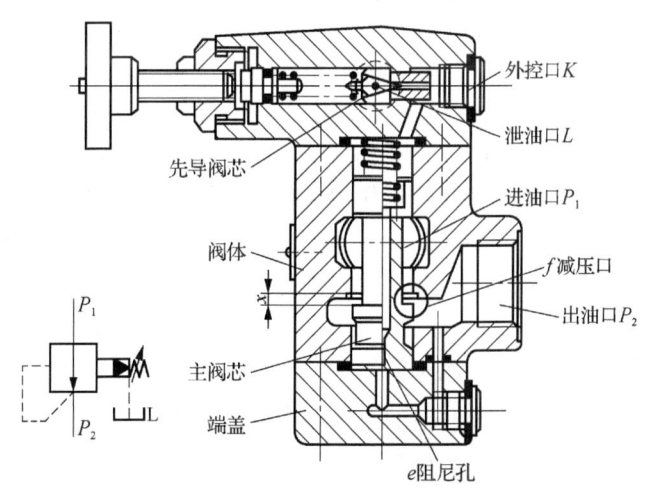

图 5-20 先导式减压阀的结构图及其图形符号

先导式减压阀和先导式溢流阀有以下几点不同之处。

（1）减压阀是出口压力控制，保持出口处压力基本不变，而溢流阀是进口压力控制，保持进口处压力基本不变。

（2）减压阀阀口常开，在不工作时，减压阀进出口互通，而溢流阀阀口常闭，进、出口不通。

（3）为保证减压阀出口压力调定值恒定，它的先导阀弹簧腔需通过泄油口单独外接油箱；而溢流阀的出油口是通油箱的，所以它的先导阀弹簧腔和泄油口可通过阀体内部的通道和出油口接通，不必单独外接油箱（当然也可外泄）。

2．应用

减压阀是将进口压力减至某一需要的出口压力，并依靠介质本身的能量，使出口压力自动保持稳定的阀门。从流体力学的观点看，减压阀是一个局部阻力可以变化的节流元件，即通过改变节流面积，使流速及流体的动能改变，产生不同的压力损失，从而达到减压的目的。然后依靠控制与调节系统的调节，使阀后压力的波动与弹簧力相平衡，使阀后压力在一定的误差范围内保持恒定。因此，减压阀主要用在系统夹紧、电液动换向阀控制压力油、润滑等回路中。此外，减压阀也可用来限制工作机构的作用力，减少压力波动带来的影响，改善系统的控制性能。而三通减压阀还可用在有反向冲击流量的场合。必须指出，应用减压阀必有压力损失，这将增加功耗和使油液发热。当分支油路压力比主油路压力低很多，且流量又很大时，常采用高、低压泵分别供油，而不宜采用减压阀。

5.3.3 顺序阀

1．功用

顺序阀用油液的压力来控制油路的通断，并因常用于控制多个执行元件的顺序动作而得名。通过改变控制方式、泄油方式和二次油路的接法，顺序阀还可具有其他功能，如作背压阀、平衡阀或卸荷阀用。

2．工作原理和结构

顺序阀也有直动式和先导式之分，根据控制压力来源的不同，分为内控式和外控式；根据泄油方式的不同，分为内泄式和外泄式。

直动式顺序阀结构图及其图形符号如图 5-21 所示，直动式顺序阀主要由调压弹簧、阀芯、阀体、柱塞等组成，顺序阀是常闭器件，进口压力 p_1 通过阀体 3 内部管路作用到柱塞 4 上，同时对阀芯 2 施加作用在柱塞面积 A 上的液压力，当液压力小于弹簧预调力时，阀芯不动，则进口和出口不通；当进口压力 p_1 升高至作用在柱塞面积 A 上的液压力超过弹簧预调力时，阀芯便向上运动，使 P_1 口和 P_2 口接通。

顺序阀的结构与溢流阀相似。两者主要差别是：顺序阀的出口通常与负载油路相通，而溢流阀的出口则与回油路相通，因此顺序阀调压弹簧中的泄漏油和先导控制油必须外泄，如果内泄，顺序阀将无法开启；而溢流阀的泄漏油和先导控制油可内泄也可外泄；此外，溢流阀的进口压力是限定的，而顺序阀的最高进口压力由负载工况决定，开启后可随着出口负载增加而进一步升高。

若将图 5-21 所示顺序阀的下部盖板 5 转动 180°，并将外控口 6 的螺堵卸去，便成为外控式顺序阀。为了减小弹簧刚度以使阀芯开启后进、出口压力尽可能接近，该阀采用截面面积较小的柱塞面积 A。阀芯中空以使泄漏油经弹簧腔外泄。

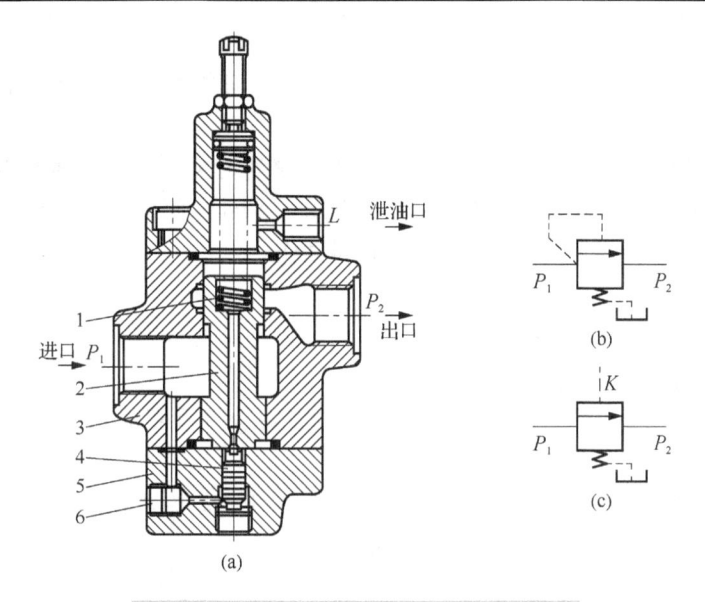

图 5-21 直动式顺序阀结构图及其图形符号

1-调压弹簧；2-阀芯；3-阀体；4-柱塞；5-盖板；6-外控口

内控式顺序阀在其进油路压力达到阀的设定压力之前，阀口一直是关闭的，达到设定压力后阀口才开启，使压力油进入二次油路，驱动另一个执行元件工作。

直动式顺序阀结构简单，动作灵敏，但由于弹簧和结构设计的限制，虽可采用小直径柱塞，弹簧刚度仍较大，因此调压偏差大且限制了压力的升高，调压范围一般小于 8MPa，较高压力时宜采用先导式顺序阀。

图 5-22 所示为先导式顺序阀（内控式），其工作原理与先导式溢流阀相似；不同之处在于它的出口处不接油箱，而通向二次油路，因此它的泄油口 L 必须单独接回油箱。

内控式顺序阀在其进油路压力 p_1 达到阀的设定压力之前，阀口一直是关闭的，达到设定压力后阀口才开启，使压力油进入二次油路，驱动另一个执行元件。

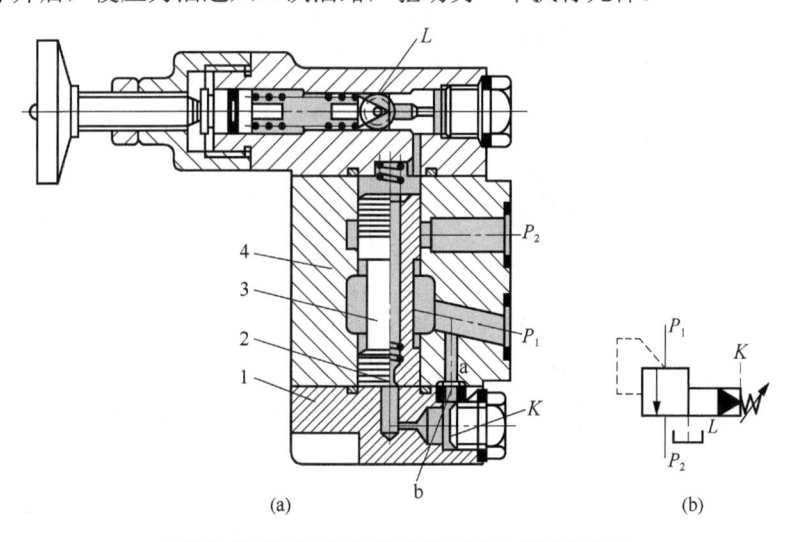

图 5-22 先导式顺序阀工作原理及其图形符号

1-盖板；2-阻尼孔；3-阀芯；4-阀体

将图 5-22 中的盖板 1 转过 90°安装（即 a 孔和 b 孔断开），卸去螺堵，就成为外控式顺序阀，其阀口的开启与否和一次油路处来的进口压力没有关系，仅取决于控制压力的大小。

3．性能

顺序阀的主要性能和溢流阀相似。此外，顺序阀为使执行元件准确地实现顺序动作，要求阀的调压偏差小，因此调压弹簧的刚度小一些好。另外，阀关闭时，在进口压力作用下各密封部位的内泄漏应尽可能小，否则可能引起误动作。

4．应用

顺序阀在液压系统中的应用主要有以下几点。

（1）控制多个执行元件进行顺序动作。

（2）可以将顺序阀与单向阀组合成平衡阀，能够保持垂直放置的液压缸不会因自重而下落。

（3）用外控式顺序阀可在双泵供油系统中，当系统所需流量较小时，使大流量泵卸荷。卸荷阀便是由先导式外控顺序阀与单向阀组成的。

（4）用内控式顺序阀接在液压缸回油路上，产生背压，以使活塞的运动速度稳定。

5.3.4　压力继电器

压力继电器是利用油液压力信号来启闭电气触点，从而控制电路通断的液/电转换元件。它在油液压力达到其设定压力时，发出电信号，使电气元件动作，实现泵的加载或卸荷、执行元件的顺序动作或系统的安全保护和联锁等功能。

图 5-23 所示为柱塞式压力继电器的结构图及其图形符号。当油液压力达到压力继电器的设定压力时，作用在柱塞 4 上的力通过顶杆 3 合上微动开关 1 发出电信号。

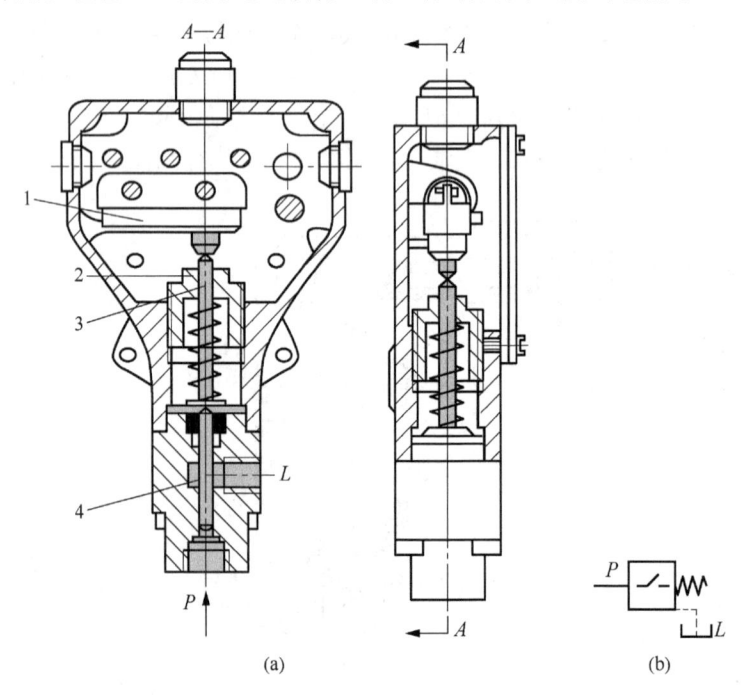

图 5-23　压力继电器结构图及其图形符号

1-微动开关；2-调节螺杆；3-顶杆；4-柱塞

压力继电器的主要性能包括以下几点。

（1）调压范围。指压力继电器能发出电信号的最高工作压力和最低工作压力的范围。

（2）灵敏度和通断调节区间。压力升高，继电器接通电信号的压力（称开启压力）和压力下降继电器复位切断电信号的压力（称闭合压力）之差为压力继电器的灵敏度。为避免压力波动时继电器时通时断，要求开启压力和闭合压力间有一可调的差值，称为通断调节区间。

（3）升压或降压动作时间。压力由卸荷压力升到设定压力，微动开关触点闭合发出电信号的时间，称为升压动作时间，反之称为降压动作时间。

（4）重复精度。在一定的设定压力下，多次升压（或降压）过程中，开启压力（或闭合压力）本身的差值称为重复精度。

压力继电器在液压系统中的应用很广，如刀具移到指定位置碰到挡铁或负载过大时的自动退刀；润滑系统发生故障时的工作机械自动停车；系统工作程序的自动换接等。

5.4 流量控制阀

流量控制阀是依靠改变阀口通流面积的大小来改变液阻，控制通过阀的流量，达到调节执行元件（液压缸或液压马达）运动速度的目的。常用的流量控制阀有普通节流阀、调速阀等。液压系统中使用的流量控制阀应满足如下要求：具有足够的调节范围；能保证稳定的最小流量；温度和压力变化对流量的影响要小；调节方便；泄漏小等。

5.4.1 节流口的特性

1．流量控制原理

流量控制阀是通过节流口来实现流量控制的，对于节流口来说，可将流量公式写为

$$q = K A_0 \Delta p^m \tag{5-1}$$

式中，A_0 为节流口的通流面积，m^2；Δp 为节流口前、后的压差，Pa；K 为节流系数，由节流口形状、流体状态和流体性质等因素决定，数值由实验得出，对于薄壁小孔 $K = C_q\sqrt{\dfrac{2}{\rho}}$，对于细长孔 $K = \dfrac{d^2}{32\mu l}$，其中，C_q 为流量系数，μ 为运动黏度，d 和 L 分别为孔径和孔长；m 为节流口形状和结构所决定的系数，$0.5<m<1$，当节流口接近于薄壁小孔时 $m\approx 0.5$，节流口接近于细长孔时 $m\approx 1$。

由式（5-1）可知，通过节流阀的流量与节流口前后的压差、油温以及节流口形状等因素密切相关。在阀口压力差基本恒定的情况下，调节阀口节流面积的大小，就可以调节流量的大小。节流口流量与压差特性曲线如图 5-24 所示。

2．节流口的流量特性

由式（5-1）可知，通过节流阀的流量和节流口前后的压差、油温以及节流口形状等因素密切相关。

（1）压差对流量稳定性的影响。在使用中，当节流阀的

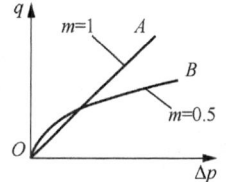

图 5-24 节流口流量与压差特性曲线

通流截面积调整好以后，实际上由于负载的变化，阀前后的压差也在变化，使流量不稳定。式（5-1）中的 m 越大，Δp 的变化对流量的影响也越大，因此节流口制成薄壁小孔（$m\approx 0.5$）比制成细长孔（$m\approx 1$）好。

（2）油温对流量稳定性的影响。当阀开口度不变时，若油温升高，油液黏度会降低，对于细长孔，当油温升高使油的黏度降低时，流量就会增加，所以节流通道长时，温度对流量的稳定性影响大，而对于薄壁孔，油的温度对流量的影响是较小的，这是由于流体流过薄壁式节流口时为紊流状态，其流量与雷诺数无关，即不受油液黏度变化的影响；节流口形式越接近于薄壁小孔，流量稳定性越好。

（3）阻塞对流量稳定性的影响。流量小时，流量稳定性与油液的性质和节流口的结构都有关。从表面上看只要把节流口关得足够小，就可以得到任意小的流量。但是实际上由于油液中含有脏物，节流口开得太小就容易被脏物堵住，使通过节流口的流量不稳定。减小阻塞现象的有效措施是采用水力半径大的节流口；另外，选择化学稳定性好和抗氧化稳定性好的油液，并注意精心过滤，定期更换，都有助于防止节流口阻塞。

3．节流口的形式

节流口是流量控制阀的关键部位，节流口形式及其特征在很大程度上决定着流量控制阀的性能。图 5-25 为常用的几种节流口形式。

（1）针阀式节流口。如图 5-25(a)所示，阀芯做轴向移动，可调节环形通道的大小，从而调节流量。这种节流口形式，结构简单，制造容易，但容易堵塞，流量受温度影响较大，一般只用于要求不高的液压系统。

（2）偏心槽式节流口。如图 5-25(b)所示，在阀芯上开有一个截面为三角形（或矩形）的偏心槽，转动阀芯时就可调节通道的大小，即调节流量。这种节流口形式，结构也较简单，制造容易，节流口通流截面是三角形的，能得到较小的稳定流量。但偏心处压力不平衡，转动较费力，并且油液流过时的摩擦面较大，温度变化对流量稳定性影响较大，容易堵塞，常用于性能要求不高的场合。

（3）轴向三角沟槽式节流口。如图 5-25(c)所示，在阀芯端部开有一个或两个斜三角沟，轴向移动阀芯时，可以改变三角沟通流截面的大小，使流量得到调节。这种节流形式，结构简单，制造容易，小流量时稳定性好，不易堵塞，应用广泛。

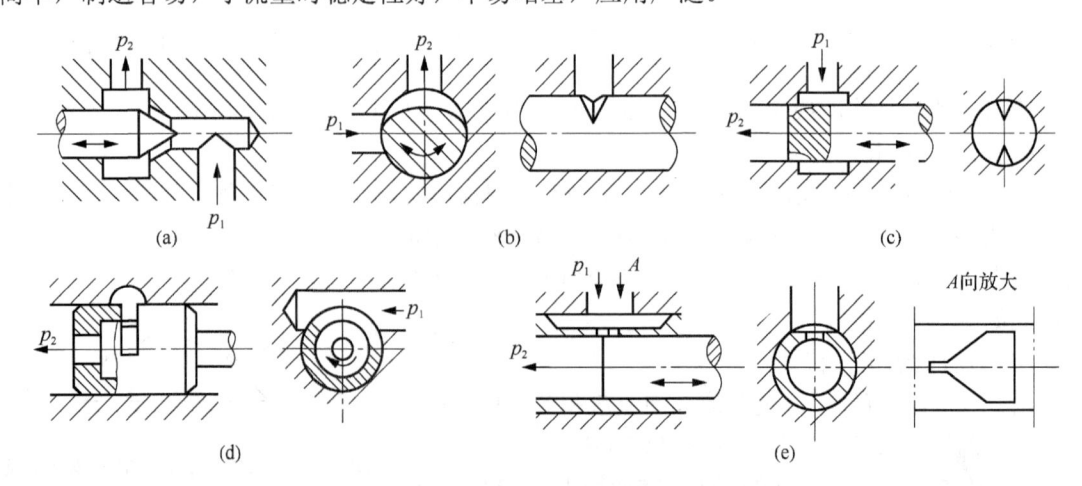

图 5-25 常用节流口形式

(4)周向缝隙式节流口。如图 5-25(d)所示,阀芯上开有狭缝,旋转阀芯可以改变缝隙的通流截面积,使流量得到调节。这种节流形式,油温变化对流量影响很小,不易堵塞,流量小时工作仍可靠,应用广泛。

(5)轴向缝隙式(薄壁型)节流口。如图 5-25(e)所示,在套筒上开有轴向缝隙,轴向移动阀芯可以改变缝隙的通流截面积,使流量得到调节。这种节流形式不易堵塞,性能好,可以得到较小的稳定流量,但结构较复杂,工艺性差。

5.4.2 普通节流阀

1. 工作原理

图 5-26 所示为一种普通节流阀的结构。这种节流阀的节流通道呈轴向三角槽式。油液从进油口 P_1 流入,经孔道 a 和阀芯 2 左端的三角槽进入孔道 b,再从出油口 P_2 流出。调节手把 4 通过推杆 3 使阀芯 2 做轴向移动,改变节流口的通流截面积来调节流量。阀芯 2 在弹簧 1 的作用下始终贴紧在推杆 3 上。

2. 节流阀的功能和要求

在液压系统中,节流阀主要是与定量泵、溢流阀和执行元件等组成节流调速回路。调节节流阀的开口大小,就可调节执行元件运动速度的大小。节流阀也可于试验系统中用作加载等。

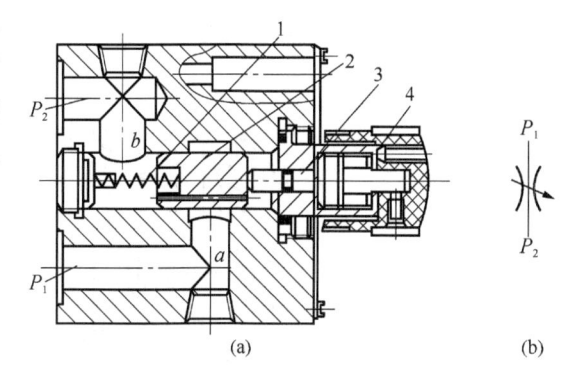

图 5-26 普通节流阀结构图及其图形符号

1-弹簧;2-阀芯;3-推杆;4-调节手把

对节流阀的基本要求有以下几点。

(1)流量调节范围要大,整个调节范围内流量的变化要均匀,且可进行微调。

(2)流量要稳定,受油温引起的黏度变化小。

(3)抗阻塞特性好,以得到最小的稳定流量。

(4)要有足够的刚性,即在节流阀前后压差变化时,流量变化要小。

3. 主要应用

(1)起节流调速作用。节流阀用在定量泵系统与溢流阀一起组成的节流调速回路。若执行元件的负载不变,则节流阀前后压力差一定,于是改变节流阀的开口面积,可调节流经阀的流量(即进入执行元件的流量),调节执行元件的运动速度。这是节流阀的主要作用。

(2)起负载阻尼作用。对于某些液压系统,通流量是一定的,因此改变节流阀的节流孔口面积将导致阀前后的压力差改变。此时,节流阀起负载阻尼作用,称为液阻,节流孔口面积越小,液阻越大。节流元件的阻尼作用广泛应用于液压元件的内部控制。

(3)起压力缓冲作用。在液流压力容易发生突变的地方安装节流元件可延缓压力突变的影响,起保护作用。

5.4.3 调速阀

1. 工作原理

调速阀实质上是进行压力补偿的节流阀，它是由定差减压阀和节流阀串联而成的。图 5-27 所示为调速阀结构图及其图形符号。液压泵出口（即调速阀进口）压力 p 由溢流阀调整，基本上保持恒定。调速阀出口处的压力 p_3 由活塞上的负载 F 决定。所以当 F 增大时，调速阀进出口压差 $p_1 - p_3$ 将减小。如在系统中装的是普通节流阀，则由于压差的变动，影响通过节流阀的流量，活塞运动的速度不能保持恒定。

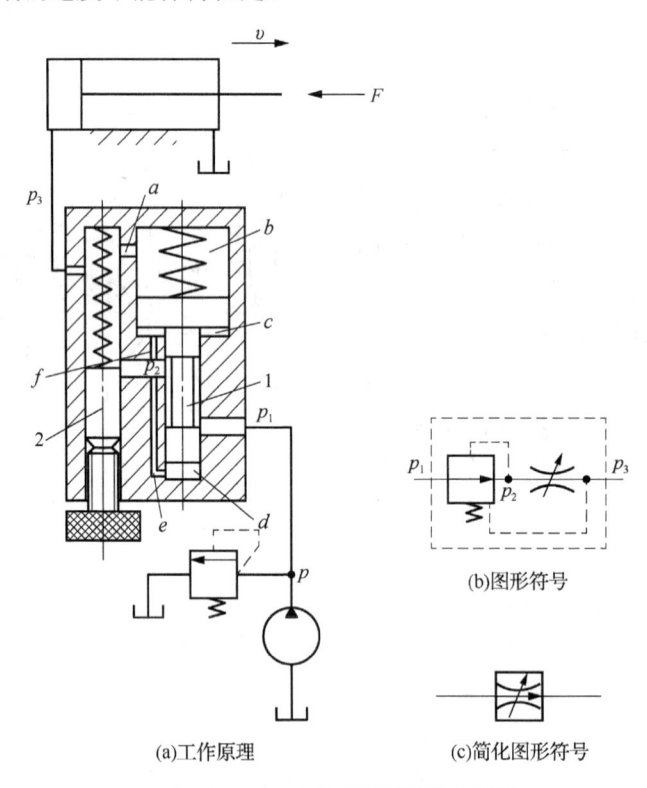

图 5-27 调速阀结构图及其图形符号

(a)工作原理　(b)图形符号　(c)简化图形符号

1-定差减压阀；2-节流阀

但是，由于在节流阀的前面串接了一个定差式减压阀，会使油液先经减压阀产生一次压力降，将压力降到 p_2。利用减压阀阀芯的自动调节作用，使节流阀前后压差 $\Delta p = p_2 - p_3$ 基本上保持不变。减压阀阀芯上端的油腔 b 通过孔道 a 和节流阀后的油腔相通，压力为 p_3，而其肩部腔 e 和下端油腔 d，通过孔道 f 和 e 与节流阀前的油腔相通，当压力为 p_2、活塞上负载 F 增大时，p_3 升高，于是作用在减压阀阀芯上端的液压力增加，阀芯下移，减压阀的开口加大，压降减小，使 p_2 也升高，结果使节流阀前后的压差 $p_2 - p_3$ 保持不变。反之亦然。这样就使通过调速阀的流量恒定不变，活塞运动的速度稳定，不受负载变化的影响。因此，调速阀可以实现流量的稳定，进而实现液压缸运行速度的稳定。

上述调速阀是先减压后节流型的结构。调速阀也可以是先节流后减压型的，两者的工作原理和作用情况基本相同。

2．流量特性

调速阀和节流阀的流量特性曲线如图 5-28 所示。可以看出，当压差 Δp 很小时，调速阀和节流阀的性能相同，这是因为当压差很小时，减压阀阀芯在弹簧力的作用下始终处于最下端位置，阀口全开，不起减压作用。正常工作时，调速阀将使得流量 q 维持在一定值，不随压差 Δp 的改变而改变，而普通节流阀则无法维持流量 q 的稳定。

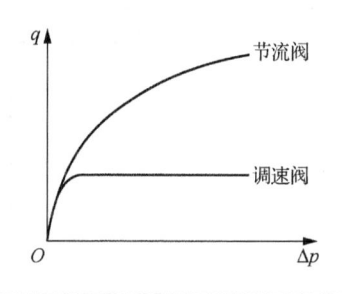

图 5-28 调速阀和节流阀的流量特征曲线

3．应用

调速阀在液压系统中的应用和节流阀相似，它适用于执行元件负载变化大而运动速度要求稳定的系统，也可用在容积—节流调速回路中。

5.5 气动控制阀

气动控制阀的功用、工作原理等和液压控制阀相似，仅在结构上有所不同。气动控制阀按功能分为压力控制阀、流量控制阀和方向控制阀三大类。表 5-4 列出了三大类气动控制阀的图形符号及特点。

表 5-4 气动控制阀图形符号及特点

类别	名称	图形符号	特点
压力控制阀	减压阀		调整或控制气压的变化，保持压缩空气减压后稳定在需要值，又称为调压阀。一般与分水过滤器、油雾器共同组成气动三大件
压力控制阀	溢流阀		为保证气动回路或储气罐的安全，当压力超过某一调定值时，实现自动向外排气，使压力回到某一调定值范围内，起过压保护作用，也称为安全阀
压力控制阀	顺序阀		依靠气路中压力的作用，按调定的压力控制执行元件顺序动作或输出压力信号。与单向阀并联可组成单向顺序阀
流量控制阀	节流阀		通过改变阀的流通截面积来实现流量调节。与单向阀并联组成单向节流阀，常用于气缸的调速和延时回路中
流量控制阀	排气消声节流阀		装在执行元件主控阀的排气口处，通过调节排入大气中气体的流量，来调整执行元件的运动速度并降低排气噪声

续表

类别	名称	图形符号	特点
方向控制阀	换向型控制阀	气压控制换向阀	(a) (b)	以气压为动力切换主阀,使气流改变流向,操作安全可靠。适用于易燃、易爆、潮湿和粉尘多的场合。图(a)为加压或泄压控制换向,图(b)为差压控制换向
		电磁控制换向阀	(a) (b) (c)	用电磁力的作用来实现阀的切换以控制气流的流动方向。该阀分为直动式和先导式两种。图(a)为直动式电磁阀,图(b)、图(c)为先导式电磁阀。其中图(b)为气压加压控制,图(c)为气压泄压控制
		机械控制换向阀	(a) (b) (c)	依靠凸轮、撞块或其他机械外力推动阀芯使其换向,多用于行程程序控制系统,作为信号阀使用,也称为行程阀。图(a)为直动式机控阀,图(b)为滚轮式机控阀,图(c)为可通过式机控阀
		人力控制换向阀	(a) (b) (c)	该阀分为手动和脚踏两种操作方式,图(a)为按钮式,图(b)为手柄式,图(c)为脚踏式
	单向型控制阀	单向阀	气流只能一个方向流动而不能反向流动
		梭阀	两个单向阀的组合结构形式,其作用相当于"或门"
		双压阀	两个单向阀的组合结构形式,其作用相当于"与门"
		快速排气阀	常装在换向阀与气缸之间,使气缸不通过换向阀而快速排出气体,从而加快气缸的往复运动速度,缩短工作周期

习 题

5-1 说明溢流阀、顺序阀和减压阀的异同点和各自的特点，并画出它们的符号图。

5-2 什么是节流口的阻塞现象？如何提高节流口的抗阻塞能力？

5-3 换向阀控制方式有几种？它们的机能符号如何表示？换向阀上的阀口符号（P、T、A、B）代表什么意义？如何判断换向阀的位数和通数？

5-4 什么是换向阀的中位机能？说明 O、H、M、Y 型换向阀的功能和特点。

5-5 图 5-29 所示的回路中，减压阀调定压力为 p_J，溢流阀调定压力为 p_Y，负载压力为 p_L，试分析下述各种情况下，减压阀进、出口压力的关系及减压阀口的开启状况。

（1）$p_Y < p_J$，$p_J > p_L$。

（2）$p_Y > p_J$，$p_J < p_L$。

（3）$p_Y < p_J$，$p_J = p_L$。

（4）$p_Y < p_J$，$p_L = \infty$。

5-6 如图 5-30 所示的液压缸，$A_1 = 30 \times 10^{-4} \text{m}^2$，$A_2 = 12 \times 10^{-4} \text{m}^2$，$F = 30000 \text{N}$，液控单向阀用作闭锁以防止液压缸下滑。阀的控制活塞面积 A_K 是阀芯承压面积 A 的三倍。若摩擦力、弹簧力均忽略不计，试计算需要多大的控制压力才能开启液控单向阀？开启前液压缸中最高压力为多少？

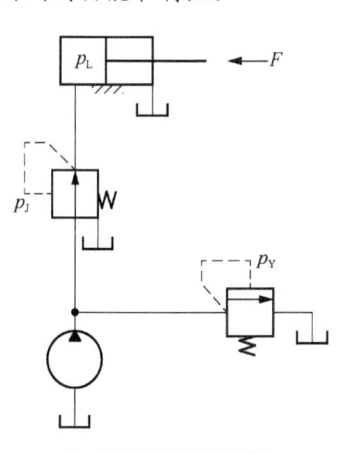

图 5-29 习题 5-5 图

5-7 图 5-31 所示系统中溢流阀的调整压力分别为 $p_A = 3\text{MPa}$，$p_B = 1.4\text{MPa}$，$p_C = 2\text{MPa}$。试求当系统外负载为无穷大时，液压泵的出口压力。如将溢流阀 B 的遥控口堵住，液压泵的出口压力又为多少？

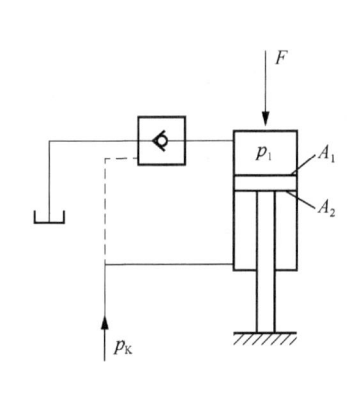

图 5-30 习题 5-6 图

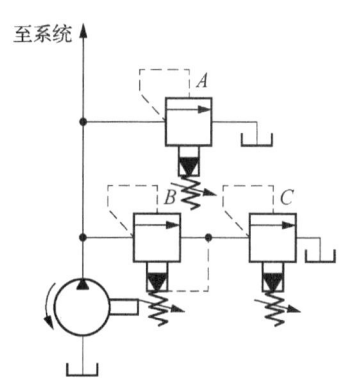

图 5-31 习题 5-7 图

5-8 图 5-32 所示两系统中溢流阀的调整压力分别为 $p_A = 4\text{MPa}$，$p_B = 3\text{MPa}$，$p_C = 2\text{MPa}$。当系统外负载为无穷大时，液压泵的出口压力各为多少？

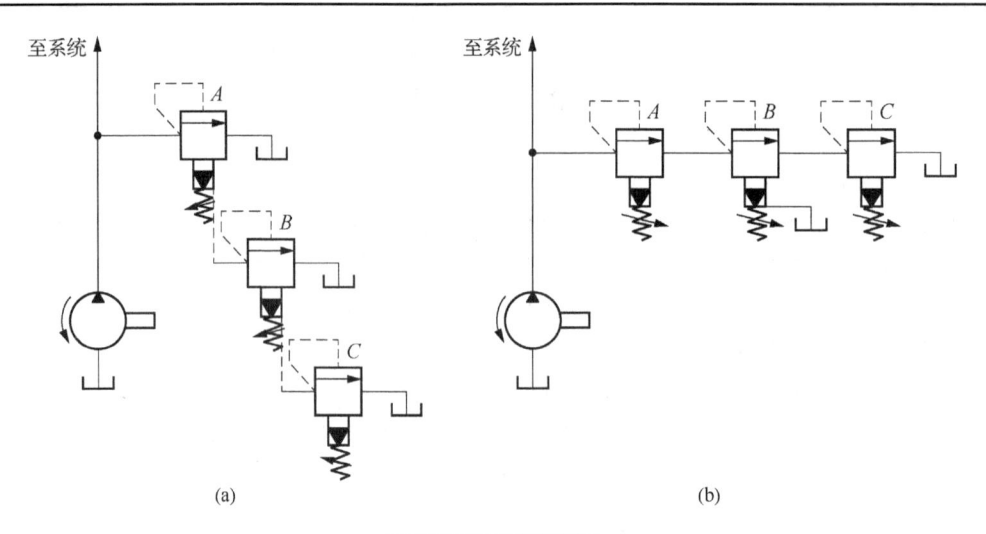

图 5-32 习题 5-8 图

5-9 如图 5-33 所示的减压回路，已知液压缸无杆腔、有杆腔的面积分别为 $100\times10^{-4}\text{m}^2$、$50\times10^{-4}\text{m}^2$，最大负载 $F_1 = 14000\text{N}$、$F_2 = 4250\text{N}$，背压 $p = 0.15\text{MPa}$，节流阀的压差 $\Delta p = 0.2\text{MPa}$，试求：

（1）指出液压阀 1、2、3 的含义，并列出 A、B、C 各点压力（忽略管路阻力）；

（2）液压泵和液压阀 1、2、3 应选多大的额定压力？

（3）若两缸的进给速度分别为 $v_1 = 3.5\times10^{-2}\text{m/s}$、$v_2 = 4\times10^{-2}\text{m/s}$，液压泵和各液压阀的额定流量应选多大？

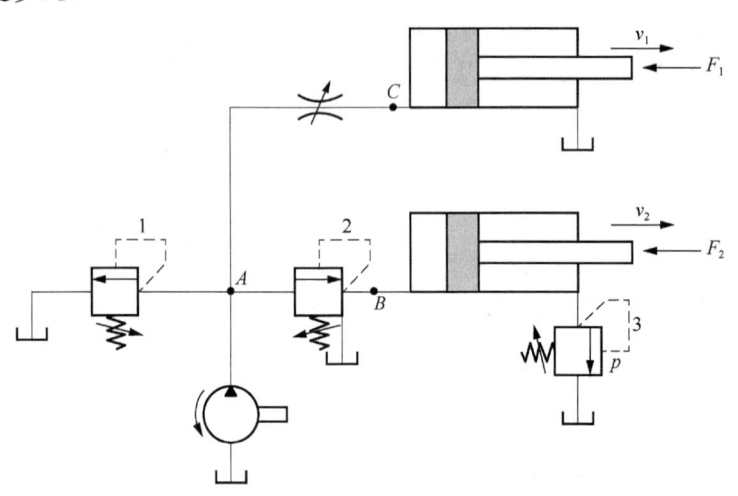

图 5-33 习题 5-9 图

5-10 如图 5-34 所示的回路，顺序阀和溢流阀串联，调整压力分别为 p_X 和 p_Y，当系统外负载为无穷大时，试问：

（1）液压泵的出口压力为多少？

（2）若把两阀的位置互换，液压泵的出口压力为多少？

5-11 如图 5-35 所示的回路，顺序阀的调整压力 $p_X = 3\text{MPa}$，溢流阀的调整压力 $p_Y = 5\text{MPa}$，试问在下列情况下 A、B 点的压力各为多少？

（1）液压缸运动，负载压力 $p_L = 4\text{MPa}$ 时；

（2）如负载压力 $p_L = 1\text{MPa}$ 时；

（3）活塞运动到右端时。

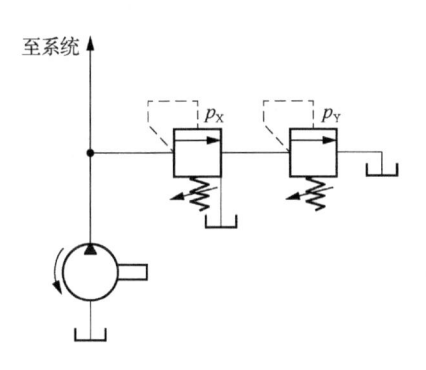

图 5-34　习题 5-10 图

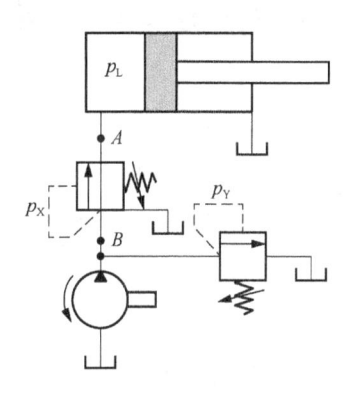

图 5-35　习题 5-11 图

5-12　图 5-36 所示的系统中，$A_1 = 2A_2 = 50 \times 10^{-4}\text{m}^2$，溢流阀的调定压力 $p_Y = 2.4\text{MPa}$，液压泵流量 $q_P = 10\text{L/min}$，节流阀通流面积 $A_T = 1\text{mm}^2$，假设 $C_d = 0.62$，$\rho = 870\text{kg/m}^3$，$F = 10000\text{N}$，试计算回路中活塞的运动速度和液压泵的工作压力。

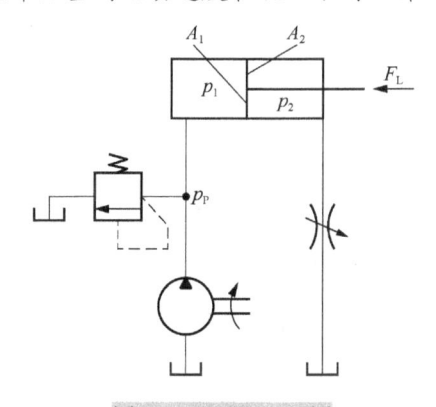

图 5-36　习题 5-12 图

第 6 章 液压与气压辅助装置

液压系统中的辅助装置，如蓄能器、过滤器、油箱、热交换管件等，对系统的动态性能、工作稳定性、工作寿命、噪声和温升等都有直接影响，必须予以重视。其中油箱须根据系统要求自行设计，其他辅助装置则已做成标准件，供设计时选用。

6.1 蓄能器

6.1.1 功用和分类

蓄能器的功用主要是储存油液的压力能。在液压系统中蓄能器的主要作用如下。

1. 在短时间内供应大量压力油液

实现周期性动作的液压系统（图 6-1），在系统不需大量油液时，可以把液压泵输出的多余压力油液储存在蓄能器内，到需要时再由蓄能器快速释放给系统。这样就可以使系统选用流量等于循环周期内平均流量 q_m 较小的液压泵，以减少电动机功率消耗，降低系统温升（详见第 10 章）。

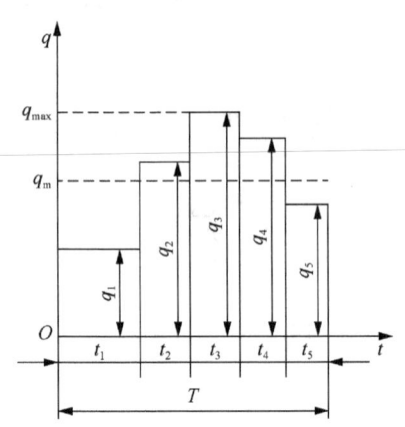

图 6-1 周期动作系统中的流量供应情况

T—一个循环周期

2. 维持系统压力

在液压泵停止向系统提供油液的情况下，蓄能器能把储存的压力油液供给系统，补偿系统泄漏或充当应急能源，使系统在一段时间内维持系统压力，避免停电或系统发生故障时油源突然中断所造成的机件损坏。

3. 减小液压冲击或压力脉动

蓄能器能吸收系统在液压泵突然起动或停止、液压阀突然关闭或开启、液压缸突然运动或停止时所出现的液压冲击，也能吸收液压泵工作时的压力脉动，大大减少其幅值。

蓄能器的种类主要有弹簧式、充气式和重锤式等，它们的结构简图和特点如表 6-1 所示。

表 6-1 蓄能器的种类和特点

名称		结构简图	特点说明
弹簧式		1-弹簧；2-活塞；3-液压油	1. 利用弹簧的压缩和伸长来储存、释放压力能。 2. 结构简单，反应灵敏，但容量小。 3. 供小容量、低压（$p \leqslant 1 \sim 1.2\text{MPa}$）回路缓冲之用，不适用于高压或高频的工作场合
充气式	活塞式		1. 利用气体的压缩和膨胀来储存、释放压力能；气体和油液在蓄能器中由活塞隔开。 2. 结构简单，工作可靠，安装容易，维护方便，但活塞惯性大。活塞和缸壁间有摩擦，反应不够灵敏，密封要求较高。 3. 用来存储能量，或供中、高压系统吸收压力脉动之用
	气囊式	1-充气阀；2-气囊；3-壳体；4-限位阀	1. 利用气体的压缩和膨胀来储存、释放压力能；气体和油液在蓄能器中由气囊隔开。 2. 带弹簧的菌状进油阀使油液既能进入蓄能器又能防止气囊自油口被挤出。充气阀只在蓄能器工作前气囊充气时打开，蓄能器工作时则关闭。 3. 结构尺寸小，质量小，安装方便，维修容易，气囊惯性小，反应灵敏；但气囊和壳体制造都较难。 4. 折合型气囊容量较大，可用来存储能量；波纹型气囊使用与吸收冲击好

续表

名称	结构简图	特点说明
重锤式	1-重锤；2-柱塞；3-液压油	1. 利用重物的位置变化来储存和释放能量，重锤 1 通过柱塞 2 作用在液压油 3 上，使之产生压力。 2. 当储存能量时，油液从 a 孔进入蓄能器内，通过柱塞推动重物上升，释放能量时，柱塞和重物一起下降，油液从 b 孔输出。 3. 这种蓄能器结构简单，压力稳定，但容量小，体积大，反应不灵活，易产生泄露。目前只用于少数大型固定设备的液压系统中

6.1.2 蓄能器的使用和安装

蓄能器在液压回路中的安放位置随其功用而不同：吸收液压冲击或压力脉动时宜放在冲击源或脉动源近旁；补油保压时宜放在尽可能接近有关的执行元件处。

使用蓄能器须注意以下几点。

（1）充气式蓄能器中应使用惰性气体（一般为氮气），允许工作压力视蓄能器结构形式而定。例如，气囊式为 3.5～32MPa。

（2）不同的蓄能器各有其适用的工作范围。例如，气囊式蓄能器的气囊强度不高，不能承受很大的压力波动，且只能在-20～70℃工作。

（3）气囊式蓄能器原则上应垂直安装（油口向下），只有在空间位置受限制时才允许倾斜或水平安装。

（4）装在管路上的蓄能器须用支板或支架固定。

（5）蓄能器与管路系统之间应安装截止阀，供充气、检修时使用。蓄能器与液压泵之间应安装单向阀，防止液压泵停车时蓄能器内储存的压力油液倒流入泵。

6.2 过 滤 器

6.2.1 过滤器功用和类型

过滤器的功用在于滤除混在液压油液中的杂质，使进到系统中的油液的污染度降低，保证系统能正常工作。

过滤器按其滤芯材料的过滤机制来分，有表面型过滤器、深度型过滤器和吸附型过滤器三种。

（1）表面型过滤器。整个过滤作用是由一个几何面来实现的。污染杂质被截留在滤芯靠油液上游的一面。滤芯材料具有均匀的标定小孔，可以滤除比小孔尺寸大的污染杂质。由于污染杂质积聚在滤芯表面上，因此它很容易被阻塞。编网式滤芯、线隙式滤芯属于这种类型。

（2）深度型过滤器。这种滤芯材料为多孔可透性材料，内部具有曲折迂回的通道。大于表面孔径的污染杂质直接被截留在外表面，较小的污染杂质进入滤材内部，撞到通道壁上，由于吸附作用而得到滤除。滤材内部曲折的通道也有利于污染杂质的沉积。纸心、毛毡、烧结金属、陶瓷和各种纤维制品等属于这种类型。

（3）吸附型过滤器。这种滤芯材料把油液中的有关污染杂质吸附在其表面上。磁芯即属于此类。

常见的过滤器及其特点见表 6-2。

表 6-2 常见的过滤器及其特点

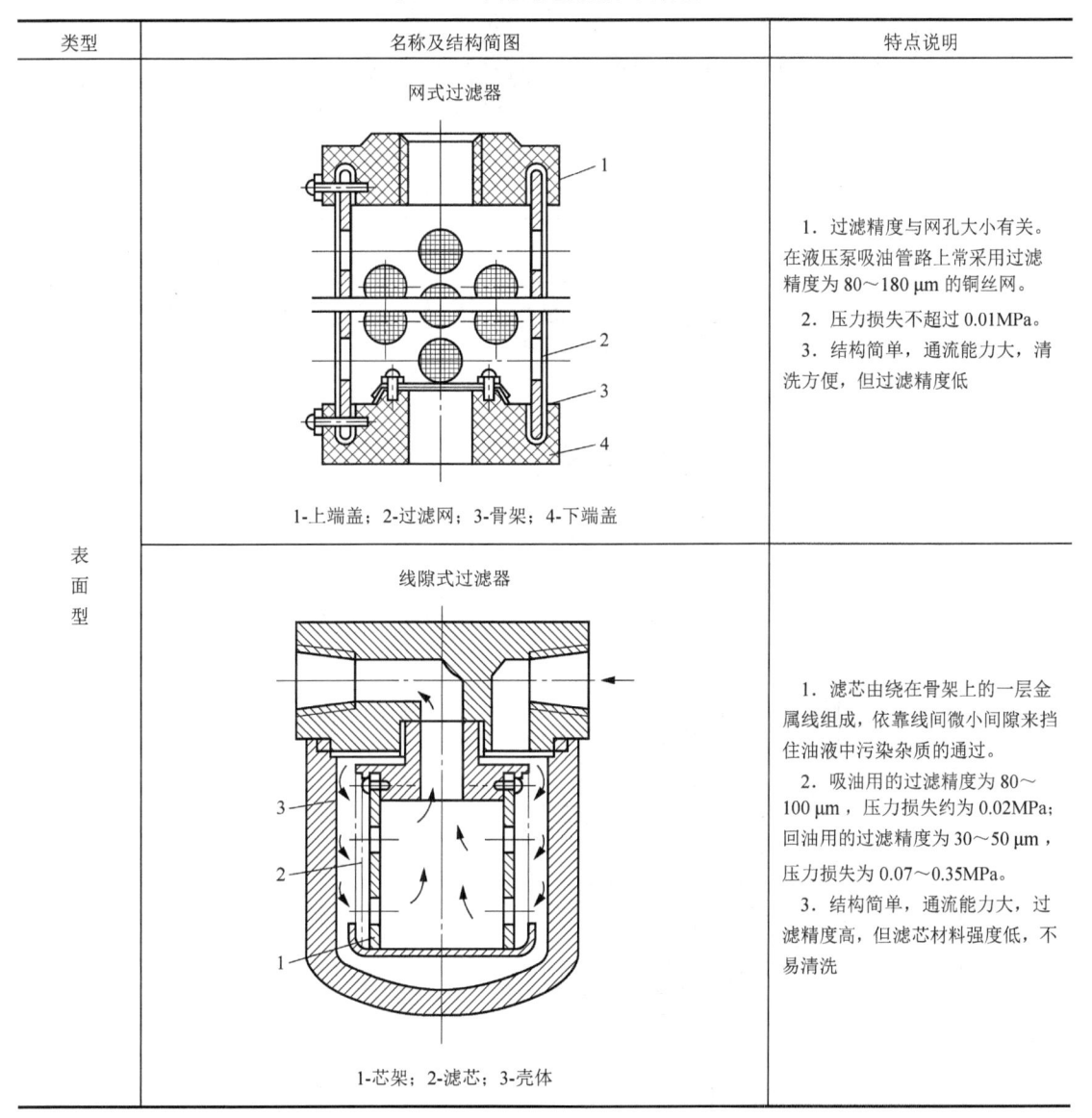

类型	名称及结构简图	特点说明
表面型	网式过滤器 1-上端盖；2-过滤网；3-骨架；4-下端盖	1. 过滤精度与网孔大小有关。在液压泵吸油管路上常采用过滤精度为 80～180 μm 的铜丝网。 2. 压力损失不超过 0.01MPa。 3. 结构简单，通流能力大，清洗方便，但过滤精度低
	线隙式过滤器 1-芯架；2-滤芯；3-壳体	1. 滤芯由绕在骨架上的一层金属线组成，依靠线间微小间隙来挡住油液中污染杂质的通过。 2. 吸油用的过滤精度为 80～100 μm，压力损失约为 0.02MPa；回油用的过滤精度为 30～50 μm，压力损失为 0.07～0.35MPa。 3. 结构简单，通流能力大，过滤精度高，但滤芯材料强度低，不易清洗

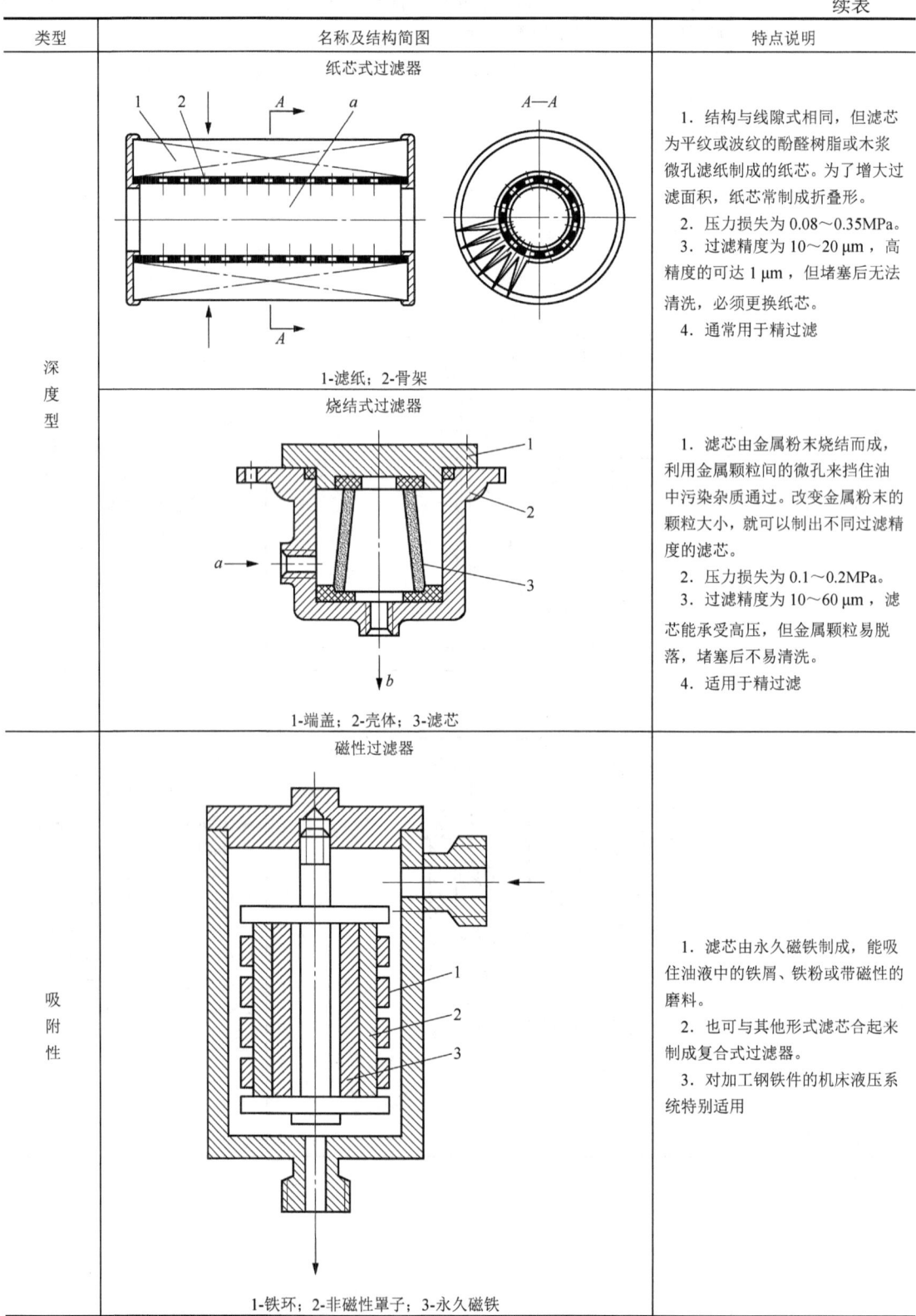

续表

类型	名称及结构简图	特点说明
深度型	纸芯式过滤器 1-滤纸；2-骨架	1. 结构与线隙式相同，但滤芯为平纹或波纹的酚醛树脂或木浆微孔滤纸制成的纸芯。为了增大过滤面积，纸芯常制成折叠形。 2. 压力损失为 0.08～0.35MPa。 3. 过滤精度为 10～20 μm，高精度的可达 1 μm，但堵塞后无法清洗，必须更换纸芯。 4. 通常用于精过滤
深度型	烧结式过滤器 1-端盖；2-壳体；3-滤芯	1. 滤芯由金属粉末烧结而成，利用金属颗粒间的微孔来挡住油中污染杂质通过。改变金属粉末的颗粒大小，就可以制出不同过滤精度的滤芯。 2. 压力损失为 0.1～0.2MPa。 3. 过滤精度为 10～60 μm，滤芯能承受高压，但金属颗粒易脱落，堵塞后不易清洗。 4. 适用于精过滤
吸附性	磁性过滤器 1-铁环；2-非磁性罩子；3-永久磁铁	1. 滤芯由永久磁铁制成，能吸住油液中的铁屑、铁粉或带磁性的磨料。 2. 也可与其他形式滤芯合起来制成复合式过滤器。 3. 对加工钢铁件的机床液压系统特别适用

6.2.2 过滤器的主要性能指标

1. 过滤精度

过滤精度表示过滤器对各种不同尺寸的污染颗粒的滤除能力，用绝对过滤精度、过滤比和过滤效率等指标来评定。

绝对过滤精度是指通过滤芯的最大硬球状颗粒的尺寸(y)，它反映了过滤材料中最大的通孔尺寸，以 μm 表示。它可以用试验的方法进行测定。

过滤比(β_x)是指过滤器上游油液单位容积中大于某给定尺寸的颗粒数 N_u 与下游油液单位容积中大于同一尺寸的颗粒数 N_d 之比，即对某一尺寸为 x（单位为 μm）的颗粒来说，其过滤比 β_x 的表达式为

$$\beta_x = \frac{N_u}{N_d} \tag{6-1}$$

由式（6-1）可知，β_x 越大，过滤精度越高。当 $\beta_x \geqslant 75$ 时，x 即被认为是过滤器的过滤精度。过滤比能确切地反映过滤器对不同尺寸颗粒污染物的过滤能力。

过滤效率 E_c 可以通过下式由过滤比 β_x 值直接换算出来

$$E_c = \frac{N_u - N_d}{N_u} = 1 - \frac{1}{\beta_x} \tag{6-2}$$

2. 压降特性

过滤器是利用滤芯上的小孔和微小间隙来过滤油液中的污染杂质的，因此，油液流过滤芯时必然产生压力降（即压力损失）。一般来说，在滤芯尺寸和流量一定的情况下，压力降随过滤精度提高而增加，随油液黏度的增大而增加，随过滤面积增大而下降。过滤器有一个最大允许压力降值，以保护过滤器不受破坏或系统压力不致过高。

3. 纳垢容量

纳垢容量是指过滤器在压力降达到其规定限值之前可以滤除并容纳的污染物数量，这项性能指标可以用多次通过性试验来确定。过滤器的纳垢容量越大，使用寿命越长，所以它是反映过滤器寿命的重要指标。一般来说，过滤器的过滤面积越大，纳垢容量就越大。增大过滤面积，可以使纳垢容量至少成比例地增加。

过滤器有效过滤面积 A 可按下式计算：

$$A = \frac{\mu q}{\alpha \Delta p} \tag{6-3}$$

式中，μ 为油液的动力黏度，Pa·s；q 为过滤器的通流能力，m³/s；Δp 为过滤器的压力降，MPa；α 为过滤器的单位面积通流能力，m³/m²，α 由实验确定，网式滤芯，$\alpha = 0.34$；线隙式滤芯，$\alpha = 0.17$；纸质滤芯，$\alpha = 0.006$；烧结式滤芯，$\alpha = \frac{1.04 d^2 \times 10^3}{\delta}$，其中 d 为粒子平均直径，mm；δ 为滤芯的壁厚，mm。

式（6-3）清楚地说明了过滤面积与油液的流量、黏度、压降和滤芯形式的关系。

6.2.3 过滤器的选用和安装

过滤器按其过滤精度（滤去杂质的颗粒大小）的不同，有粗过滤器、普通过滤器、精密过滤器和特精过滤器四种，它们分别能滤去大于 100μm、10~100μm、5~10μm 和 1~5μm 大

小的杂质。

选用过滤器时，要考虑下列几点。

（1）过滤精度应满足预定要求。

（2）能在较长时间内保持足够的通流能力。

（3）滤芯具有足够的强度，不因油液压力的作用而损坏。

（4）滤芯抗腐蚀性能好，能在规定的温度下持久地工作。

（5）滤芯清洗或更换简便。

因此，过滤器应根据液压系统的技术要求，按过滤精度、通流能力、工作压力、油液黏度、工作温度等条件来选定其型号。

过滤器在液压系统中的安装位置及其有关的简单说明见图6-2。

（1）安装在泵的吸油口上。如图6-2所示过滤器1，用于保护泵，可选择粗过滤器，但要求有较大的通流能力，防止产生气穴现象。安装在泵的出口须选择精滤器，以保护泵以外的元件，要求能承受油路上的工作压力和压力冲击。安装在系统的回油路上滤去系统生成的污物，可采用滤芯强度低的过滤器。为防止过滤器阻塞，一般要并联安全阀或安装发讯装置。

（2）安装在液压泵的出油口上，如图6-2所示过滤器2，此安装方式可以有效地保护除泵以外的其他液压元件，但是由于过滤器是在高压下工作，滤芯需要有较高的强度。为了防止过滤器堵塞而引起液压泵过载或过滤器损坏，常在过滤器旁设置一堵塞指示器或旁路阀加以保护。

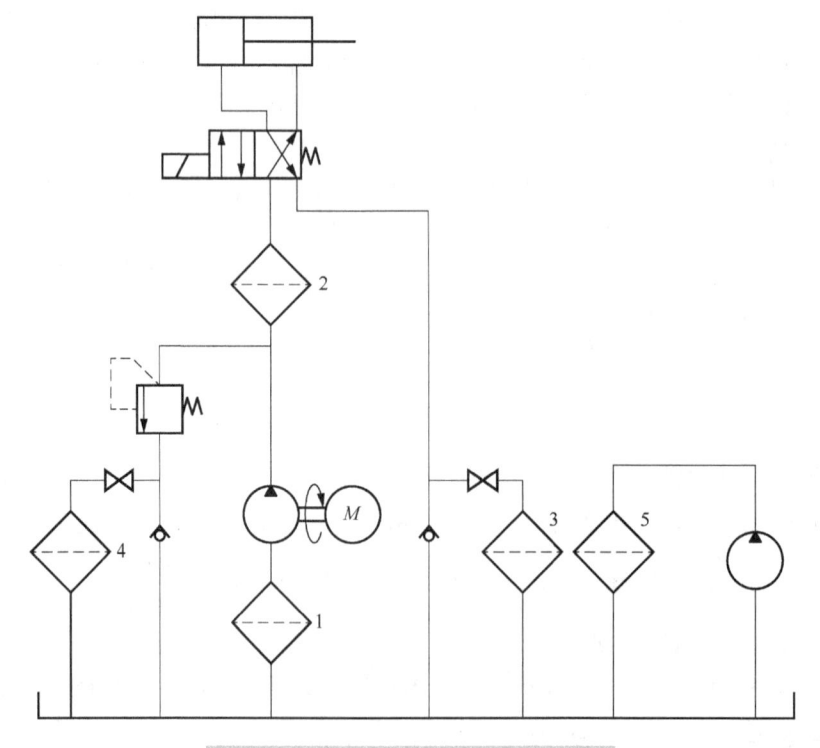

图6-2 过滤器在液压系统中的安装位置

1、2、3、4、5—过滤器

(3) 安装在回油路上,如图 6-2 所示过滤器 3,将过滤器安装在系统的回油路上,这种方式可以把系统内油箱或管壁氧化层脱落或液压元件磨损所产生的颗粒过滤掉,以保证油箱内的液压油的清洁,使泵及其他元件受到保护,由于回油压力较低,所需过滤器强度不必过高。

(4) 安装在系统的支路上,如图 6-2 所示过滤器 4,当泵的流量较大时,为避免选用过大的过滤器,在支路上安装小规格的过滤器。

(5) 单独过滤,如图 6-2 所示过滤器 5,用一个液压泵和一个过滤器单独组成一个独立于系统之外的过滤回路,这样可以连续清除系统内的杂质,保证系统的清洁,一般用于大型的液压系统。

液压系统中除了整个系统所需的过滤器外,还常常在一些重要元件(如伺服阀、精密节流阀等)的前面单独安装一个专用的精过滤器来确保它们正常工作。

6.3 油　　箱

1. 油箱的功用

油箱在液压系统中的主要功用如下。
(1) 储存供系统循环所需的油液。
(2) 散发系统工作时所产生的热量。
(3) 释出混在油液中的气体。
(4) 为系统中元件的安装提供位置。

油箱不应该是一个纳污的地方,应及时去除油液中沉淀的污物,在油箱中的油液必须是符合液压系统清洁度要求的油液,因此对油箱的设计、制造、使用和维护等各方面提出了更高的要求。

2. 油箱的结构

液压系统中的油箱有整体式油箱、分离式油箱、开式油箱、闭式油箱等之分。

整体式油箱是利用主机的内腔作为油箱,结构紧凑,易于回收漏油,但维修不便,散热条件不好,且会使主机产生热变形。

分离式油箱单独设置,与主机分开,减少了油箱发热和液压源的振动对主机工作精度的影响,应用较为广泛。

开式油箱是油箱液面和大气相通的油箱,应用最广。

闭式油箱则是油箱液面和大气隔绝,油箱整个密封,在顶部有一充气管,送入 0.05～0.07MPa 的纯净压缩空气。空气或者直接和油液接触,或者输到气囊内对油液施压。这种油箱的优点在于泵的吸油条件较好,但系统的回油管、泄油管要承受背压。油箱还须配置安全阀、电接点压力表等以稳定充气压力,所以它只在特殊场合下使用。

图 6-3 所示为油箱的典型结构。油箱内部用隔板 6 将吸油管 3、滤油器 8 和泄油管 2、回油管 1 隔开。顶部、侧面和底部分别装有分水滤气器 4 和液位计 10 与排放污油的堵塞 7。液压泵及其驱动电动机的安装板固定在油箱顶面。

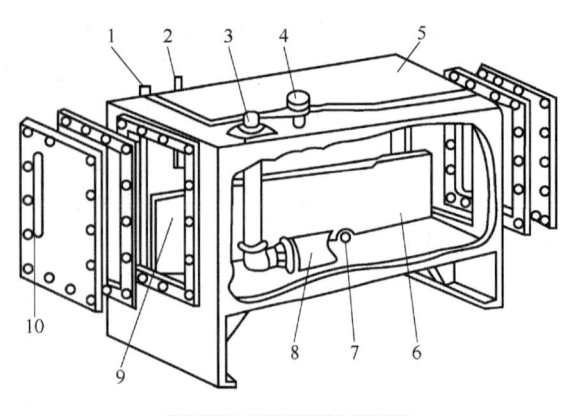

图 6-3 油箱结构示意图

1-回油管；2-泄油管；3-吸油管；4-分水滤气器；5-安装板；6-隔板；7-放油堵塞；8-滤油器；9-清洗窗；10-液位计

3. 油箱容量计算

油箱的容量，即油面高度为油箱高度 80%时的油箱有效容积，应根据液压系统的发热、散热平衡的原则来计算。对于一般情况而言，油箱的容量可按液压泵的额定流量估算。

如对于机床和其他一些固定式装置，油箱的容量 V（单位为 L）可依下式估算：

$$V = \xi q_p \tag{6-4}$$

式中，q_p 为液压泵的额定流量，L/min；ξ 为与压力有关的经验数据，低压系统 $\xi = 2\sim 4$，中压系统 $\xi = 5\sim 7$，高压系统 $\xi = 10\sim 12$。

4. 油箱设计时的注意事项

（1）吸油管和回油管应尽量相距远些，两管之间要用隔板隔开，以增加油液循环距离，使油液有足够的时间分离气泡、沉淀杂质、消散热量。隔板高度最好为箱内油面高度的 3/4。

吸油管入口处要装粗过滤器。粗过滤器与回油管管端在油面最低时仍应没在油中，防止吸油时卷吸空气或回油冲入油箱时搅动油面而混入气泡。回油管管端宜斜切 45°，以增大出油口截面积，减慢出口处油流速度。此外，应使回油管斜切口面对箱壁，以利于油液散热。当回油管排回的油量很大时，宜使出口处高出油面，向一个带孔或不带孔的斜槽（倾角为 5°～15°）排油，使油流散开，一方面减慢流速，另一方面排走油液中空气（图 6-4），减慢回油流速、减少它的冲击搅拌作用，也可以采取让它通过扩散室的方法（图 6-5）。泄油管管端也可斜切并面壁，但不可没入油中。

管端与箱底、箱壁间距离均不宜小于管径的三倍。粗过滤器距箱底不应小于 20mm。

（2）为了防止油液污染，油箱上各盖板、管口处都要妥善密封。注油器上要加滤油网。防止油箱出现负压而设置的通气孔上须装分水滤气器。分水滤气器的容量至少应为液压泵额定流量的两倍。油箱内回油集中部分及清污口附近宜装设一些磁性块，以去除油液中的铁屑和带磁性颗粒（图 6-6）。

（3）为了易于散热和便于对油箱进行搬移及维护保养，箱底离地至少应在 150mm 以上。

箱底应适当倾斜，在最低部位设置堵塞或放油阀，以便排放污油。箱体上注油口的近旁必须设置液位计。过滤器的安装位置应便于装拆。箱内各处应便于清洗。

（4）油箱中如要安装热交换器，必须考虑好安装位置，以及测温、控制等措施。

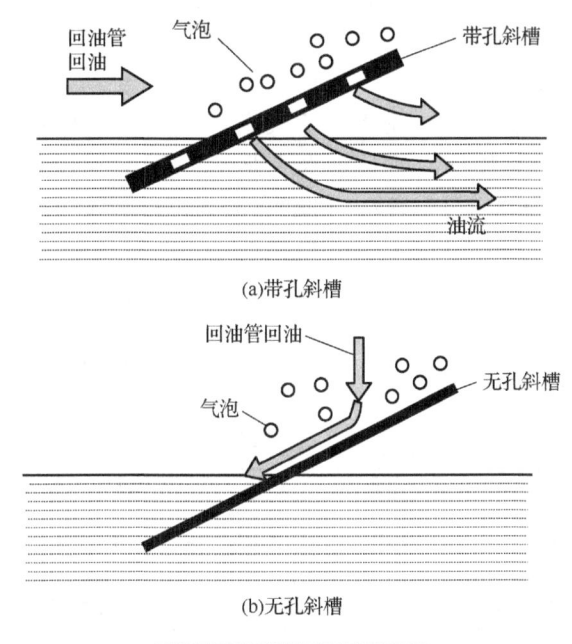

图 6-4 油箱中的排气斜槽

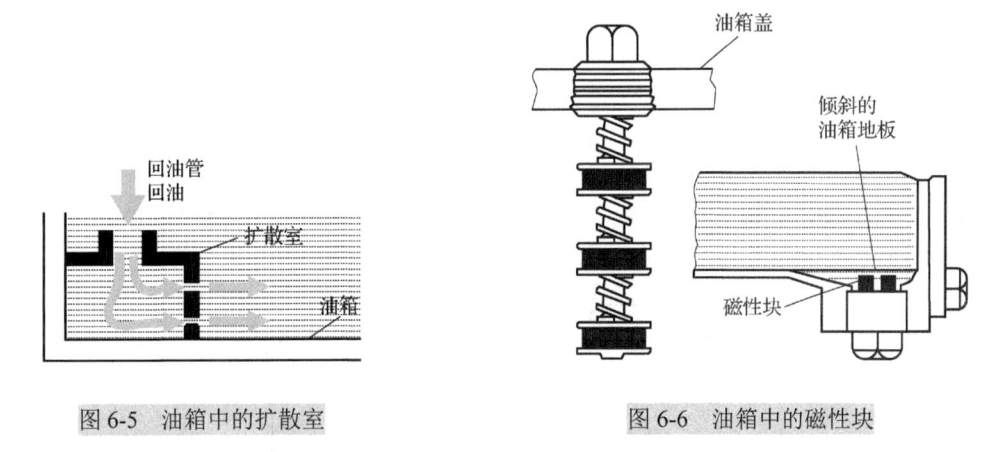

图 6-5 油箱中的扩散室　　　　图 6-6 油箱中的磁性块

（5）分离式油箱一般用 2.5~4mm 普通钢板或不锈钢板焊成。箱壁越薄，散热越快。

大尺寸油箱要加焊角板、肋条，以增加刚性。当液压泵及其驱动电动机和其他液压件都要装在油箱上时，油箱顶盖要相应地加厚。

（6）油箱内壁可以有以下几种处理方法：①酸洗后磷化；②喷丸后直接涂防锈油；③喷砂后热喷涂氧化铝；④喷砂后进行喷塑。外壁如无色彩要求，可涂上一层极薄的黑漆（不超过 0.025mm 厚度），会有很好的辐射冷却效果。

6.4 热交换器

液压系统的工作温度一般希望保持在 30~50℃，最高不超过 65℃，最低不低于 15℃。液压系统如依靠自然冷却仍不能使油温控制在上述范围内，就须安装冷却器；反之，如环境温度太低无法使液压泵起动或正常运转，就须安装加热器。

6.4.1 冷却器

液压系统中用得较多的冷却器是强制对流式冷却器。图 6-7 所示为多管式冷却器的结构。油液从进油口流入，从出油口流出；而冷却水从进水口流入，通过多根水管后由出水口流出。冷却器内设置了隔板 4，在水管外部流动的油液的行进路线因隔板的上下布置变得迂回曲折，从而增强了热交换效果，这种冷却器的冷却效果较好。

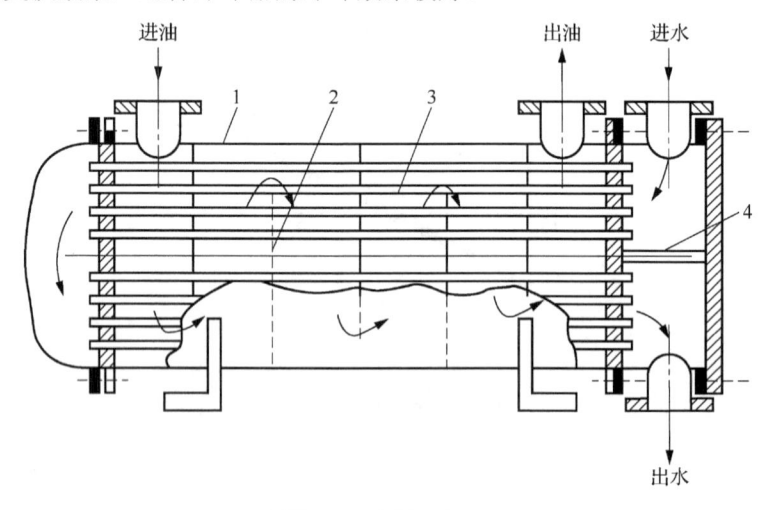

图 6-7 多管式冷却器

1-外壳；2-挡板；3-铜管；4-隔板

图 6-8 所示为波纹板式冷却器，它利用板片人字形波纹结构交错排列形成的接触点，使液流在流速不高的情况下形成紊流，从而提高散热效果。

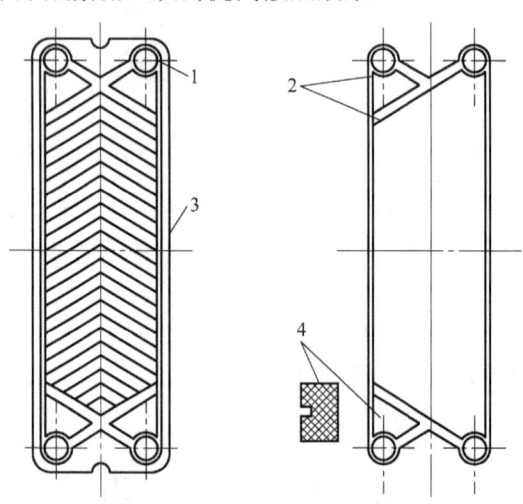

图 6-8 波纹板式冷却器

1-角孔；2-双道密封；3-密封槽；4-信号孔

在水源不便的地方（如行走设备上），可以用风冷式冷却器。冷却方式可采用风扇强制吹风冷却，也可采用自然风冷却。风冷式冷却器有管式、板式、翅管式和翅片式等形式。图 6-9

所示为翅片式风冷却器，它在每两层通油板之间设置波浪形的翅片板，它的散热面积可比光滑管大 8~10 倍，因此可以大大提高传热系数。如果加上强制通风，冷却效果将更好。它结构紧凑，体积小，但易堵塞，难清洗。

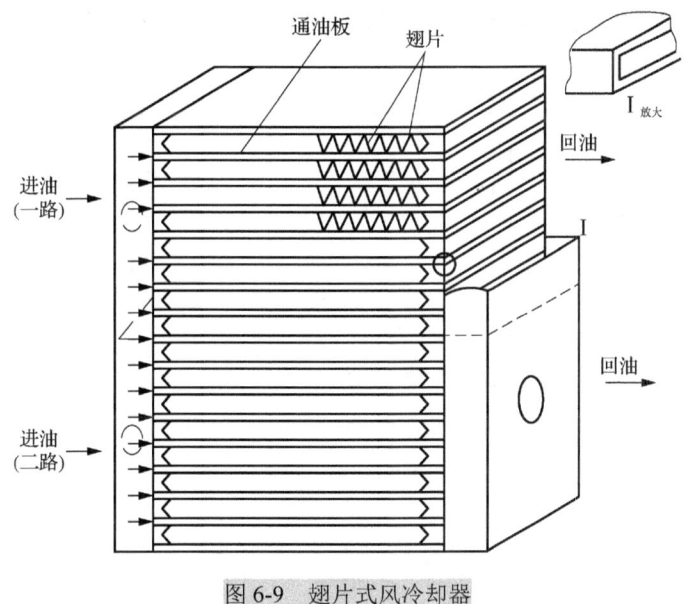

图 6-9 翅片式风冷却器

在要求较高的装置上，可以采用冷媒式冷却器。它是利用冷媒介质在压缩机中绝热压缩后进入散热器放热，蒸发器吸热的原理，带走油中的热量而使油冷却。这种冷却器冷却效果好，但价格过于昂贵。

液压系统最好装有油液的自动控温装置，以确保油液温度准确地控制在要求的范围内。

冷却器一般安放在回油管或低压管路上，图 6-10 所示为冷却器在液压系统中的各种安装位置。

油液流经冷却器时的压力损失一般为 0.01~0.1MPa。

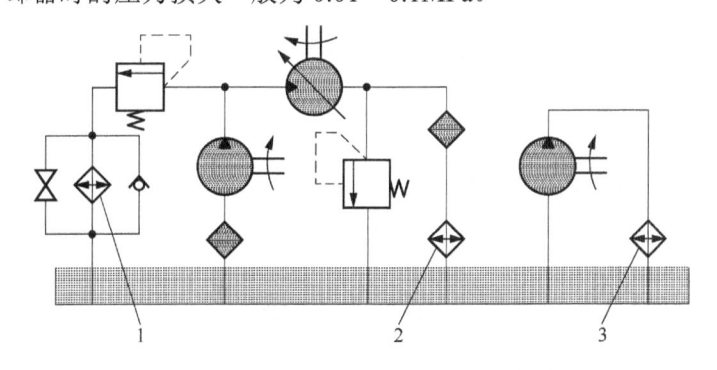

图 6-10 冷却器在液压系统中的各种安装位置

1、2、3—冷却器

6.4.2 加热器

油液可用热水或蒸汽来加热，也可用电加热。电加热因为结构简单，使用方便，能按需要自动调节温度，因此得到广泛的应用。如图 6-11 所示，电加热器用法兰安装在油箱壁上，发热部分全部浸在油液内。加热器应安装在箱内油液流动处，以利于热量的交换。同时，单个电加热器的功率容量也不能太大，一般不超过 3W/cm^2，以免其周围油液因局部过度受热而变质。在电路上应设置联锁保护装置，当油液没有完全包围加热元件，或没有足够的油液进行循环时，加热器应不能工作。

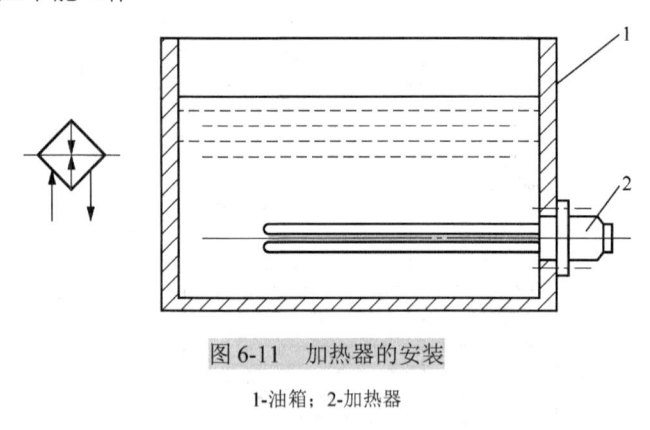

图 6-11 加热器的安装

1-油箱；2-加热器

6.5 管　件

管件包括管道和管接头，它的主要功用是连接液压元件和输送油液。对它的主要要求是：有足够的强度，密封性好，压力损失小和装拆方便。

6.5.1 管道

根据工作压力来正确选用。各种常用管道的特点及适用场合如表 6-3 所示。

表 6-3　各种常用管道的特点及适用场合

种类		特点及适用场合
硬管	钢管	能承受高压，价格低廉，耐油，抗腐蚀，刚性好，但装配时不能任意弯曲，常在装拆方便处用作压力管道（中、高压用无缝管，低压用焊接管）
	紫铜管	易弯曲成各种形状，但承压能力一般不超过 6.5～10MPa。抗振能力较弱，又易使油液氧化；通常用在液压装置内配接不便之处
软管	尼龙管	加热后可以随意弯曲成形或扩口，冷却后又能定形不变，承压能力因材质而异，自 2.5MPa 至 8MPa 不等，最高可达 16MPa
	塑料管	质轻耐油，价格便宜，装配方便，但承压能力低，长期使用会变质老化，只宜用作压力低于 0.5MPa 的回油管、泄油管等
	橡胶管	高压油管由耐油橡胶夹几层钢丝网制成，钢丝网层数越多，耐压越高，价格昂贵，用作中、高压系统中两个相对运动件之间的压力管道 低压管由耐油橡胶夹帆布制成，可用作回油管道

管道的规格尺寸指的是它的内径和壁厚，可依下式算出后，查阅有关的标准选定：

$$d = 2\sqrt{\frac{q}{\pi v}} \tag{6-5}$$

$$\delta = \frac{pdn}{2\sigma_b} \tag{6-6}$$

式中，d 为管道内径；q 为管内流量；v 为管中油液的流速，吸油管取 0.5~1.5m/s，压油管取 2.5~5m/s（压力高的取大值，低的取小值，如压力在 6MPa 以上的取 5m/s，在 3~6MPa 的取 4m/s，在 3MPa 以下的取 2.5~3m/s；管道短时取大值；油液黏度大时取小值），回油管取 1.5~2.5m/s，短管及局部收缩处取 5~7m/s；δ 为管道壁厚；p 为管内工作压力；n 为安全系数，对钢管来说，$p<7\text{MPa}$ 时取 $n=8$，$7\text{MPa}<p<17.5\text{MPa}$ 时取 $n=6$，$p>17.5\text{MPa}$ 时取 $n=4$。

金属管道的爆破压力 p_B 可按下述经验公式计算得到：

$$p_B = \sigma_b \frac{\dfrac{d}{\delta_{\min}}+1}{\dfrac{1}{2}\left(\dfrac{d}{\delta_{\min}}\right)^2 + \dfrac{d}{\delta_{\min}} + 1} \tag{6-7}$$

式中，d 为管道内径，mm；$\delta_{\min}$ 为管道最小壁厚，mm；σ_b 为管道材料的抗拉强度，MPa。

6.5.2 管接头

管接头是管道之间、管道与元件之间的可拆式连接件。管接头在满足强度要求的前提下，应当装拆方便，连接牢固，密封性好，外形尺寸小，压力损失小以及工艺性好。

管接头的种类很多，其规格品种可查阅有关手册。液压系统中常用的管接头如图 6-12 所示。管接头的连接螺纹采用国家标准米制锥螺纹（ZM）和普通细牙螺纹（M）。锥螺纹可依靠自身的锥体旋紧和采用聚四氟乙烯生料带进行密封，广泛应用于中、低压液压系统；细牙螺纹常采用组合垫圈或 O 形圈，有时也采用纯铜垫圈进行端面密封，用于高压液压系统。

按接头的通路分类，有直通式、角通式、三通式和四通式；按接头与阀体或阀板的连接方式分类，有螺纹式、法兰式等；按油管与接头的连接方式分类，有扩口式、焊接式、卡套式、扣压式、可拆卸式、快换式、伸缩式等。以下仅对按油管与接头的连接方式的分类进行介绍。

（1）扩口式管接头。图 6-12(a)所示为扩口式管接头，是利用油管 1 管端的扩口在管套 2 的压紧下进行密封的。扩口式管接头结构简单，适用于铜管、薄壁钢管、尼龙管和塑料管的连接。

（2）焊接式管接头。图 6-12(b)所示为焊接式管接头，油管与接头内芯 1 焊接而成，接头内芯的球面与接头体锥孔面紧密相连，具有密封性好、结构简单、耐压性强等优点。缺点是焊接较麻烦，适用于高压管壁钢管的连接。

（3）卡套式管接头。图 6-12(c)所示为卡套式管接头，是利用弹性极好的卡套 2 卡住油管 1 而密封。其特点是结构简单、安装方便，但油管外壁尺寸精度要求较高。卡套式管接头适用于高压冷拔无缝钢管连接。

（4）扣压式管接头。图 6-12(d)所示为扣压式管接头，是由接头外套 1 和接头芯子 2 组成的。扣压式管接头适用于软管连接。

（5）可拆卸式管接头。图 6-12(e)所示为可拆卸式管接头。此接头的结构是在外套 1 和结构芯子 2 上做成六角形，便于经常拆卸软管，适用于高压小直径软管连接。

（6）快换式管接头。图 6-12(f)所示为快换式管接头。此接头便于快速拆装油管。其原理为：当卡箍 6 向左移动时，钢珠 5 从插嘴 4 的环槽中向外退出，插嘴不再被卡住，可以迅速从插座 1 中抽出。此时管塞 2 和 3 在各自的弹簧力作用下将两个管口关闭，使油箱内的油液不流失。这种管接头适用于需要经常拆卸的软管连接。

（7）伸缩式管接头。图 6-12(g)所示为伸缩式管接头，由内管 1、外管 2 组成，内管可以在外管内自由滑动，并用密封圈密封。内管外径必须经过精密加工。这种管接头适用于连接件有相对运动的管道的连接。

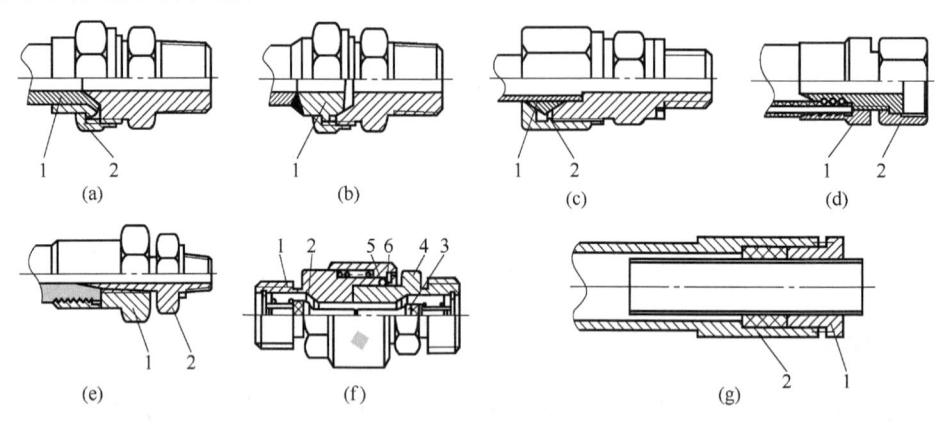

图 6-12 液压系统中常用的管接头

(a)1-油管；2-管套；(b)1-接头内芯；(c)1-油管；2-卡套；(d)1-接头外套；2-接头芯子；
(e)1-外套；2-结构芯子；(f)1-插座；2、3-管塞；4-插嘴；5-钢珠；6-卡箍；(g)1-内管；2-外管

另外，有一种用镍钛合金制造的特殊管接头，能使低温下受力后发生的变形在升温时消除，即把管接头放入液氮中用芯棒扩大其内径，然后取出来迅速套装在管端上，便可使它在常温下得到牢固、紧密的结合。这种"热缩"式的连接已在其他一些加工行业中得到了应用，它能保证在 40～55MPa 的工作压力下不出现泄漏。

6.6 气压辅助元件

6.6.1 油雾器

油雾器、分水滤气器和减压阀一起称为气动三大件，三大件依次无管化连接而成的组件称为三联件，是多数气动设备必不可少的气源装置。大多数情况下，三大件组合使用，其安装次序依进气方向为分水滤气器、减压阀和油雾器。气动三大件中所用的减压阀，起减压和稳压作用，工作原理与液压系统减压阀相似。

气动系统中的各种气阀、气缸、气动马达等，其可动部分需要润滑，但以压缩空气为动力的气动元件都是密封气室，不能用一种方法注油，只能以某种方法将油混入气流中，随气流带到需要润滑的地方。油雾器就是这样一种特殊的注油装置。它使润滑油雾化后随空气流进入需要润滑的运动部件。用这种方法加油，具有润滑均匀、稳定和耗油量少等特点。油雾器的使用如图 6-13 所示。

图 6-14 所示为固定节流式普通油雾器。压缩空气经输入口进入油雾器后，绝大部分经主管道输出，一小部分气流进入立杆 1 上正对着气流方向的小孔 a，经截止阀 2 进入储油杯 3 的上腔 c 中，使油面受压。而立杆上背对气流方向的孔 b，由于其周围气流的高速流动，其压力低于气流压力。这样，油面气压与孔 b 压力间存在压差，润滑油在此压差作用下，经吸油

管 4、单向阀 5 和油量调节针阀 6 滴落到透明的视油窗 7 内,并顺着油路被主管道中的高速气流从孔 b 中引射出来,雾化后随空气一同输出。

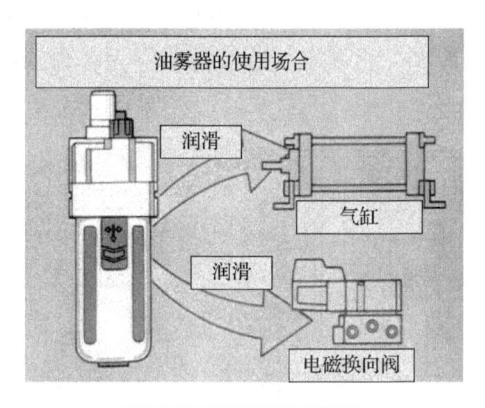

图 6-13 油雾器的使用

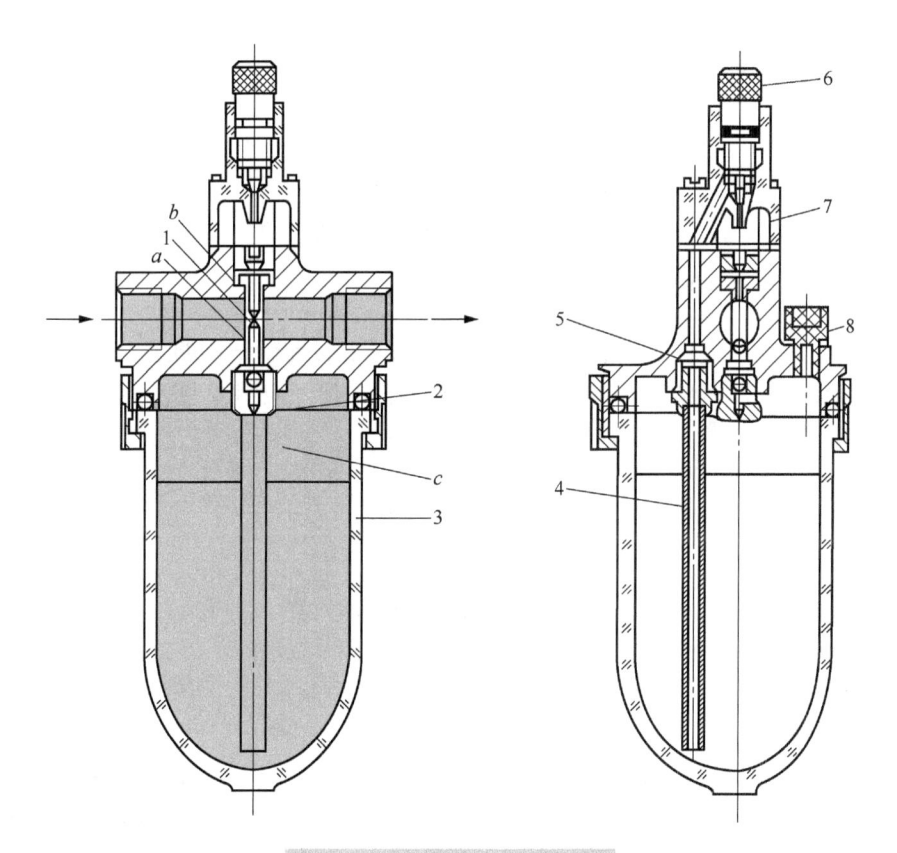

图 6-14 固定节流式普通油雾器
1-立杆;2-截止阀;3-储油杯;4-吸油管;5-单向阀;6-油量调节针阀;7-视油窗;8-油塞

油雾器一般应安装在空气过滤器、减压阀之后,尽量靠近换向阀,应避免把油雾器安装在换向阀与气缸之间,以避免漏掉对换向阀的润滑。

6.6.2 分水滤气器

分水滤气器又名空气过滤器（图 6-15），作用是滤除压缩空气中的水分、油滴及杂质，以达到气动系统所要求的净化程度。它属于二次过滤器，大多与减压阀、油雾器一起构成气动三大件。

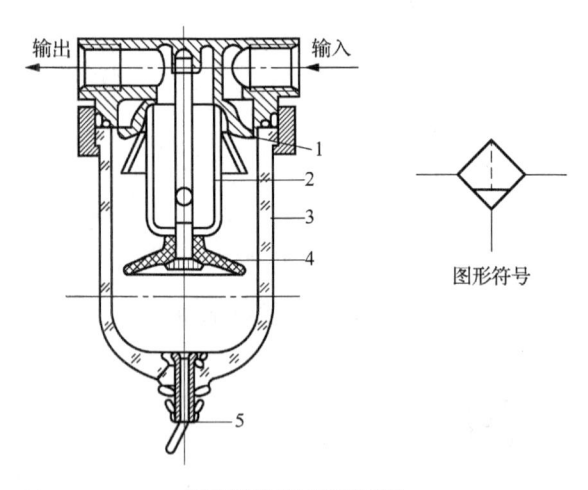

图 6-15 分水滤气器

1-导流片；2-滤芯；3-储水杯；4-挡水板；5-排水阀

6.6.3 气动三大件的安装次序

气动系统中气动三大件的安装次序如图 6-16 所示。目前新结构的三大件插装在同一支架上，形成无管化连接。其结构紧凑、装拆及更换元件方便，应用普遍。

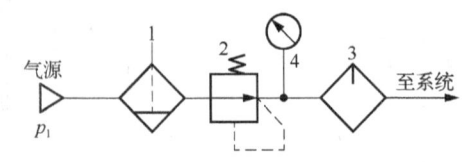

图 6-16 气动三大件的安装次序

1-分水滤气器；2-减压阀；3-油雾器；4-压力表

6.6.4 消声器

气动回路与液压回路不同，它没有回收气体的必要，压缩空气使用后直接排入大气，因排气速度较高，会产生尖锐的排气噪声。为降低噪声，一般在换向阀的排气口上安装消声器。常用的消声器有以下几种。

（1）吸收型消声器。这种消声器主要依靠吸声材料消声。QXS 型消声器就是吸收型的，如图 6-17 所示。消声套是多孔的吸声材料，用聚苯乙烯颗粒或铜粒烧结而成。当有压气体通过消声套排出时，气体受到阻力，流速降低，从而降低了噪声。

这种消声器结构简单，吸声材料的孔眼不易堵塞，可以较好地消除中、高频噪声，消声效果可降低噪声达 20dB 左右。气动系统的排气噪声主要是中、高频噪声，尤其以高频噪声居多，所以这种消声器适合于一般气动系统使用。

（2）膨胀干涉型消声器。这种消声器的直径比排气孔直径大得多，气流在里面扩散、碰壁反射，互相干涉，降低了噪声的强度，这种消声器的特点是排气阻力小，可消除中、低频噪声，但结构不够紧凑。

（3）膨胀干涉吸收型消声器。这是上述两种消声器的结合，即是在膨胀干涉型消声器的壳体内表面敷设吸声材料而制成的。图 6-18 所示为膨胀干涉吸收型消声器的结构图。这种消声器的入口开设了许多中心对称的斜孔，它使高速进入消声器的气流被分成许多小的流束，在进入无障碍的扩张室后，气流迅速减速，碰壁后反射到腔室中，气流束的相互撞击、干涉使噪声降低，然后气流经过吸声材料的多孔侧壁排入大气，噪声又一次被降低。这种消声器的效果比前两种更好，低频噪声可降低 20dB 左右，高频噪声可降低 40dB 左右。

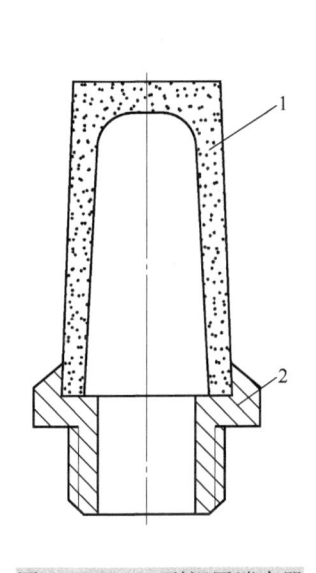

图 6-17　QXS 型阀用消声器

1-消声套；2-管接头

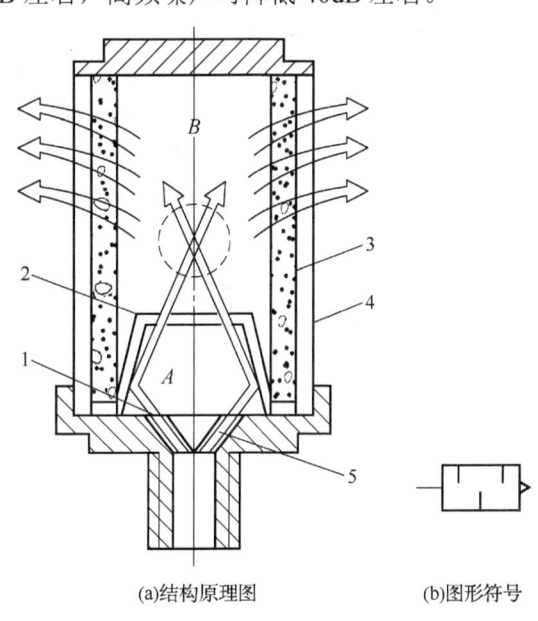

图 6-18　膨胀干涉吸收型消声器

1-扩散室；2-反射套；3-吸声材料；4-套壳；5-对称斜孔

消声器的选择：在一般使用场合，可根据换向阀的通径，一般选用吸收型消声器；对消声效果要求高的，可选用膨胀干涉型消声器和膨胀干涉吸收型消声器。

6.6.5　气动管道系统

（1）管道。气动系统中常用的管道有硬管和软管。硬管以钢管和紫铜管为主，常用于高温高压和固定不动的部件之间的连接。软管有各种塑料管、尼龙管和橡胶管等，其特点是经济、拆装方便、密封性好，但应避免在高温、高压和有辐射场合使用。

（2）管接头。管接头是连接、固定管道所必需的辅件，分为硬管接头和软管接头两类。

（3）管道系统的选择。气源管道的管径大小是由压缩空气的最大流量和允许的最大压力损失决定的。

习 题

6-1 某液压系统的叶片泵流量为 40L/min，吸油口安装 XU-80X100-J 线隙式过滤器（该型号表示额定流量 $q_n = 80\text{L/min}$，过滤精度100μm，压力损失 $\Delta p_n = 0.06\text{MPa}$）。试问该过滤器是否会引起泵吸油不充分现象？

6-2 某一蓄能器的充气压力 $p_0 = 9\text{MPa}$（所给压力均为绝对压力），用流量 $q = 5\text{L/min}$ 的泵充油，升压到压力 $p_1 = 20\text{MPa}$ 时快速向系统排油，当压力降到 $p_2 = 10\text{MPa}$ 时排出的体积为 5L，试确定蓄能器的容积 V_0。

6-3 气囊式蓄能器容量为 2.5L，气体的充气压力为 2.5MPa，试问当工作压力从 $p_1 = 7\text{MPa}$ 变化到 $p_2 = 4\text{MPa}$ 时，蓄能器能输出的油液体积是多少？（按等温过程计算）

6-4 有一液压回路，换向阀前管道长 20m，内径为 35mm，流过的流量为 200L/min，工作压力为 5MPa，若要求瞬时关闭换向阀，冲击压力不超过正常工作压力的 5%，试确定蓄能器的容量。（油的密度为 900kg/m^3）

6-5 某液压系统，使用 YB-A36B 型叶片泵，压力为 7MPa，流量为 40L/min，试选油管的尺寸。

6-6 若液压系统中的吸油管选 $\phi 42\text{mm} \times 2\text{mm}$，压油管选 $\phi 28\text{mm} \times 2\text{mm}$，都是无缝钢管，试问它可用在多大压力和流量的系统？

第 7 章 调 速 回 路

任何液压系统都是由一个或多个基本液压回路组成的。基本液压回路是指那些为了实现特定的功能而把某些液压元件和管道按一定的方式组合起来的油路结构。例如，调节执行元件（液压缸或液压马达）运动速度的油路、控制系统整体或局部压力的油路、变更执行元件运动方向的油路等，都是最常见的基本液压回路。

在一切液压系统中，液压传动的根本任务在于功率传递，因此能够实现这一任务的调速回路就占据了重要地位。本章专门介绍调速回路的结构、性能和应用。其他的基本回路在第 8 章进行介绍。

对于任何液压传动系统来说，调速回路是它的核心部分。这种回路可以通过事先调整，或在工作过程中自动调节，来改变执行元件的运行速度。然而这一过程的主要功能实际是在传递动力（功率），因此从本质上讲，它应命名为动力回路才更确切、更全面，也能把某些主机（如压力机）液压系统中同样是传递功率但不须调速的主回路也概括进去。

调速回路的调速特性、机械特性和功率特性基本上决定了它所在液压系统的性质、特点和用途，必须详加分析和讨论。事实上，这一过程也是对液压系统静态特性的概括和描述。当液压系统含有一个以上的调速回路时，它在不同的工作阶段内所呈现出来的性质和特点，由该阶段起主导作用的调速回路来确定。

调速回路按调速方式的不同，分为节流调速回路、容积调速回路和容积节流调速回路三类。速度不可调的"调速"回路应当另列一类，如由定量液压泵驱动液压缸或定量液压马达的回路，其实是容积调速回路的一个特例。

7.1 节流调速回路

节流调速回路的工作原理是：通过改变回路中流量控制元件的通流截面积，控制流入执行元件或自执行元件流出的流量，调节其运动速度。按节流调速回路在工作中的回路压力是否随负载变化，分成定压式节流调速回路和变压式节流调速回路。

7.1.1 定压式节流调速回路

图 7-1 所示为定压式节流调速回路的一般形式。这种回路都是使用定量泵，并且必须并联一个溢流阀。图 7-1(a) 所示为在进油路上串接节流阀的结构，称为进口节流式；图 7-1(b) 所示为在回油路上串接节流阀的结构，称为出口节流式。这些回路中泵的压力经溢流阀调定后，基本上保持恒定不变，所以称为定压式节流调速回路。回路中液压缸的输入流量由节流阀调节，而定量泵输出的多余油液经溢流阀排回油箱，这是这种回路能够正常工作的必要条件。

调速回路的机械特性是以它所驱动的液压缸工作速度和外负载之间的关系来表达的，当不考虑回路中各处摩擦力作用时，对图 7-1(a) 所示的回路来说，活塞工作速度、活塞受力方程和进油路上的流量连续方程分别为

(a) 进口节流式　　　　　(b) 出口节流式

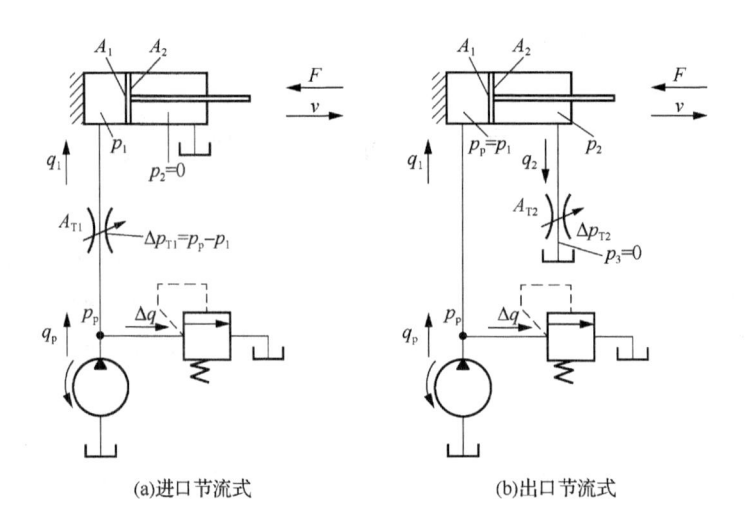

图 7-1　定压式节流调速回路

$$v = \frac{q_1}{A_1} \tag{7-1}$$

$$p_1 A_1 = F \tag{7-2}$$

$$q_1 = C A_{T1} \Delta p_{T1}^{\varphi} = C A_{T1} (p_p - p_1)^{\varphi} \tag{7-3}$$

式中，v 为活塞运动速度；q_1 为流入液压缸的流量；A_1 为液压缸工作腔有效工作面积；p_p 为液压泵供油压力（即回路工作压力）；p_1 为液压缸工作腔压力；Δp_{T1} 为进油路上节流阀处的工作压差（节流口前后的压力差）；A_{T1} 为节流阀通流截面积；C、φ 分别为节流阀的系数和指数；F 为液压缸上的外负载（如机床工作部件上切削负载、摩擦负载等的总和）。

由式（7-1）～式（7-3）可得

$$v = \frac{q_1}{A_1} = \frac{C A_{T1}}{A_1} \left(p_p - \frac{F}{A_1} \right)^{\varphi} = \frac{C A_{T1} (p_p A_1 - F)^{\varphi}}{A_1^{1+\varphi}} \tag{7-4}$$

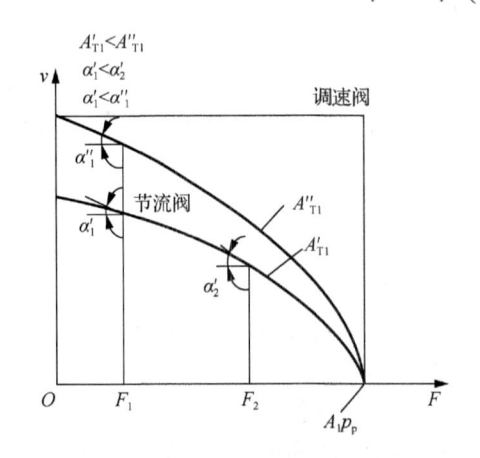

图 7-2　定压式进口节流调速回路的机械特性

将式（7-4）按照不同的 A_{T1} 作图，可得一组机械特性曲线，如图 7-2 所示。由图 7-2 及式（7-4）可见当溢流阀的压力和节流阀的通流截面积 A_{T1} 调定之后，活塞工作速度随负载加大而减小，当 $F = A_1 p_p$ 时，工作速度降为零，活塞停止运动；反之，负载减小时活塞速度增大，但是不论负载如何变化，回路的工作压力总是不变的。此外，定压式节流调速回路的承载能力是不受节流阀通流截面积变化影响的（图 7-2 中的各条曲线在速度为零时都汇交到同一负载点上）。

活塞运动速度受负载影响的程度，可以用回路速度刚性这个指标来评定，速度刚性 k_v 是回路对负载变化抗衡能力的一种说明，它是图 7-2 所示机械特性曲线上某点处斜率的倒数。其计算公式为

$$k_v = -\frac{\partial F}{\partial v} = -\frac{1}{\tan\alpha} \tag{7-5}$$

活塞速度和负载的变化方向相反,所以 $\partial F/\partial v$ 总是负值;为了方便起见,k_v 常用正数来表示,因此等式右边要加负号。

特性曲线上某处的斜率越小(机械特性越硬),速度刚性就越大,活塞运动速度受负载波动的影响就越小,活塞在变载下的运动就越平稳。定压式进口节流调速回路的速度刚性可由式(7-4)和式(7-5)求得

$$k_v = \frac{A_1^{1+\varphi}}{CA_{T1}(p_p A_1 - F)^{\varphi-1}\varphi} = \frac{p_p A_1 - F}{\varphi v} \tag{7-6}$$

由图 7-2 和式(7-6)可以看到,当节流阀通流截面积不变时,负载越小,速度刚性越高;当负载一定时,节流阀通流截面积越小,速度刚性越高。不论是提高溢流阀的调定压力,还是增大液压缸的有效工作面积或减小节流阀的指数,都能提高调速回路的速度刚性,但是这些参数的变动多半要受其他条件的限制。

调速回路的功率特性是以其自身的功率损失(不包括液压泵、液压缸和管路中的功率损失)、功率损失分配情况和效率来表达的。定压式进口节流调速回路的输入功率(即定量泵的输出功率)、输出功率和功率损失分别为

$$P_p = p_p q_p \tag{7-7}$$

$$P_1 = p_1 q_1 \tag{7-8}$$

$$\Delta P = P_p - P_1 = p_p q_p - p_1 q_1 = p_p \Delta q + \Delta p_{T1} q_1 = \Delta P_1 + \Delta P_2 \tag{7-9}$$

式中,P_p 为回路的输入功率;P_1 为回路的输出功率;ΔP 为回路的功率损失;q_p 为液压泵在供油压力 p_p 下的输出流量;Δq 为通过溢流阀的流量;其余符号意义同前。

式(7-9)表明,这种回路的功率损失由两部分组成:一部分是溢流损失 ΔP_1,它是流量 Δq 在压力 p_p 下流过溢流阀所造成的功率损失;另一部分是节流损失 ΔP_2,它是流量 q_1 在压差 Δp_{T1} 下通过节流阀所造成的功率损失。两部分损失都转变成热量,使回路中的油液温度升高。

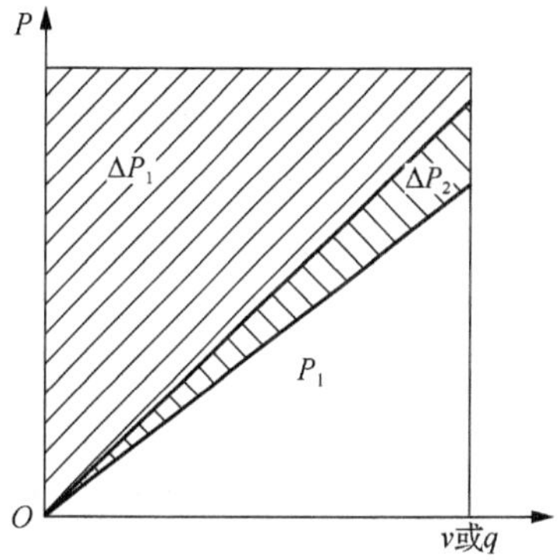

当液压缸在恒载下工作时,工作压力 p_1、液压泵供油压力 p_p(它按 p_1 调定)、节流阀工作压差 Δp_{T1} 都是定值,工作流量 q_1 只随节流阀通流截面积变化。这时调速回路的有效功率 P_1 和节流功率损失 ΔP_2 都随工作流量加大而线性加大,溢流功率损失 ΔP_1 则随工作流量加大而线性地减小,如图 7-3 所示。这种情况下的回路效率为

图 7-3 定压式进口节流调速回路在恒载下的功率特性

$$\eta_C = \frac{p_1 q_1}{p_p q_p} = \frac{p_1 q_1}{(p_1 + \Delta p_{T1})q_p} \tag{7-10}$$

式(7-10)表明,通过溢流阀的流量越小,q_1/q_p 越大,效率就越高;负载越大,p_1/p_p 越大,效率也越高。在机床上,节流阀处的工作压差一般为 0.2~0.3MPa。

当液压缸在变载下工作时,工作压力 p_1 是个变量,液压泵供油压力 p_p 按所需的最大工作

压力 $p_{1\max}$ 调定，这时如节流阀的通流截面积保持不变，则工作流量将随负载而变化，如图 7-4 所示。在这里回路的有效功率 P_1 可由式（7-3）代入式（7-8）中得到，即

$$P_1 = CA_{\text{T1}} p_1 \left(p_{\text{p}} - p_1 \right)^{\varphi} \tag{7-11}$$

式（7-11）在 $p_1 = 0$ 和 $p_1 = p_{\text{p}}$ 处都等于零，则在这两者之间的 $p_1 = \dfrac{p_{\text{p}}}{1+\varphi}$ 处有一极大值

$$P_{1\max} = \frac{CA_{\text{T1}}}{\varphi} \left(\frac{\varphi p_{\text{p}}}{1+\varphi} \right)^{1+\varphi} \tag{7-12}$$

由式（7-12）及图 7-4 可见，这时即便液压缸在其最大输出功率下工作，整个回路的功率损失还是会很大

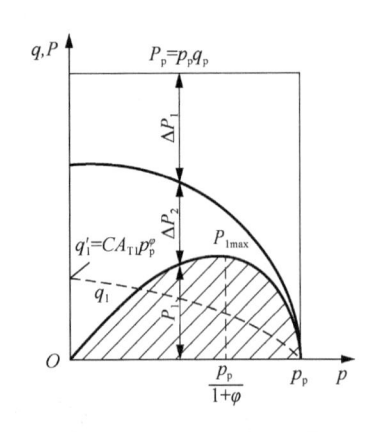

图 7-4 使用节流阀的定压式进口节流调速回路在变载下的功率特性

的，此回路的效率为

$$\eta_{\text{C}} \leqslant \frac{CA_{\text{T1}}}{q_{\text{p}}(1+\varphi)} \left(\frac{\varphi p_{\text{p}}}{1+\varphi} \right)^{\varphi} \tag{7-13}$$

由于 $CA_{\text{T1}} p_{\text{p}}^{\varphi} \leqslant q_{\text{p}}$，故当 $\varphi = 0.5$ 时，$\eta_{\text{C}} \leqslant 0.385$，效率很低。

调速回路的调速特性是以其所驱动的液压缸在某个负载下可能得到的最大工作速度和最小工作速度之比（调速范围）来表示的。按式（7-4）可求得定压式进口节流调速回路的调速范围为

$$R_{\text{C}} = \frac{v_{\max}}{v_{\min}} = \frac{A_{\text{T1max}}}{A_{\text{T1min}}} = R_{\text{T1}} \tag{7-14}$$

式中，R_{C}、R_{T1} 分别为调速回路和节流阀的调速范围；$v_{\max}$、$v_{\min}$ 分别为活塞可能达到的最大和最小工作速度；A_{T1max}、A_{T1min} 分别为节流阀可能的最大和最小通流截面积。

式（7-14）表明，定压式进口节流调速回路的调速范围只受流量控制元件（这里是节流阀）调节范围的限制。

定压式节流调速回路中组成元件的泄漏对回路各项性能的影响不大，液压泵处的泄漏虽较大，但它只影响通过溢流阀的流量，节流阀和液压缸处的泄漏都是很小的。

以上一些分析讨论虽是针对图 7-1(a) 所示进口节流式调速回路做出的，但这些结果对图 7-1(b) 所示的出口节流式调速回路同样适用，不同之处是其特性表达式的具体内容有些差别，如表 7-1 所示。

表 7-1 定压式节流调速回路的特性表达式

进口节流	出口节流	公式序号
$q_1 = CA_{\text{T1}} \left(p_{\text{p}} - p_1 \right)^{\varphi}$	$q_2 = CA_{\text{T2}} p_2^{\varphi}$	式（7-3）
$v = \dfrac{q_1}{A_1} = \dfrac{CA_{\text{T1}} \left(p_{\text{p}} A_1 - F \right)^{\varphi}}{A_1^{1+\varphi}}$	$v = \dfrac{q_2}{A_2} = \dfrac{CA_{\text{T2}} \left(p_{\text{p}} A_1 - F \right)^{\varphi}}{A_2^{1+\varphi}}$	式（7-4）
$k_v = \dfrac{p_{\text{p}} A_1 - F}{\varphi v}$	$k_v = \dfrac{p_{\text{p}} A_1 - F}{\varphi v}$	式（7-6）

续表

进口节流	出口节流	公式序号
$P_1 = p_1 q_1$	$P_1 = \left(p_p \dfrac{A_1}{A_2} - p_2 \right) q_2$	式（7-8）①
$\Delta P = p_p \Delta q_1 + q_1 \Delta p_{T1}$	$\Delta P = p_p \Delta q + q_2 \Delta p_{T2}$	式（7-9）
$P_1 = C A_{T1} p_1 (p_p - p_1)^{\varphi}$	$P_1 = CA_{T2}\left(p_p \dfrac{A_1}{A_2} - p_2 \right) p_2^{\varphi}$	式（7-11）②
$P_{1\max} = \dfrac{C A_{T1}}{\varphi}\left(\dfrac{\varphi p_p}{1+\varphi}\right)^{1+\varphi}$	$P_{1\max} = \dfrac{CA_{T2}}{\varphi}\left(\dfrac{\varphi p_p}{1+\varphi}\dfrac{A_1}{A_2}\right)^{1+\varphi}$	式（7-12）②
$R_c = R_{T1} = \dfrac{A_{T1\max}}{A_{T1\min}}$	$R_c = R_{T2} = \dfrac{A_{T2\max}}{A_{T2\min}}$	式（7-14）

注：①恒载下工作时。②变载下工作时。

出口节流式调速回路能承受"负方向"的负载（即与活塞运动方向相同的负载），进口节流式调速回路则要在其回油路上设置背压阀后才能承受这种负载；出口节流式调速回路中油液通过节流阀所产生的热量直接排回油箱消散掉，进口节流式调速回路中的这部分热量则随着油液进入液压缸。这些便是这两种调速回路在使用性能方面的主要差别。

综上所述，可以看到，使用节流阀的定压式节流调速回路，结构简单，价格低廉，但效率较低，只宜用在负载变化不大、低速、小功率的场合。

使用比例阀、伺服阀或数字阀的定压式节流调速回路能使回路实现自动控制或远距离控制，但在静态性能上仍与使用节流阀的回路没有区别，这就是说，上面的分析、讨论对它们也都完全适用。例如，图 7-5 所示的使用伺服阀的回路，可以看作进口节流和出口节流同时进行的调速回路，不过在这里 $A_1=A_2=A$，$A_{T1}=A_{T2}$，$\Delta p_1 = \Delta p_2$，且 $q_1=q_2$。

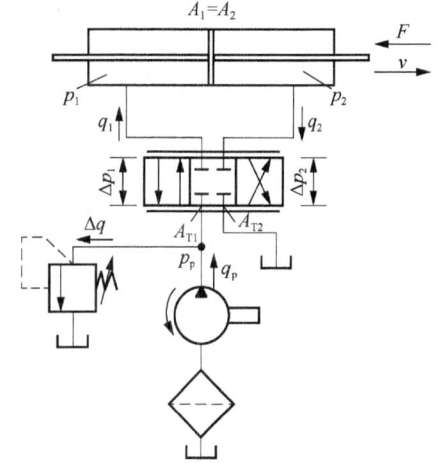

图 7-5 使用伺服阀的节流调速回路

通过伺服阀阀口的流量为

$$q_L = C_d w x_s \left(\dfrac{p_p - p_L}{\rho} \right)^{\varphi} \tag{7-15}$$

因此得到这个回路的机械特性表达式为

$$v = \dfrac{C_d w x_s}{A^{1+\varphi} \rho^{\varphi}} \left(A p_p - F \right)^{\varphi} \tag{7-16}$$

鉴于伺服阀的开度 x_s 是个变量，其最大值为 $x_{s\max}$，所以式（7-16）写成无量纲表达式时为

$$\left[\dfrac{v}{\dfrac{C_d w x_{s\max} (p_p/\rho)^{\varphi}}{A}} \right]^{\frac{1}{\varphi}} = \left(\dfrac{x_s}{x_{s\max}} \right)^{\frac{1}{\varphi}} \left(1 - \dfrac{F}{A p_p} \right) \tag{7-17}$$

式中，C_d 为流量系数；x_s 为伺服阀的开度，w 为锥阀开口周长。

7.1.2 变压式节流调速回路

图 7-6 所示为变压式节流调速回路。这种回路使用定量泵，必须并联一个安全阀，并把节流阀接在与主油路并联的分支油路上（因此它又称为旁路节流调速回路）。这种回路的工作压力随负载而变；节流阀调节排回油箱的流量，从而间接地对进入液压缸的流量进行控制；安全阀只在回路过载时才打开。

这种回路的机械特性可用上面同样的方法进行分析，但是液压泵的流量损失（主要是泄漏）在这里对液压缸的工作速度有很大的影响，泄漏的大小则直接与回路的工作压力有关。

因此，液压缸的工作速度为

$$v = \frac{q_p - CA_T p_p^\varphi}{A_1} = \frac{q_t - k_1\left(\frac{F}{A_1}\right) - CA_T\left(\frac{F}{A_1}\right)^\varphi}{A_1} \tag{7-18}$$

式中，q_t 为液压泵的几何流量；k_1 为液压泵的泄漏系数；其余符号意义同前。

将式（7-18）按不同的 A_T 值作图，可得一组机械特性曲线，如图 7-7 所示。式（7-18）和图 7-7 表明，这种回路在节流阀通流截面积不变的情况下，活塞速度因液压缸外负载的增大而减小，因此其机械特性比定压式进口节流和出口节流调速回路"软"得多；当负载增大到某值时，活塞会停止运动。节流阀的通流截面积越大（活塞的运动速度越小），使活塞停止运动的负载就越小。因此旁路节流调速回路的承载能力是变化的（图 7-7 中各条曲线在速度为零时并不汇交到同一负载点上），低速下的承载能力很差。

旁路节流调速回路的速度刚性表达式为

$$k_v = \frac{A_1 F}{\varphi(q_t - A_1 v) + (1-\varphi)k_1 \frac{F}{A_1}} \tag{7-19}$$

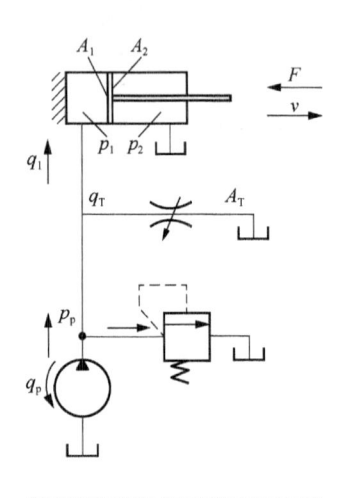

图 7-6　变压式节流调速回路

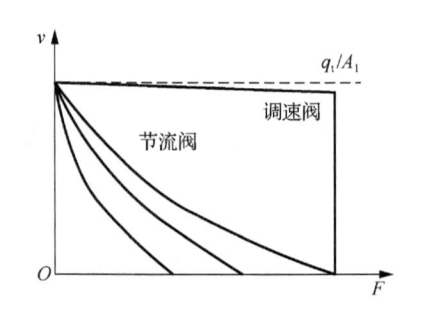

图 7-7　旁路节流调速回路的机械特性

式 7-19 和图 7-7 表明，当节流阀通流截面积不变时，负载越大，速度刚性越好；当负载一定时，节流阀通流截面积越小（活塞工作速度越高），速度刚性越好。这种回路的速度刚性是可以通过增大液压缸的有效工作面积、减小节流阀的指数、减小液压泵的泄漏系数来提高的。

旁路节流调速回路在恒载和变载下工作时的功率特性如图 7-8 和图 7-9 所示，它们分别与图 7-3 和图 7-4 有类似之处。这种回路的效率表达式为

$$\eta_{\mathrm{C}} = \frac{p_{\mathrm{p}} q_1}{p_{\mathrm{p}} q_{\mathrm{p}}} = \frac{q_1}{q_{\mathrm{p}}} = 1 - \frac{CA_{\mathrm{T}} p_{\mathrm{p}}^{\varphi}}{q_{\mathrm{t}} - k_1 p_{\mathrm{p}}} \tag{7-20}$$

式（7-20）表明，进入液压缸的流量越多（活塞速度越大），回路的效率就越高。旁路节流调速回路的效率比进口和出口节流调速回路高，因为它的输入功率随工作压力而变化，不是一个定值。

旁路节流调速回路的调速特性表达式为

$$R_{\mathrm{C}} = 1 + \frac{R_{\mathrm{T}} - 1}{\dfrac{q_{\mathrm{t}} - k_1 \left(\dfrac{F}{A_1}\right)}{CA_{\mathrm{Tmin}} \left(\dfrac{F}{A_1}\right)^{\varphi}} - R_{\mathrm{T}}} \tag{7-21}$$

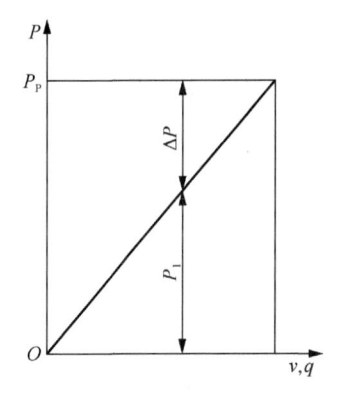

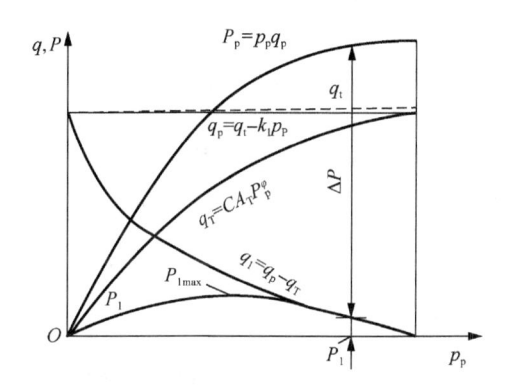

图 7-8　旁路节流调速回路在恒载下的功率特性

图 7-9　使用节流阀的旁路节流调速回路在变载下的功率特性

式（7-21）表明，这种回路的调速范围不仅与节流阀可用的调速范围 R_{T} 有关，而且与负载 F、液压泵泄漏系数 k_1 等因素有关，可见调速回路的调速范围与流量控制元件的调速范围并非总是一样的。此外，式中的 R_{T} 不是节流阀可能的调速范围，因为它的通流截面积在加大到某值时已使活塞速度下降为零，再增大已不起调速作用了。

由以上的分析不难看出，这种变压式旁路节流调速回路的工作特性是把液压泵的特性也综合进去了，这是它和定压式调速回路最根本的不同。

综上所述，这种在主油路内不出现节流损失和发热现象、在某些负载下也能保持较高效率的调速回路，最宜用在速度较高、负载较大、负载变化不大、对运动平稳性要求不高的场合，但是它不能承受"负方向"的负载。

7.1.3　节流调速回路工作性能的改进

使用节流阀的节流调速回路，机械特性都比较软，变载下的运动平稳性都比较差。为了克服这个缺点，回路中的流量控制元件可以改用调速阀或溢流节流阀，如图 7-10 所示。图 7-10(a)和(b)所示是定压式的调速回路（注意：图 7-10(b)中的调速阀使用了先节流后减压

式的,当然也可使用先减压后节流式的),图 7-10(c)、(d)所示是变压式的调速回路,它们都能使节流阀处的工作压差在负载变化时基本上保持恒定,使回路的机械特性得到改善。这里的变压式调速回路的承载能力不会因为活塞运动速度的降低而减小。它们在变载下工作时的功率特性分别如图 7-11 和图 7-12 所示,都不出现极值。所有这些性能上的改进都是以加大整个流量控制阀的工作压差为代价的,一般工作压差最少应为 0.5MPa,高压调速阀则为 1MPa。

使用调速阀的节流调速回路在机床的中、低压小功率进给系统中得到了广泛的应用,使用溢流节流阀的回路则适用于机床上功率较大的传动系统。

使用比例阀、伺服阀或数字阀的节流调速回路如采用闭环控制,则回路的工作性能可以大为提高。这些回路的控制装置结构复杂、价格昂贵,因此只宜在运动精度和平稳性要求很高的场合下使用。

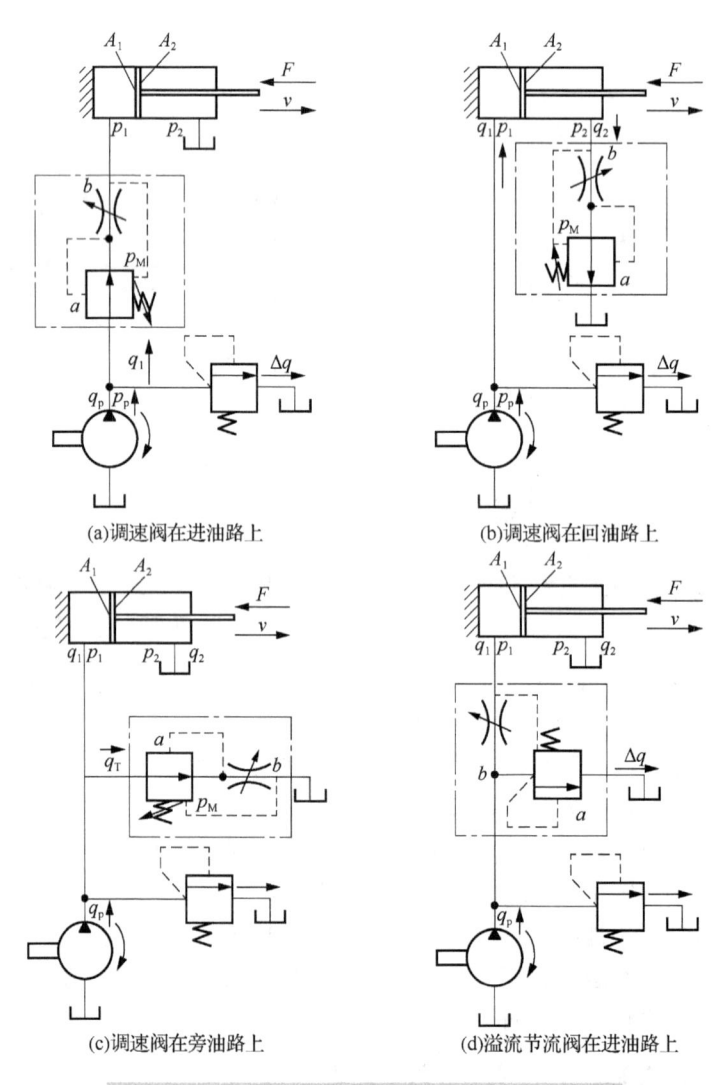

(a) 调速阀在进油路上

(b) 调速阀在回油路上

(c) 调速阀在旁油路上

(d) 溢流节流阀在进油路上

图 7-10 使用调速阀或溢流节流阀的节流调速回路

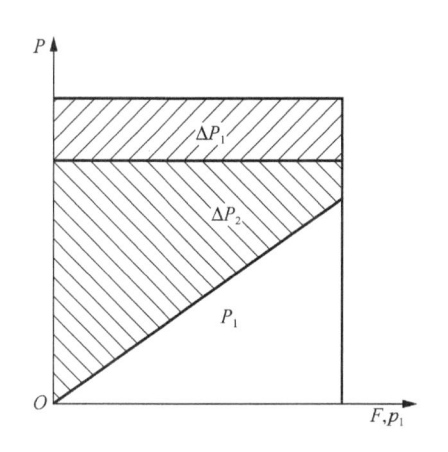

图 7-11 使用调速阀的进口节流和出口节流调速回路在变载下的功率特性

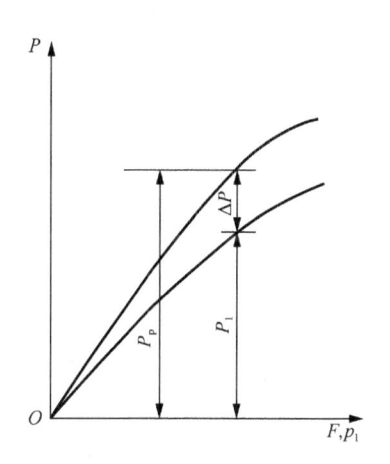

图 7-12 使用调速阀的旁路节流调速回路在变载下的功率特性

7.2 容积调速回路

容积调速回路的工作原理是通过改变回路中变量泵或变量马达的排量来调节执行元件的运动速度的。在这种回路中，液压泵输出的油液直接进入执行元件，没有溢流损失和节流损失，而且工作压力随负载变化而变化，因此效率高，发热少。

根据油路的循环方式，容积调速回路可以分为开式回路和闭式回路。在开式回路中，液压泵从油箱吸油，执行元件的回油直接回油箱。这种回路结构简单，油液在油箱中能得到充分冷却，但油箱体积较大，空气和脏物易进入回路。在闭式回路中，执行元件的回油直接与泵的吸油腔相连，结构紧凑，只需很小的补油箱，空气和脏物不易进入回路，但油液的冷却条件差，需附设辅助泵补油、冷却和换油等。辅助泵的流量一般为主泵流量 10%～15%，压力通常为 0.3～1.0MPa。

容积调速回路按所用执行元件的不同有泵—缸式容积调速回路和泵—马达式容积调速回路两类。

7.2.1 泵—缸式容积调速回路

图 7-13 所示为泵—缸式的开式容积调速回路，这里的活塞运动速度由改变变量泵 1 的排量来调节，回路中的最大压力则由安全阀 2 限定。

当不考虑液压泵以外的元件和管道的泄漏时，这种回路的活塞运动速度为

$$v = \frac{q_p}{A_1} = \frac{q_t - k_1 \dfrac{F}{A_1}}{A_1} \tag{7-22}$$

将式（7-22）按不同的 q_t 值作图，可得一组平行直线，如图 7-14 所示。由图可见，由于变量泵有泄漏，活塞运动速度会随着负载的增大而减小。负载增大至某值时，在低速下会出现活塞停止运动的现象（图 7-14 中 F' 点）。可见这种回路在低速下的承载能力是很差的，这

种调速回路的速度刚性表达式为

$$k_v = \frac{A_1^2}{k_1} \tag{7-23}$$

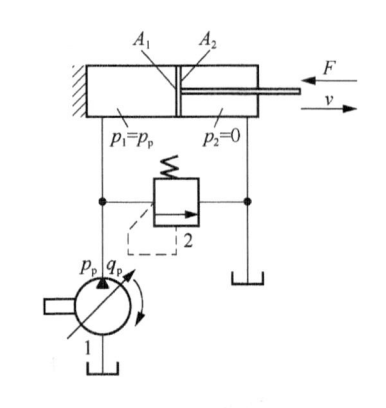

图 7-13 泵—缸式的开式容积调速回路
1-变量泵；2-安全阀

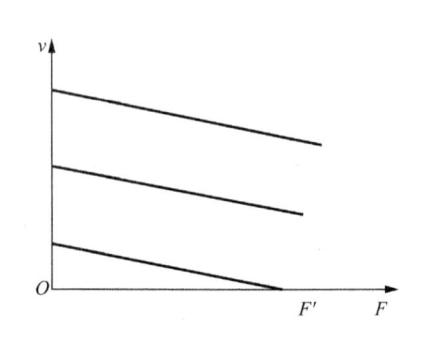

图 7-14 泵—缸式容积调速回路的机械特性

这说明这种回路的 k_v 不受负载影响，加大液压缸的有效工作面积，减小泵的泄漏，都可以提高回路的速度刚性。

这种回路的调速特性的表达式为

$$R_C = 1 + \frac{R_p - 1}{1 - \dfrac{k_1 F R_p}{A_1 q_{t\max}}} \tag{7-24}$$

式中，R_p 为变量泵变量机构的调节范围，$R_p = q_{t\max}/q_{t\min}$；$q_{t\max}$、$q_{t\min}$ 分别为变量泵最大和最小几何流量；其他符号意义同前。

式（7-24）表明，这种回路的调速范围除了与泵的变量机构调节范围有关，还受负载、泵的泄漏系数等因素影响。

图 7-15 所示为泵—缸式的闭式容积调速回路。这里的双向变量泵 7 除能给液压缸供应所需的油液外，还可以改变输油方向，使液压缸运动换向（换向过程比使用换向阀平稳，换向时间长）。两个安全阀 6 和 8 用于限制回路每个方向的最高压力；两个单向阀 5 和 9 与补油—变向辅助装置一起供补偿回路中泄漏和液压缸两腔流量差额之用。换向时，换向阀 3 变换工作位置，辅助泵 1 输出的低压油一方面改变液动阀 4 的工作位置，并作用在变量泵定子的控制缸 a 和 b 上，使变量泵改变输油方向，另一方面又接通变量泵的吸油路，补偿封闭油路的泄漏，并使吸油路保持一定压力以改善变量泵吸油情况。辅助泵输出的多余油液经溢流阀 2 回油箱，变量泵只在换向过程中通过单向阀直接从油箱吸油。

这种闭式回路的各项工作特性与上述开式回路完全相同。

泵—缸式容积调速回路适用于负载功率大、运动速度高的场合，如大型机床的主体运动系统或进给运动系统。

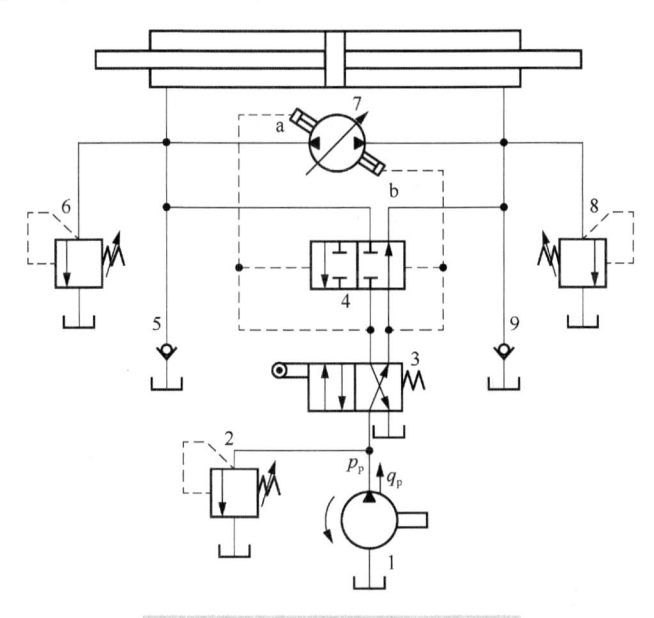

图 7-15 泵缸式的闭式容积调速回路

1-辅助泵；2-溢流阀；3-换向阀；4-液动阀；5、9-单向阀；6、8-安全阀；7-变量泵

7.2.2 泵—马达式容积调速回路

这类调速回路有变量泵和定量马达、定量泵和变量马达及变量泵和变量马达三种组合形式。它们普遍用于工程机械、行走机械以及无级变速装置中。下面简略介绍它们的主要情况。

1. 变量泵—定量马达式调速回路

在这种回路中，液压泵转速 n_p 和液压马达排量 V_M 都是恒量，改变液压泵排量 V_p 可使马达转速 n_M 和输出功率 P_M 成比例变化。马达的输出转矩 T_M 和回路的工作压力 p 都由负载转矩决定，不因调速而发生变化，所以这种回路常称为恒转矩调速回路（图 7-16）。另外，由于泵和马达处的泄漏不容忽视，这种回路的速度刚性是要受负载变化影响的，在全载下马达的输出转速降落量可达 10%~25%，而在邻近 $V_p=0$ 处实际的 n_M、T_M 和 P_M 也都等于零。下面具体说明泄漏和摩擦损失对马达转速的影响。

液压马达的理论转速为

$$n_M = \frac{q_t}{V_M}$$

考虑泄漏损失后，有

$$n_M = \frac{q_t - k_1 \Delta p}{V_M} = \frac{V_p n_p - k_1 \Delta p}{V_M} \tag{7-25}$$

式中，q_t 为回路的理论流量，$q_t = V_p n_p$；Δp 为回路的工作压差；k_1 为回路的总泄漏系数。

液压马达的理论转矩为

$$T_M = \frac{\Delta p V_M}{2\pi}$$

考虑摩擦损失后，有

$$T_M = \frac{\Delta p V_M}{2\pi} - k_T n_M \tag{7-26}$$

式中，k_T 为转矩损失系数。

故有

$$\Delta p = \frac{2\pi(T_M + k_T n_M)}{V_M} \quad (7-27)$$

把式（7-27）代入式（7-25），并略去微小项后，得

$$n_M \approx \frac{V_p n_p}{V_M} - \frac{2\pi k_1 T_M}{V_M^2} \quad (7-28)$$

式（7-28）说明液压马达的转速其实是受负载影响的，且在 $V_p \leq \frac{2\pi k_1 T_M}{n_p V_M}$ 处，$n_M=0$，$V_p - n_M$ 曲线不通过坐标原点（图 7-16）。

这种回路的调速范围是很大的，一般可有 $R_C \approx 40$。当回路中泵和马达都能双向作用时，马达可以实现平稳的反向，这种回路在小型内燃机车、液压起重机、船用绞车等处的有关装置上都得到了应用。

2. 定量泵—变量马达式调速回路

在这种回路中，液压泵转速 n_p 和液压泵排量 V_p 都是恒量，改变液压马达排量 V_M，马达输出转矩 T_M 与 V_M 成正比，输出转速 n_M 则与 V_M 成反比。马达的输出功率 P_M 和回路工作压力 p 都由负载功率决定，不因调速而发生变化，所以这种回路常称为恒功率调速回路（图 7-17）。由于泵和马达处的泄漏损失和摩擦损失，这种回路在邻近 $V_M=0$ 处的实际 n_M、T_M 和 P_M 也都等于零。

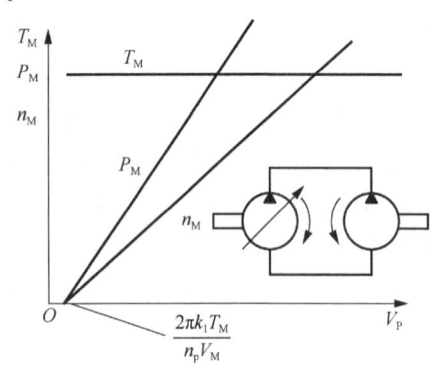

图 7-16 变量泵-定量马达式容积调速回路的工作特性

$V_{M1} = \frac{2\pi k_1 T_M}{n_p V_p}$，$V_{M2} = \frac{4\pi k_1 T_M}{n_p V_p}$，$n_{Mmax} = \frac{n_p^2 V_M^2}{8\pi k_1 T_M}$

式中，k_1 为回路的总泄漏系数

图 7-17 定量泵-变量马达式容积调速回路的工作特性

这种回路的调速范围很小，一般只有 $R_C \leq 3$。它不能用来使马达实现平稳的反向，所以这种回路已很少单独使用。

3. 变量泵—变量马达式调速回路

这种回路的工作特性是上述两种回路工作特性的综合，如图 7-18 所示。这种回路的调速范围很大，等于泵的调速范围 R_p 和马达调速范围 R_M 的乘积，$R_C = R_p R_M$。这种回路适用于大功率的液压系统，特别适用于系

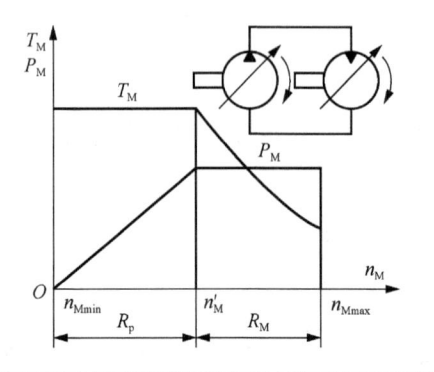

图 7-18 变量泵-变量马达式容积调速回路的工作特性

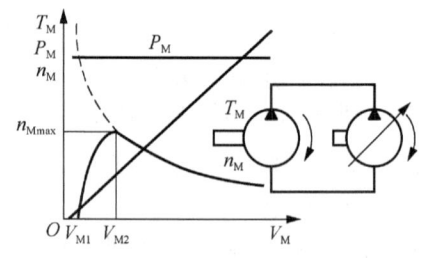

中有两个或多个液压马达要求共用一个液压泵又能各自独立进行调速的场合，如港口起重运输机械、矿山采掘机械、工程机械等。

7.3 容积节流调速回路

容积节流调速回路的工作原理是用压力补偿型变量泵供油，用流量控制元件确定进入液压缸或由液压缸流出的流量来调节活塞的运动速度，并使变量泵的输油量自动地与液压缸所需流量相适应。这种调速回路没有溢流损失、效率较高，速度稳定性也比单纯的容积调速回路好。常见的容积节流调速回路也有定压式和变压式两种。

7.3.1 定压式容积节流调速回路

图 7-19 所示为定压式容积节流调速回路。这种回路使用了限压式变量叶片泵 1 和调速阀 2，变量泵输出的压力油经调速阀进入液压缸 3 的工作腔，回油则经背压阀 4 返回油箱。活塞运动速度由调速阀中节流阀的通流截面积 A_T 来控制，变量泵输出的流量 q_p 则和进入液压缸的流量 q_1 自动适应：当 $q_p>q_1$ 时，泵的供油压力上升，使限压式叶片泵的流量自动减小到 $q_p \approx q_1$；反之，当 $q_p<q_1$ 时，泵的供油压力下降，该泵又会自动使 $q_p \approx q_1$。由此可见，调速阀在这里的作用不仅是使进入液压缸的流量保持恒定，还使泵的供油量（因而也使泵的供油压力）基本上恒定不变，从而使泵和缸的流量匹配。这种回路中的调速阀也可以装在回油路上。

定压式容积节流调速回路的速度刚性、运动平稳性、承载能力和调速范围都和与它对应的节流调速回路相近。

图 7-20 所示为定压式容积节流调速回路的调速特性。由图 7-20 可见，这种回路虽无溢流损失，但仍有节流损失，其大小与液压缸工作腔压力 p_1 有关。当进入液压缸的工作流量为 q_1 时，泵的供油流量应为 $q_p=q_1$，供油压力为 p_p。很明显，液压缸工作腔压力的正常工作范围是

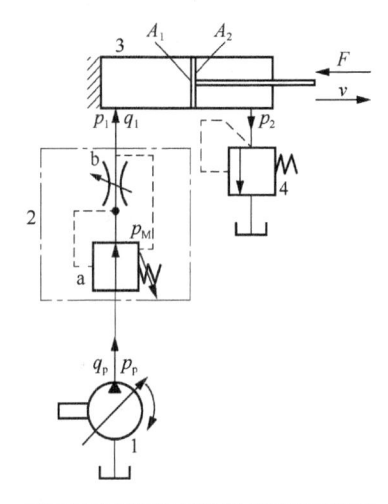

图 7-19 定压式容积节流调速回路

1-限压式变量叶片泵；2-调速阀；
3-液压缸；4-背压阀

$$p_2 \frac{A_2}{A_1} \leqslant p_1 \leqslant (p_p - \Delta p) \tag{7-29}$$

式中，Δp 为保持调速阀正常工作所需的压差，一般在 0.5MPa 以上；其他符号意义同前。

当 $p_1 = p_{1\max}$ 时，回路中的节流损失最小（图 7-20），p_1 越小，节流损失越大。这种调速回路的效率为

$$\eta_C = \frac{\left(p_1 - p_2 \frac{A_2}{A_1}\right) q_1}{p_p q_p} = \frac{p_1 - p_2 \frac{A_2}{A_1}}{p_p} \tag{7-30}$$

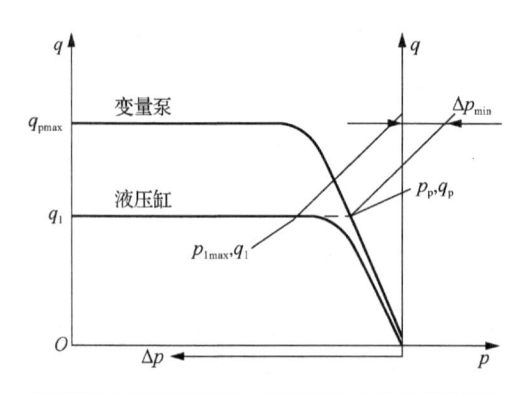

图 7-20 定压式容积节流调速回路的调速特性

式（7-30）没有考虑泵的泄漏损失。当限压式变量叶片泵达到最高压力时，其泄漏量可达最大输出流量的 8%。泵的输出流量 q_p 越小，泵的压力 p_p 越高；负载越小，则式（7-30）中的 p_1 越小，在调速阀中的压力损失相应增大。因此，在速度小（即 q_p 小）、负载小的场合，这种调速回路的效率就较低。这种回路最宜用在负载变化不大的中、小功率场合，如组合机床的进给系统等处。

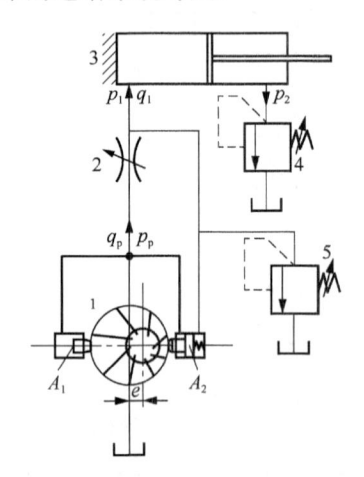

7.3.2 变压式容积节流调速回路

图 7-21 所示为变压式容积节流调速回路。这种回路使用稳流量泵 1 和节流阀 2，它的工作原理与 7.3.1 节所述回路很相似。节流阀控制着进入液压缸 3 的流量 q_1，并使变量泵输出流量 q_p 自动和 q_1 相适应。当 $q_p > q_1$ 时，泵的供油压力上升，泵内左、右两个控制柱塞便进一步压缩弹簧，推定子向右，减少泵的偏心距，使泵的供油量下降到 $q_p \approx q_1$。反之，当 $q_p < q_1$ 时，泵的供油压力下降，弹簧推定子和左、右柱塞向左，加大泵的偏心距，使泵的供油量增大到 $q_p \approx q_1$。

在变压式容积节流调速回路中，输入液压缸的流量基本上不受负载变化的影响，因为节流阀两端的压差 $\Delta p_T = p_p - p_1$ 基本上是由作用在稳流量泵控制柱塞上的弹簧力确定的，这和调速阀的原理相似。因此，这种回路的速度刚性、运动平稳性和承载能力都与采用限压式变量泵的回路不相

图 7-21 变压式容积节流调速回路
1-稳流量泵；2-节流阀；3-液压缸；
4-背压阀；5-安全阀；A_1-左柱塞控制面积；
A_2-右柱塞控制面积

上下。它的调速范围也只受节流阀调节范围限制。此外，这种回路能补偿由负载变化引起的泵的泄漏变化，因此它在低速小流量的场合使用具有优越性。

变压式容积节流调速回路不但没有溢流损失，而且泵的供油压力随负载而变化，回路中的功率损失只有节流阀处压降 Δp_T 所造成的节流损失一项，它比定压式容积节流调速回路调速阀处的节流损失还要小，因此发热少、效率高。这种回路当 $p_2 = 0$ 时的效率表达式为

$$\eta_C = \frac{p_1 q_1}{p_p q_p} = \frac{p_1}{p_1 + \Delta p_T} \tag{7-31}$$

这种回路宜用在负载变化大、速度较低的中、小功率场合，如某些组合机床的进给系统中。

上述两种容积节流调速回路,由于液压泵的输出流量能与阀的调节流量自动匹配,节省能量消耗,因此也称流量适应回路。

7.4 三类调速回路的比较和选用

1. 调速回路的比较

液压系统中的调速回路应能满足如下一些要求,这些要求是评比调速回路的依据。
(1) 能在规定的调速范围内调节执行元件的工作速度。
(2) 在负载变化时,已调好的速度变化越小越好,并应在允许的范围内变化。
(3) 具有驱动执行元件所需的力或转矩。
(4) 使功率损失尽可能小,效率尽可能高,发热尽可能小(这对保证运动平稳性也有利)。

三类调速回路主要性能的比较如表 7-2 所示。

表 7-2 三类调速回路主要性能的比较

主要性能	调速回路类型	节流调速回路				容积调速回路	容积节流调速回路	
		用节流阀调节		调速阀或溢流节流阀调节		(变量泵-液压缸式)	定压式	变压式
		定压式	变压式	定压式	变压式			
机械特性	速度刚性	差	很差	好		较好	好	
	承载能力	好	较差	好		较好	好	
调速特性(调速范围)		大	小	大		较大	大	
功率特性	效率	低	较高	低	较高	最高	较高	高
	发热	大	较小	大	较小	最小	较小	小
适用范围		小功率、轻载或低速的中、低压系统				大功率、重载高速的中高压系统	中小功率的中压系统	

2. 调速回路的选用

调速回路的选用与主机采用液压传动的目的有关,而且要综合考虑各方面的因素后才能做出决定。下面用机床作为例子来进行说明。

在机床上,首先考虑的是执行元件的运动速度和负载性质。一般来说,速度低的用节流调速回路;速度稳定性要求高的用调速阀式调速回路,要求低的用节流阀式调速回路;负载小、负载变化小的用节流调速回路,反之则用容积调速回路或容积节流调速回路。

其次考虑的是功率。一般认为 3kW 以下的用节流调速回路,3~5kW 的用容积节流调速回路或容积调速回路,5kW 以上的则用容积调速回路。

最后考虑的是设备费用。要求费用低廉时用节流调速回路,允许费用高些时则用容积节流调速回路或容积调速回路。

习　　题

7-1 如图 7-22 所示的进口节流调速回路,已知液压泵的供油流量 $q_p = 6L/min$,溢流阀调定压力 $p_p = 3.0MPa$,液压缸无杆腔面积 $A_1 = 20 \times 10^{-4} m^2$,负载 $F = 4000N$,节流阀为薄壁孔口,开口面积 $A_T = 0.01 \times 10^{-4} m^2$,$C_d = 0.62$,$\rho = 900 kg/m^3$,试求:

（1）活塞的运动速度 v；

（2）溢流阀的溢流量和回路的效率；

（3）当节流阀开口面积增大到 $A_{T1}=0.03\times10^{-4}\mathrm{m}^2$ 和 $A_{T2}=0.05\times10^{-4}\mathrm{m}^2$ 时，分别计算液压缸的运动速度和溢流阀的溢流量。

7-2 如图 7-23 所示调速回路中的活塞在其往返运动中受到的阻力 F 大小相等，方向与运动方向相反，试比较：

（1）活塞向左和向右的运动速度哪个大？

（2）活塞向左和向右运动时的速度刚性哪个大？

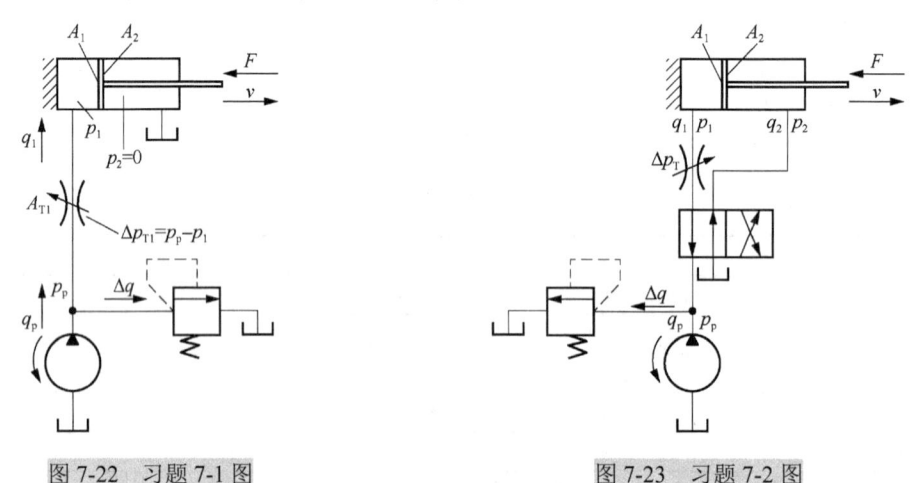

图 7-22 习题 7-1 图　　　　图 7-23 习题 7-2 图

7-3 图 7-24 所示为液压马达进口节流调速回路，液压泵排量为 120mL/r，转速为 1000r/min，容积效率为 0.95。溢流阀使液压泵压力限定为 7MPa。节流阀的阀口最大通流面积为 $27\times10^{-6}\mathrm{m}^2$，流量系数为 0.65。液压马达的排量为 160mL/r，容积效率为 0.95，机械效率为 0.8，负载转矩为 61.2N·m，试求马达的转速和从溢流阀流回油箱的流量。

7-4 图 7-25 所示为出口节流调速回路，已知液压泵的供油流量 $q_p=25\mathrm{L/min}$，负载 $F=40000\mathrm{N}$，溢流阀调定压力 $p_p=5.4\mathrm{MPa}$，液压缸无杆腔面积 $A_1=80\times10^{-4}\mathrm{m}^2$，有杆腔面积 $A_2=40\times10^{-4}\mathrm{m}^2$，液压缸工进速度 $v=0.18\mathrm{m/min}$，不考虑管路损失和液压缸的摩擦损失，试计算：

（1）液压缸工进时液压回路的效率；

（2）当负载 $F=0\mathrm{N}$ 时，活塞的运动速度和回油的压力。

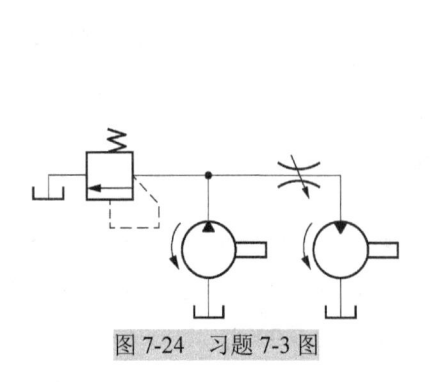

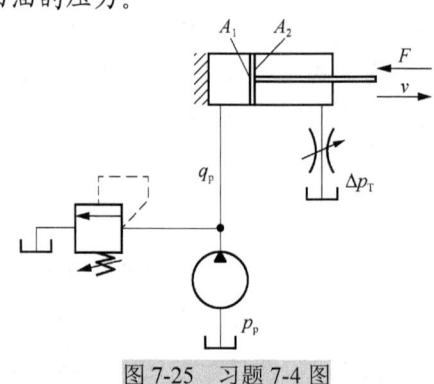

图 7-24 习题 7-3 图　　　　图 7-25 习题 7-4 图

第 8 章 其他基本回路

液压系统中的回路除了调速回路,还有一些其他回路,它们同样是使系统完成工作任务不可缺少的组成部分。这些回路的功用主要不是传递动力,而是实现某些特定的功能。为此在对它们进行描述、评价时,一般不宜从功率、效率的角度出发去判断其优劣,应从它们所要完成的工作出发去考察其质量。

为了确切地说明某种回路的功能,常常要让这种回路和另一些有关的回路(包括调速回路)一起出现,有时甚至还伴随着一些切换元件(换向阀、顺序阀等)。这样的图形实际上已是一种"回路组合"或系统的一部分,不是严格意义上的基本回路了。但是要真正确切了解一个回路的功用,必须从该回路所在的总体中去对它进行考察,就像要真正确切地了解一个元件的作用,必须从它所在的回路中去对它进行考察一样。

不同行业的工作机械上所用的回路种类是很多的,其结构更是千差万别。本书只列出很少几种与书中典型系统有关的回路,概括说明一些问题。

8.1 压力控制回路

压力回路是控制液压系统整体或某部分的压力,以使执行元件获得所需的力或转矩或保持受力状态的回路。这类回路包括调压、减压、增压、卸荷、平衡、保压、卸压等多种回路。

8.1.1 调压回路

调压回路的功用是使液压系统整体或某部分的压力保持恒定或不超过某个数值。有些调压回路还可以实现多级压力的变换。

如图 8-1 所示,在泵出口安装溢流阀,只需调节溢流阀的调压弹簧,即可调节泵的供油压力。

图 8-2 中当执行元件两个方向的运动需要不同的供油压力时,采用双向调压回路,当换向阀在左位工作时,活塞为工作行程,泵的出口压力较高,压力由溢流阀 1 调定,回程时的压力由低压溢流阀 2 调定。

如图 8-3 所示,多级调压回路,先导式溢流阀 1 的远程控制串接远程调压阀和二位二通换向阀。当两个压力阀的调定压力符合 $p_2 < p_1$ 时,液压系统就可以通过换向阀的下位和上位分别得到 p_1 和 p_2 两种压力。

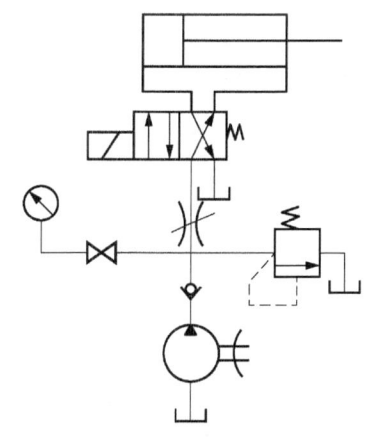

图 8-1 单级调压回路

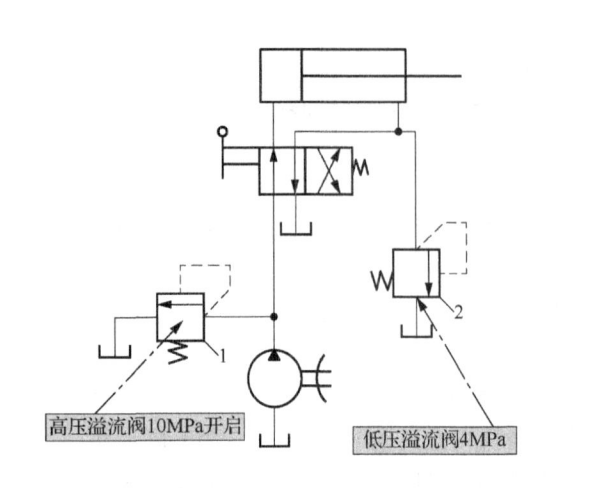

图 8-2 双向调压回路

1-溢流阀；2-低压溢流阀

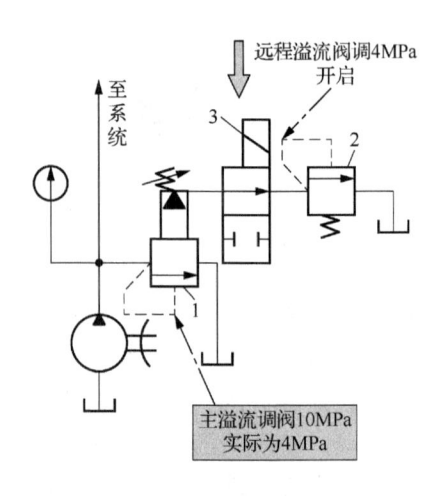

图 8-3 多级调压回路（一）

1、2-溢流阀；3-换向阀

图 8-4 所示的由溢流阀 1、2、3 分别控制系统的压力，从而组成了三级调压回路。在图 8-4(a) 中，换向阀居中位，溢流阀主阀 1 调压，在图 8-4(b) 中，换向阀居左位，远程溢流阀 2 调压，在图 8-4(c) 中，换向阀居右位，远程溢流阀 3 调压，三个溢流阀的压力关系为 $p_1 > p_2 \neq p_3$。

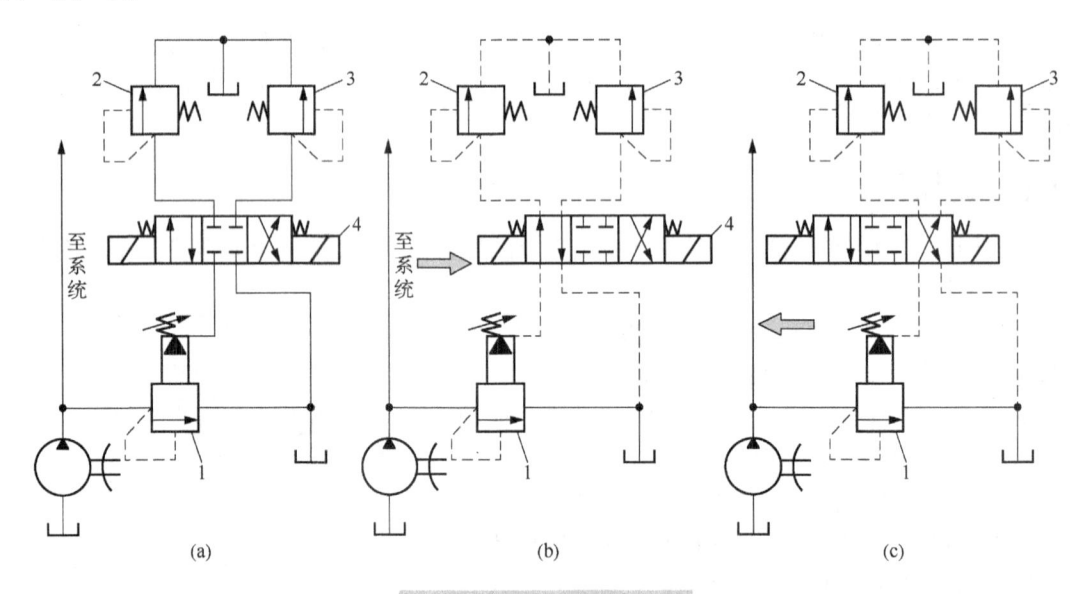

图 8-4 多级调压回路（二）

1、2、3-溢流阀；4-换向阀

图 8-5 中，调节先导式比例溢流阀的输入电流，即可实现系统压力的无级调节，主溢流阀调压弹簧做安全调压至 12MPa，比例阀做远程溢流，实现比例调压 0～10MPa，这样不但回路结构简单、压力切换平稳，而且便于实现远距离控制或程控。

8.1.2 减压回路

减压回路的功用是使系统中的某一部分油路具有较低的稳定压力。最常见的减压回路通过定值减压阀与主油路相连,如图8-6所示。主油路压力由溢流阀调定,主油路压力为10MPa,经过减压后支路压力为3MPa,减压回路中也可以采用比例减压阀来实现无级减压。

为了使减压回路工作可靠,减压阀的最低调整压力应不小于0.5MPa,最高调整压力至少应比系统压力小0.5MPa。当减压回路上的执行元件需要调速时,调速元件应放在减压阀的后面,这样才可以避免减压阀泄漏(指由减压阀泄油口流回油箱的油液)对执行元件的速度产生影响。

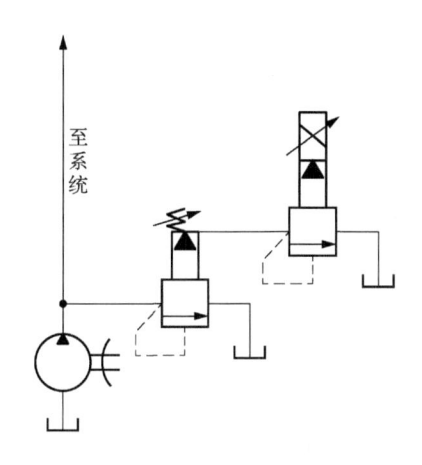

图 8-5 多级调压回路(三)

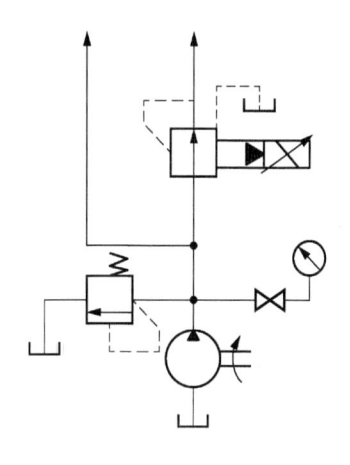

图 8-6 减压回路

8.1.3 增压回路

当液压系统中的某一支路需要压力较高但流量不大的压力油,若用高压泵又不经济,或者根本就没有这样高压力的液压泵时,可以采用增压回路。增压回路可节省能耗,而且工作可靠、噪声小。

图 8-7(a)所示为单作用增压回路。在图示位置工作时,系统的供油压力为 p_1,进入增压缸的大活塞左腔,此时在小活塞右腔即可得到所需的较高压力 p_2。当二位四通电磁换向阀右位接入系统时,增压缸返回,辅助油箱中的油液经单向阀补入小活塞右腔。因该回路只能间断增压,所以称为单作用增压回路。图 8-7(b)所示为采用双作用增压缸的增压回路,能连续输出高压油。在图示位置时,液压泵输出的压力油经二位四通电磁换向阀 5 和单向阀 1 进入增压缸左端大、小活塞的左腔,大活塞右腔的回油通油箱,右端小活塞右腔增压后的高压油经单向阀 4 输出,此时单向阀 2、3 关闭。当增压缸活塞移到右端时,二位四通电磁换向阀通电换向,增压缸活塞向左移动,左端小活塞左腔输出的高压油经单向阀 3 输出。这样,增压缸的活塞不断往复运动,两端便交替输出高压油,从而实现了连续增压。

(a)　　　　　　　　　(b)

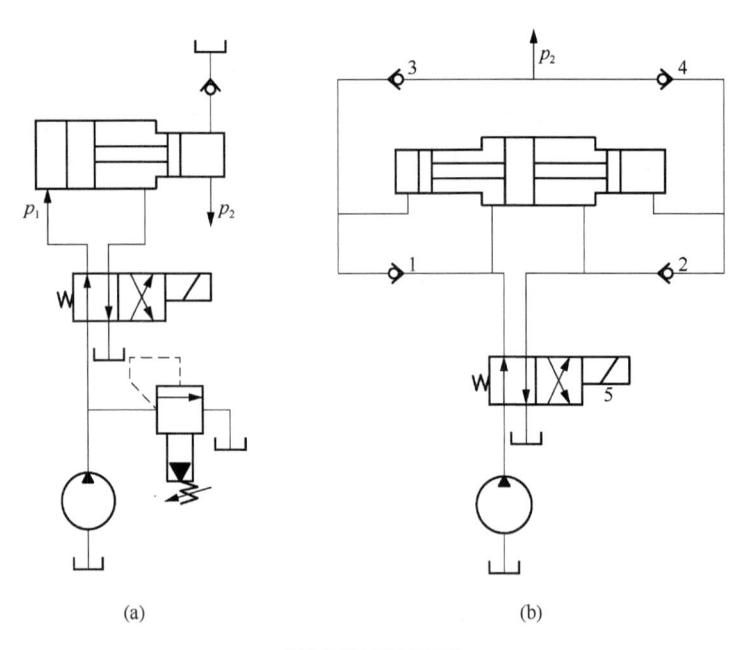

图 8-7　增压回路

1、2、3、4-单向阀；5-二位四通换向阀

8.1.4　卸荷回路

卸荷回路的功用是在液压泵不停止转动时，使其输出的流量在压力很低的情况下流回油箱，以减少功率损耗，降低系统发热，延长泵和电动机的寿命。

当 M、H 和 K 型中位机能的三位换向阀处于中位时，液压泵即卸荷。图 8-8(a)所示为采用 M 型中位机能的电液换向阀的卸荷回路。这种回路切换时压力冲击小，但回路中必须设置单向阀，使系统保持 0.3MPa 左右的压力，供控制油路之用。如图 8-8(b)所示，当二位二通电磁阀 1 通电后，电磁阀处于左位，泵即卸荷。

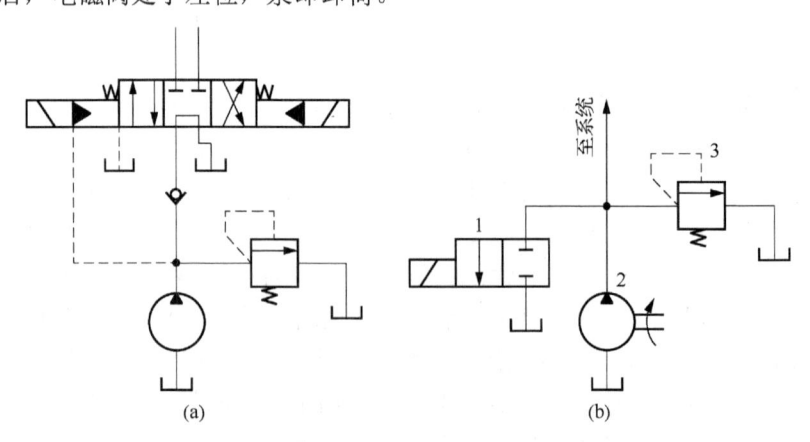

(a)　　　　　　　　　(b)

图 8-8　卸荷回路（一）

1-二位二通电磁阀；2-泵；3-溢流阀

图 8-9 中，使先导式溢流阀的远程控制口通过二位二通电磁阀 3 直接与油箱相连，便构

成一种用先导式溢流阀的卸荷回路，这种卸荷回路切换时冲击小。

8.1.5 平衡回路

平衡回路的功用在于防止垂直放置的液压缸和与之相连的工作部件因自重而自行下落。图 8-10 所示为一种使用单向顺序阀的平衡回路。由图 8-10 可见，当换向阀 1 左位接入回路使活塞下行时，回油路上存在着一定的背压；只要调节单向顺序阀 2 使液压缸内的背压能支承住活塞和与之相连的工作部件，活塞就可以平稳地下落。当换向阀处于中位时，活塞就停止运动，不再继续下移。这种回路在活塞向下快速运动时功率损失较大，锁住时活塞和与之相连的工作部件会因单向顺序阀 2 和换向阀 1 的泄漏而缓慢下落；因此它只适用于工作部件自重不大、活塞锁住时定位要求不高的场合。

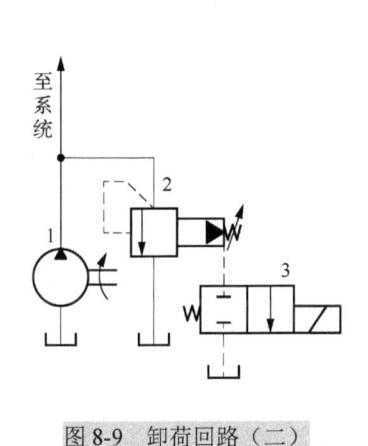

图 8-9 卸荷回路（二）

1-泵；2-先导式溢流阀；3-二位二通电磁阀

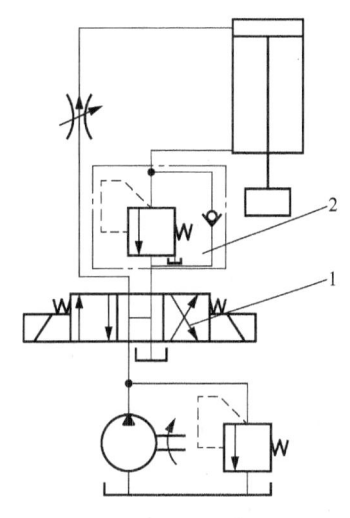

图 8-10 单向顺序阀的平衡回路

1-换向阀；2-单向顺序阀

8.1.6 保压回路

保压回路的功用是使系统在液压缸不动或仅有极微小的位移下稳定地维持压力。

1. 液控单向阀保压

最简单的保压回路是使用密封性能较好的液控单向阀的回路，但是阀类元件处的泄漏使这种回路的保压时间不能维持很久。图 8-11 所示为一种采用液控单向阀和电接点压力表的自动补油式保压回路，其工作原理如下：当换向阀 3 右位接回路时，液压缸上腔成为压力腔，在压力到达预定上限值时电接触压力表 5 发出信号，使换向阀切换成中位，这时液压泵卸荷，液压缸由液控单向阀 4 保压；当液压缸上腔压力下降到预定下限值时，电接触压力表又发出信号，使换向阀右位接入回路，这时液压泵给液压缸上腔补油，使其压力回升，换向阀左位接入回路时，活塞快速向上退回。这种回路保压时间长，压力稳定性高，适用于保压性能要求较高的高压系统，如液压机等。

2. 液压泵保压回路

图 8-12 所示为使用液压泵的保压回路。当系统压力较低时，低压大流量液压泵 1 和高压

小流量液压泵 2 同时向系统供油。当系统压力升高到卸荷阀 4 的调定压力时，低压液压泵卸荷，此时高压液压泵起保压作用，溢流阀 3 调定系统压力。

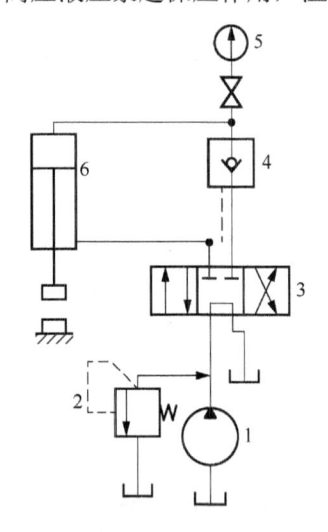

图 8-11　自动补油的保压回路
1-液压泵；2-溢流阀；3-换向阀；4-液控单向阀；
5-电接触压力表；6-液压缸

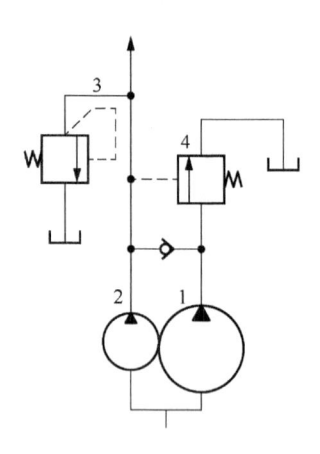

图 8-12　使用液压泵的保压回路
1-大流量液压泵；2-高压小流量液压泵；3-溢流阀；4-卸荷阀

这种保压回路中，液压泵始终以较高的压力（保压所需的压力）工作。此时，定量泵排出的压力油几乎全部经溢流阀流回油箱，系统的功率损失大，发热严重，所以这种回路只在小功率系统且需保压时间较短时使用。由于采用限压式变量泵，可实现保压卸荷，故得到广泛应用。

3. 利用蓄能器的保压回路

图 8-13 所示为利用蓄能器的保压回路。当三位四通电磁换向阀 5 电磁线圈 1YA 通电时，液压缸 6 向右运动，当液压缸运动到终点后，液压泵向蓄能器 4 供油，直到供油压力升高到压力继电器 3 的调定值，压力继电器发出信号使二位二通电磁阀 7 电磁线圈 3YA 得电，液压泵 1 经溢流阀 8 卸荷，系统（液压缸）通过蓄能器保压。当液压缸压力下降至某规定值时，压力继电器动作使电磁线圈 3YA 断电，液压泵重新向系统供应压力油。保压时间的长短取决于蓄能器容量。

8.1.7　卸压回路

卸压回路的功用在于使高压大容量液压缸中储存的能量缓慢释放，以免它突然释放时产生很大的液压冲击。一般当液压缸直径大于 250mm、压力高于 7MPa 时，其油腔在排油前就先须卸压。图 8-14 所示为一种使用节流阀的卸压回路。此系统的特点是在油缸下腔油路上并联一个由油缸上腔控制的卸荷阀，如图 8-14 所示。压制工作完成后换向阀直接切换到回程位置，油缸上腔通过单向节流阀和换向阀卸压，卸压速度由节流阀控制；此时卸荷阀打开，油泵油液经换向阀、卸荷阀实现循环，油缸不能回程；当上腔压力降至低于卸荷阀调定压力时，卸荷阀关闭，油缸下腔压力上升，打开充液阀使活塞回程。系统中卸荷阀的流量按油泵流量选择，压力按回程时的最大压力选择；该系统可利用换向阀的中位机能实现系统短时保压；但当主泵流量较大，油缸上腔压力尚未降至所要求的数值时，下腔已上高压，这时容易造成上腔突然泄压，使活塞向上冲击，影响换向的平稳性。

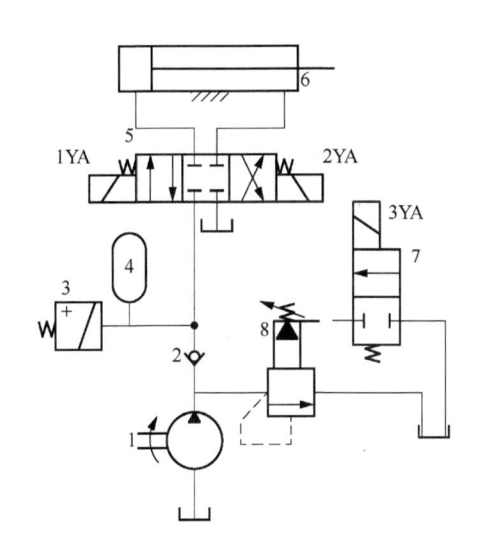

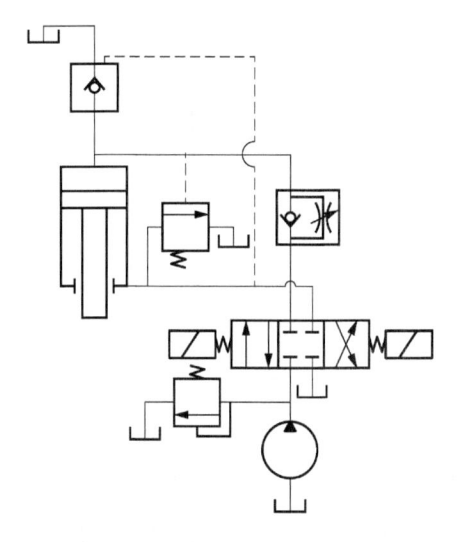

图 8-13　利用蓄能器的保压回路　　　　图 8-14　单向节流阀的卸压回路

1-液压泵；2-单向阀；3-压力继电器；4-蓄能器；5-三位四通电磁换向阀；
6-液压缸；7-二位二通电磁阀；8-溢流阀

8.2　快速运动回路和速度换接回路

8.2.1　快速运动回路

快速运动回路又称增速回路，其功用在于使液压执行元件获得所需的高速，缩短机械空程运动时间，提高系统的工作效率。实现快速运动随方法不同可有多种结构方案。下面介绍几个常用的快速运动回路。

1. 液压缸差动连接回路

图 8-15 所示为利用液压缸差动连接来实现快速运动的回路。当换向阀 2 处于原位时，液压泵 1 输出的液压油同时与液压缸 3 的左右腔相通，两腔压力相等。由于液压缸无杆腔的有效面积 A_1 大于有杆腔的有效面积 A_2，活塞受到的向右作用力大于向左的作用力，因此活塞向右运动。

这种连接方式，可在不增加泵流量的情况下提高执行元件的运动速度。但是，泵的流量和有杆腔排出的流量合在一起流过的阀和管路应按合成流量来选择，否则会使压力损失增大，泵的供油压力过高，致使泵的部分压力油从溢流阀溢回油箱而达不到差动快进的目的。

2. 双泵供油回路

图 8-16 所示为双泵供油快速运动回路，图中 1 为低压大流量泵，2 为高压小流量泵，在快速运动时，泵 1 输出的油液经单向阀与泵 2 输出的油液共同向系统供油；工作行程时，系统压力升高，打开液控顺序阀 3 使泵 1 卸荷，由泵 2 单独向系统供油，系统的工作压力由溢流阀 4 调定。单向阀在系统工进时关闭。这种双泵供油回路的优点是功率损耗小，系统效率高，因此应用较为普遍。

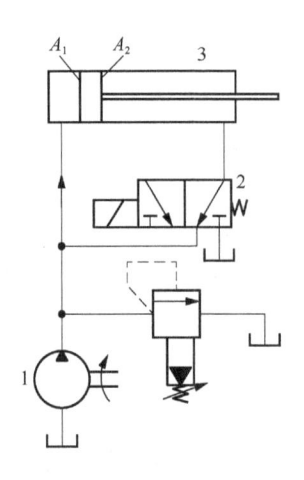

图 8-15　差动连接的快速运动回路

1-液压泵；2-换向阀；3-液压缸

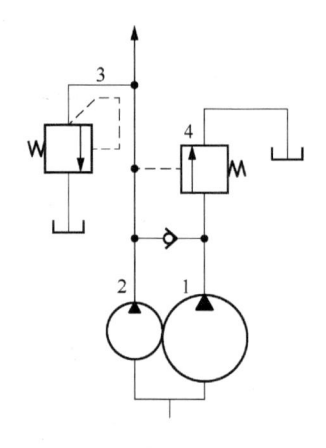

图 8-16　双泵供油快速运动回路

1-低压大流量泵；2-高压小流量泵；3-顺序阀；4-溢流阀

3. 用增速缸的快速运动回路

图 8-17 所示为采用增速缸的快速运动回路。当三位四通换向阀左位接入回路时，压力油经增速缸中柱塞的通孔进入 A 腔，使活塞快速伸出，速度为 $v=4q_{\mathrm{p}}/\pi d^{2}$（$d$ 为柱塞外径），B 腔中所需油液经液控单向阀 3 从辅助油箱吸入。活塞伸出到工作位置时，由于负载加大，压力升高，打开顺序阀 4，高压油进入 B 腔，同时关闭单向阀 3。此时活塞杆在压力油作用下继续外伸，但因有效面积加大，速度变慢而推力加大，这种回路常用于液压机的系统中。

4. 采用蓄能器的快速运动回路

图 8-18 所示为一种使用蓄能器来实现快速运动的回路，其工作原理如下：当换向阀 5 处于中位时，液压缸 6 不动，液压泵 1 经单向阀 3 向蓄能器 4 充油，使蓄能器储存能量。当蓄

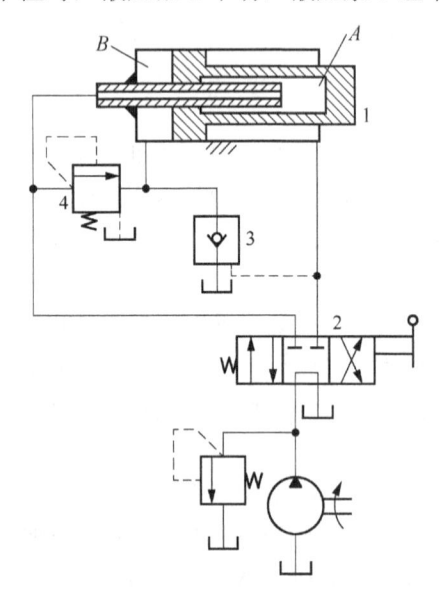

图 8-17　用增速缸的快速运动回路

1-增速缸；2-三位四通换向阀；3-液控单向阀；4-顺序阀

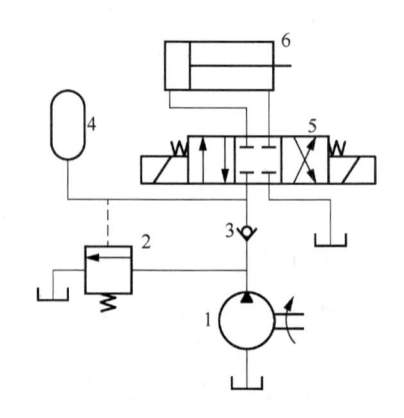

图 8-18　采用蓄能器的快速运动回路

1-液压泵；2-卸荷阀；3-单向阀；4-蓄能器；5-换向阀；6-液压缸

能器压力升高到它的调定值时,卸荷阀 2 打开,液压泵卸荷,由单向阀保持蓄能器的压力。当换向阀的左位或右位接入回路时,泵和蓄能器同时向液压缸供油,使它快速运动。卸荷阀的调整压力应高于系统工作压力,以保证泵的流量全部进入系统。

这种快速运动回路适用于短时间内需要大流量又希望以较小流量的泵提供较高速度的快速运动场合。但是系统在其整个工作循环内必须有足够长的停歇时间,使液压泵能对蓄能器充分地进行充油。

8.2.2 速度换接回路

速度换接回路的功用是使液压执行机构在一个工作循环中从一种运动速度换到另一种运动速度,因此这个转换不仅包括快速转慢速的换接,也包括两种慢速之间的换接。实现这些功能的回路应该具有较高的速度换接平稳性。

1. 快速转慢速的换接回路

能够实现快速转慢速换接的方法很多,图 8-15 和图 8-17 所示的快速运动回路都可以使液压缸的运动由快速换接为慢速。下面再介绍一种在组合机床液压系统中常用的快慢速换接回路。

图 8-19 所示为用行程阀来实现快慢速换接的回路。在图示状态下,液压缸快进,当活塞所连接的挡块压下行程阀 6 时,行程阀关闭,液压缸右腔的油液必须通过节流阀 5 才能流回油箱,活塞运动速度转变为慢速工进。当换向阀 3 左位接入回路时,压力油同时经单向阀 4 和节流阀 5 进入液压缸右腔,活塞快速向左返回。这种回路的快慢速换接过程比较平稳,换接点的位置比较准确,缺点是行程阀的安装位置不能任意布置,管路连接较为复杂,若将行程阀改为电磁阀,安装连接比较方便,但速度换接的平稳性、可靠性以及换向精度都较差。

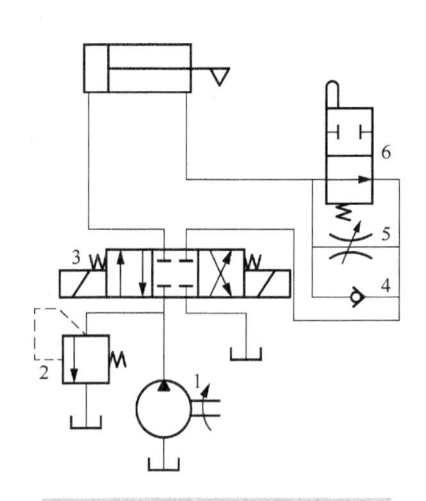

图 8-19 用行程阀的速度换接回路
1-泵;2-溢流阀;3-换向阀;
4-单向阀;5-节流阀;6-行程阀

2. 两种慢速的换接回路

图 8-20 所示为用两个调速阀来实现不同工进速度的换接回路,图 8-20(a)所示为两种调速阀串联的速度换接回路。当换向阀 3 左位接入回路时,在图示位置因调速阀 2 被换向阀 3 短接,输入缸的流量由调速阀 1 控制。在这种回路中调速阀 1 一直处于工作状态,它在速度换接时限制了进入调速阀 2 的流量,因此速度换接平稳性较好。但是由于油液经过两个调速阀,所以能量损失较大。

图 8-20(b)中的两个调速阀并联,由换向阀 3 实现换接。图示位置输入缸的流量由调速阀 1 调节;换向阀 3 右位接入时,由调速阀 2 调节,两个调速阀的调节互不影响。但是,一个调速阀工作时另一个调速阀内无油通过,它的减压阀处于最大开口位置,速度换接时大量油液通过该处将使工作部件产生突然前冲现象。因此它不宜用于工作过程中的速度换接,只可用于速度预选的场合。

(a)调速阀串联　　　　　　　　(b)调速阀并联

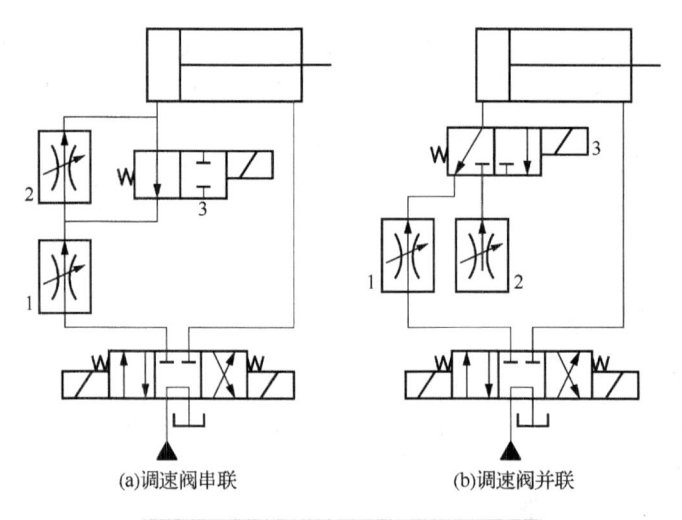

图 8-20　用两个调速阀的速度换接回路

1、2-调速阀；3-二位三通电磁换向阀

8.3　换向回路和锁紧回路

8.3.1　往复直线运动换向回路

往复直线运动换向回路的功用是使液压缸和与之相连的主机运动部件在其行程终端处迅速、平稳、准确地变换运动方向。简单的换向回路只需采用标准的普通换向阀即可，但是在换向要求高的主机（如各类磨床）上换向回路中的换向阀就需特殊设计。这类换向回路还可以按换向要求的不同分成时间控制制动式和行程控制制动式两种。

图 8-21 所示为一种比较简单的时间控制制动式换向回路。这个回路中的主油路只受换向阀 3 控制。在换向过程中，例如，当图中先导阀 2 在左端位置时，控制油路中的压力油经单向阀 I_2，通向换向阀 3 右端，换向阀左端的油经节流阀 J_1 流回油箱，换向阀阀芯向左移动，阀芯上的锥面逐渐关小回油通道，活塞速度逐渐减慢，并在换向阀 3 的阀芯移过 l 距离后将通道闭死，使活塞停止运动。当节流阀 J_1 和 J_2 的开口大小调定之后，换向阀阀芯移过距离 l 所需的时间（使活塞制动所经历的时间）就确定不变，因此，这种制动方式称为时间控制制动式。时间控制制动式换向回路的主要优点是它的制动时间可以根据主机部件运动速度的快慢、惯性的大小通过节流阀 J_1 和 J_2 的开口量得到调节，以便控制换向冲击，提高工作效率；其主要缺点是换向过程中的冲出量受运动部件的速度和其他一些因素的影响，换向精度不高。所以这种换向回路主要用于工作部件运动速度较高但换向精度要求不高的场合，如平面磨床的液压系统中。

图 8-22 所示为一种行程控制制动式换向回路，这种回路的结构和工作情况与时间控制制动式的主要差别在于这里的主油路除了受换向阀 3 控制，还要受先导阀 2 控制。当图示位置的先导阀 2 在换向过程中向左移动时，先导阀阀芯的右制动锥将液压缸右腔的回油通道逐渐关小，使活塞速度逐渐减慢，对活塞进行预制动。当回油通道被关得很小、活塞速度变得很慢时，换向阀 3 的控制油路才开始切换，换向阀阀芯向左移动，切断主油路通道，使活塞停

止运动，并随即使它在相反的方向起动。这里，不论运动部件原来的速度快慢如何，先导阀总是要先移动一段固定的行程 l，将工作部件先进行预制动后，再由换向阀来使它换向，所以这种制动方式称为行程控制制动式。行程控制制动式换向回路的换向精度较高，冲出量较小；但是由于先导阀的制动行程恒定不变，制动时间的长短和换向冲击的大小尤将受运动部件速度快慢的影响。所以这种换向回路宜用在主机工作部件运动速度不大但换向精度要求较高的场合，如内、外圆磨床的液压系统中。

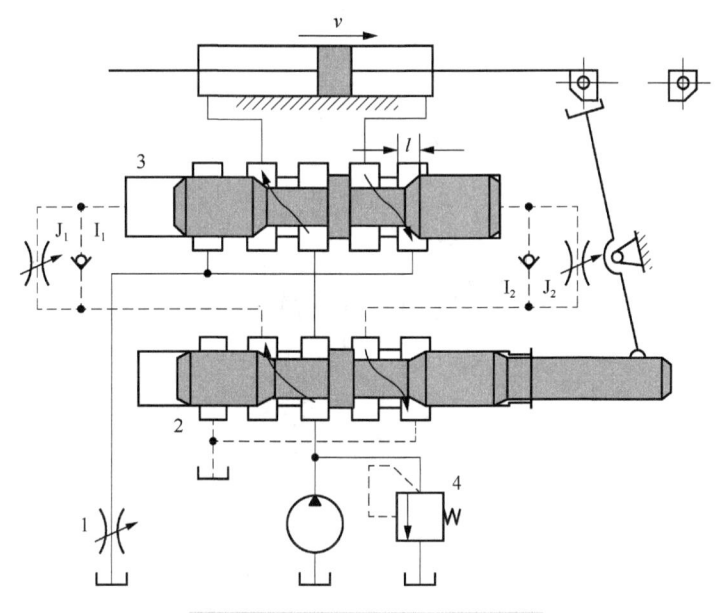

图 8-21 时间控制制动式换向回路

1-节流阀；2-先导阀；3-换向阀；4-溢流阀

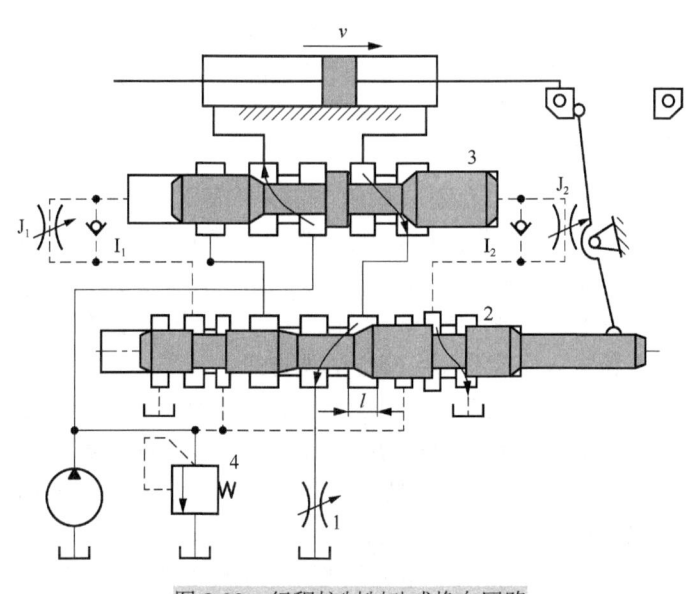

图 8-22 行程控制制动式换向回路

1-节流阀；2-先导阀；3-换向阀；4-溢流阀

8.3.2 锁紧回路

锁紧回路的功用是在液压执行元件不工作时切断其进、出油液通道，确切地使它保持在应该的位置。图 8-23 所示为一种使用液控单向阀的双向锁紧回路，它能在液压缸不工作时使活塞迅速、平稳、可靠且长时间地锁住，不为外力所移动。该回路广泛应用于工程机械、起重运输机械等有锁紧要求的场合。

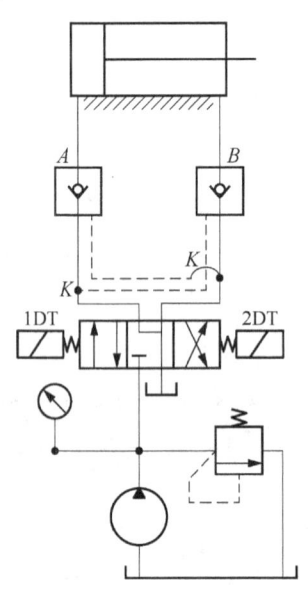

图 8-23 使用液控单向阀的双向锁紧回路

8.4 多缸动作回路

在液压系统中，如果由一个油源给多个液压缸输送压力油，这些液压缸会因压力和流量的彼此影响而在动作上相互牵制，必须使用一些特殊的回路才能实现预定的动作要求。

8.4.1 顺序动作回路

顺序动作回路的功用是使多缸液压系统中的各个液压缸严格地按规定的顺序动作。图 8-24 所示为一种使用顺序阀的顺序动作回路。当换向阀 1 左位接入回路且顺序阀 3 的调定压力大于液压缸 A 的最大前进工作压力时，压力油先进入液压缸 A 的左腔，实现动作①。当这项动作完成后，系统中压力升高，压力油打开顺序阀 3 进入液压缸 B 的左腔，实现动作②。同样地，当换向阀 1 右位接入回路且顺序阀 2 的调定压力大于液压缸 B 的最大返回工作压力时，两液压缸按③和④的顺序向左返回。很明显，这种回路顺序动作的可靠性取决于顺序阀的性能及其压力调定值；后一个动作的压力必须比前一个动作的压力高出 0.8～1MPa。顺序阀打开和关闭的压力差值不能过大，否则顺序阀会在系统压力波动时造成误动作，引起事故。由此可见，这种回路只适用于系统中液压缸数目不多、负载变化不大的场合。

图 8-25 所示为一种使用行程开关和电磁阀的顺序动作回路。这种回路以两个液压缸的行程位置为依据来实现相应的顺序动作，液压缸按照①→②→③→④的顺序动作，在图示状态下，1、2 两缸活塞均在左端，电磁阀 1YA 通电时阀左位工作，液压缸 1 的活塞右行，完成动

作①，当液压缸 1 的活塞运动到终点后触动行程开关 2S，使电磁阀 2YA 通电换到左位，液压缸 2 的活塞右行，完成动作②；当液压缸 2 的活塞运动到终点后触动行程开关 4S，电磁阀 1YA 断电复位，实现动作③；液压缸 1 的活塞运动到终点后触动行程开关 1S，电磁阀 2YA 断电复位，液压缸 2 的活塞退回实现动作④。这种回路的可靠性取决于行程开关和电磁阀的质量，对变更液压缸的动作行程和顺序来说都比较方便，因此得到广泛的应用，特别适合于顺序动作循环经常要求改变的场合。

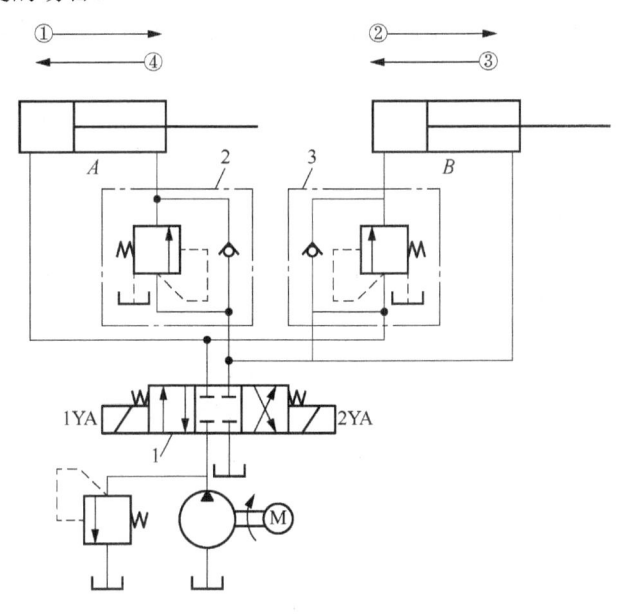

图 8-24 顺序阀控制的顺序动作回路

1-换向阀；2、3-顺序阀

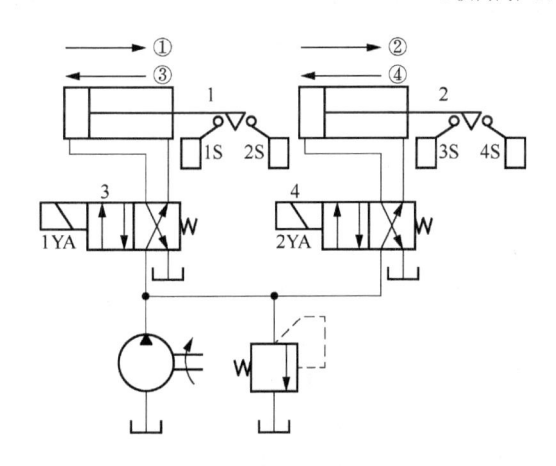

图 8-25 用行程开关和电磁阀控制的顺序动作回路

1、2-液压缸；3、4-换向阀；1S，2S，3S，4S-行程开关

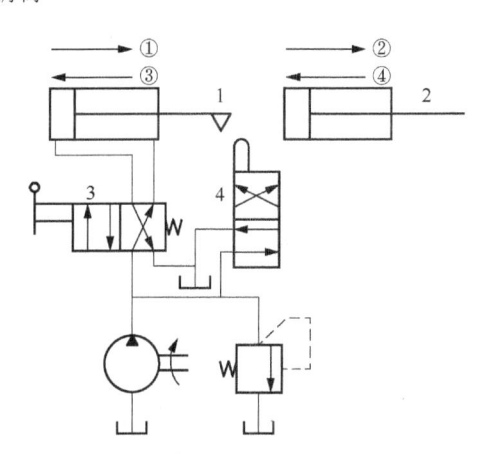

图 8-26 行程阀控制的顺序动作回路

1、2-液压缸；3、4-换向阀

图 8-26 为行程阀控制的顺序动作回路，在图示状态下，1、2 两液压缸活塞均在左端。当推动手柄，使换向阀 3 左位工作，液压缸 1 的活塞右行，完成动作①，当液压缸 1 的活塞运动到终点后挡块压下阀 4，液压缸 2 的活塞右行，完成动作②；手动换向阀 3 复位后，实现

动作③，随着挡块的后移，行程阀 4 复位，液压缸 2 活塞退回，实现动作④。利用行程阀控制的优点是位置精度高、平稳可靠，缺点是行程和顺序不容易更改。

8.4.2 同步回路

同步回路的功用是保证系统中的两个或多个液压缸在运动中的位移量相同或以相同的速度运动。在多缸液压系统中，影响同步精度的因素是很多的，如液压缸外负载、泄漏、摩擦阻力、制造精度、结构弹性变形以及油液中含气量，都会使运动不同步。同步回路要尽量克服或减少这些因素的影响，有时要采取补偿措施，消除累积误差。

图 8-27 所示为带补偿措施的串联液压缸同步回路。在这个回路中，液压缸 1 的有杆腔 A 的有效面积与液压缸 2 的无杆腔 B 的有效面积相等，因而从 A 腔排出的油液进入 B 腔后，两液压缸的下降同步。回路中有补偿措施使同步误差在每一次下行运动中都得到消除，以避免误差的积累。其补偿原理为：当三位四通电磁换向阀（简称换向阀）5 右位接入时，两液压缸活塞同时下行，若液压缸 1 的活塞先运动到底，它就触动行程开关 1ST 使换向阀 4 通电，压力油经换向阀 4 和液控单向阀向液压缸 2 的 B 腔补油，推动活塞继续运动到底，误差即被消除。若液压缸 2 先到底，触动行程开关 2ST 使换向阀 3 通电，控制压力油使液控单向阀反向通道打开，使液压缸 1 的 A 腔通过液控单向阀回油，其活塞即可继续运动到底。这种串联式同步回路只适用于负载较小的液压系统。

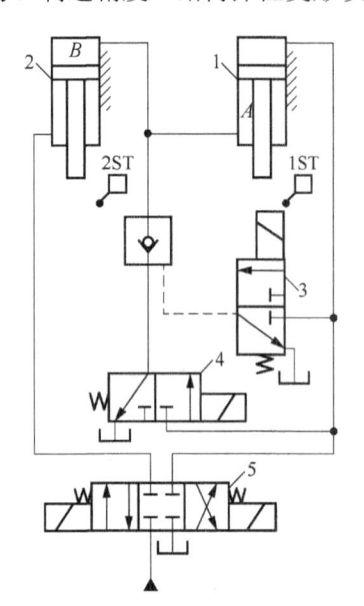

图 8-27 带补偿措施的串联液压缸同步回路
1、2-液压缸；3、4、5-电磁换向阀

8.4.3 多缸快慢速互不干扰回路

多缸快慢速互不干扰回路的功用是防止液压系统中的几个液压缸因速度快慢的不同而在动作上的相互干扰。

在一个多缸的液压系统中，往往由于一个液压缸快速运动，使系统的压力下降，影响其他缸工作进给的稳定性。因此，在工作进给要求比较稳定的多缸液压系统中，必须采用快慢速互不干扰回路。如图 8-28 所示为采用双泵分别供油的快慢速互不干扰回路。液压缸 6、7各自要完成"快进—工进—快退"的自动工作循环。而且要求工进速度平稳。两缸的快进和快退均由低压大流量泵 12 供油，两缸的工进均由高压小流量泵 1 供油。由于快速和慢速的压力油源不同，所以避免了相互的干扰。

图 8-28 所示位置电磁换向阀 4、5、8、9 均不通电，液压缸 6、7 活塞均处于左端位置。当电磁换向阀 5、8 通电左位工作时，低压大流量泵 12 供油。压力油经换向阀 4、5 与液压缸 6 两腔连通，使液压缸 6 的活塞差动快进；同时低压大流量泵 12 压力油经电磁换向阀 9、8 与液压缸 7 两腔连通，使液压缸 7 的活塞差动快进。当电磁换向阀 4、9 通电处左位工作，电磁换向阀 5、8 断电换为右位时，低压大流量泵 12 的油路被切断。不能进入液压缸 6、7。高

压小流量泵 1 供油，压力油经调速阀 3、电磁换向阀 4 左位、单向阀、电磁换向阀 5 右位进入液压缸 6 的左腔，液压缸 6 的右腔油经换向阀 5 右位、换向阀 4 左位回油箱，液压缸 6 的活塞实现工进；同时液压泵 1 的压力油经调速阀 10、换向阀 9 左位、单向阀、换向阀 8 右位进入液压缸 7 左腔，液压缸 7 的右腔油经换向阀 8 右位、换向阀 9 左位回油箱，液压缸 7 的活塞实现工进。这时若液压缸 6 工进完毕。使换向阀 4、5 均通电处左位，液压缸 6 换为低压大流量泵 12 供油快退，低压大流量泵 12 的油经换向阀 4 的左位进入液压缸 6 右腔，液压缸 6 左腔经换向阀 5 左位、换向阀 4 左位回油。这是由于液压缸 6 不由高压小流量泵 1 供油，因此不会影响液压缸 7 工进速度的平稳性。当液压缸 7 工进结束，换向阀 8、换向阀 9 均通电换为左位，也由低压大流量泵 12 供油实现快退。由于快退时为空载，对速度的平稳性要求不高，故液压缸 7 转为快退时对液压缸 6 快退无太大影响。

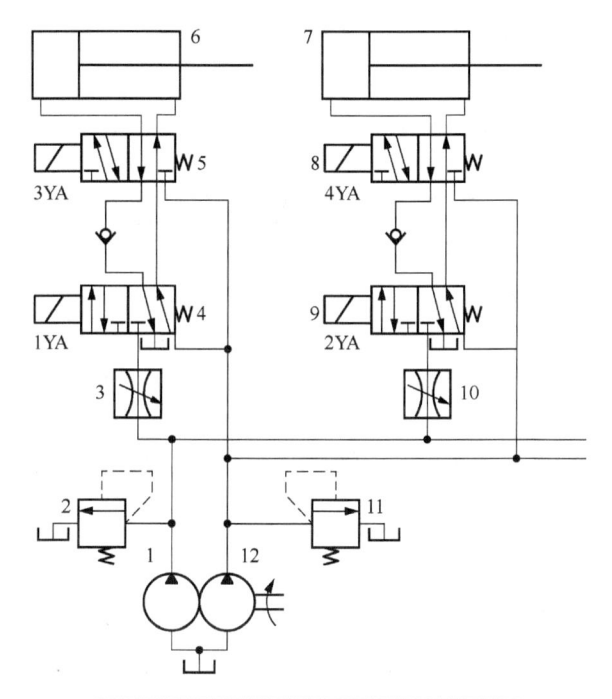

图 8-28 双泵供油的快慢速互不干扰回路

1-高压小流量泵；2、11-溢流阀；3、10-调速阀；4、5、8、9-换向阀；6、7-液压缸；12-低压大流量泵

两缸工进时的工作压力由高压小流量泵 1 出口处的溢流阀 2 调定，压力较高，两缸快速工作时的工作压力由低压大流量泵 12 出口处的溢流阀 11 限定，压力较低。

8.4.4 多缸卸荷回路

多缸卸荷回路的功用在于使液压泵在各个执行元件都处于停止位置时自动卸荷，而当任一执行元件要求工作时又立即由卸荷状态转换成工作状态。图 8-29 所示为这种回路的一种串联式结构。由图 8-29 可见，液压泵的卸荷油路只有在各换向阀都处于中位时才能接通油箱，任一换向阀不在中位时液压泵都会立即恢复压力油的供应。

这种回路对液压泵卸荷的控制十分可靠。但当执行元件数目较多时，卸荷油路较长，使泵的卸荷压力增大，影响卸荷效果。这种回路常用于工程机械。

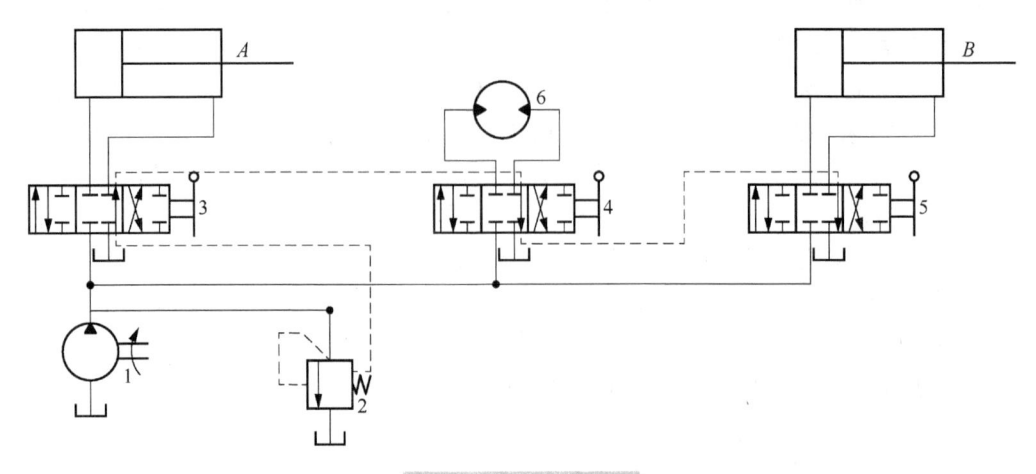

图 8-29 多缸卸荷回路

1-液压泵；2-溢流阀；3、4、5-三位四通换向阀；6-液压马达

8.5 气动基本回路

一个复杂的气动控制系统，往往是由若干个气动基本回路组合而成的。设计一个完整的气动控制回路，除了能够实现预先要求的程序动作，还要考虑掉压、调速、手动和自动等一系列的问题。因此，熟悉和掌握气动基本回路的工作原理及特点，可为设计、分析和使用比较复杂的气动控制系统打下良好的基础。

气动基本回路种类很多，其应用的范围很广。本节主要介绍压力控制、速度控制和方向控制基本回路的工作原理及选用。

8.5.1 往复运动回路

1. 一次往复运动回路

一次往复运动回路是指操作一次实现前进后退各一次的往复运动回路。常见的有以下两种。

（1）加压控制回路。如图 8-30 所示，操作手动按钮阀 1，其输出使换向阀 4 换向且处于左位，气缸 2 无杆腔进气，有杆腔余气经换向阀排气口排空，活塞杆伸出。当活塞杆上的挡块压下机控行程阀时，其输出使换向阀换向（图示位置），此时气缸的有杆腔进气，无杆腔余气经换向阀排气口排空，活塞杆缩回，完成了一次往复运动，再操作一次手动按钮阀，又自动实现一次往复运动。因这种回路使换向阀换向是靠加入压力信号而实现的，故称为加压控制回路。

（2）采用单向顺序阀控制的回路。如图 8-31 所示，操作手动按钮阀 1，使换向阀 2 换向并处于左位，其输出气流进入气缸 3 的无杆腔，活塞杆伸出。当活塞运动到终端时，系统内的压力升高，当压力升至顺序阀 4 的调定值时，顺序阀打开，其输出气压使换向阀换向（图示位置），气缸有杆腔进气，无杆腔排气，活塞杆缩回。

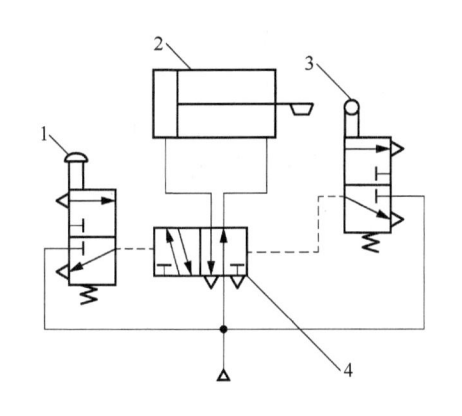

图 8-30　加压控制回路

1-按钮阀；2-气缸；3-行程阀；4-换向阀

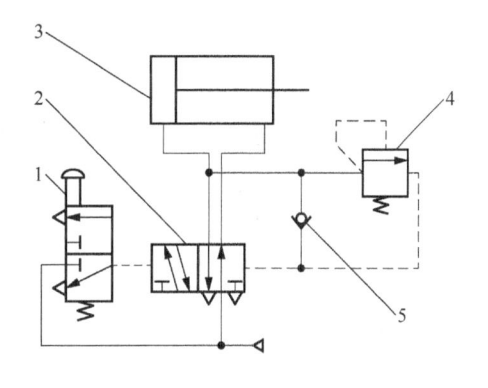

图 8-31　单向顺序阀控制回路

1-按钮阀；2-换向阀；3-气缸；4-顺序阀；5-单向阀

2．二次自动往复运动回路

如图 8-32 所示，操作手动阀 2，其输出的压缩空气经换向阀（1）的下位、梭阀（1′）进入气缸的无杆腔，有杆腔余气经梭阀（2′）和换向阀（3）的排气口排空，气缸活塞杆第一次伸出。与此同时，手动阀的输出又向气罐（1″）充气，并经单向节流阀（1‴）中的节流阀加在换向阀（1）的控制端，当此信号压力上升至换向阀（1）的切换压力时，该阀换向处于上位。其输出又分两路，一路经换向阀（2）输出，并经梭阀（2′）进入气缸的有杆腔，无杆腔的排气经梭阀（1′），换向阀（1）的排气口排空，

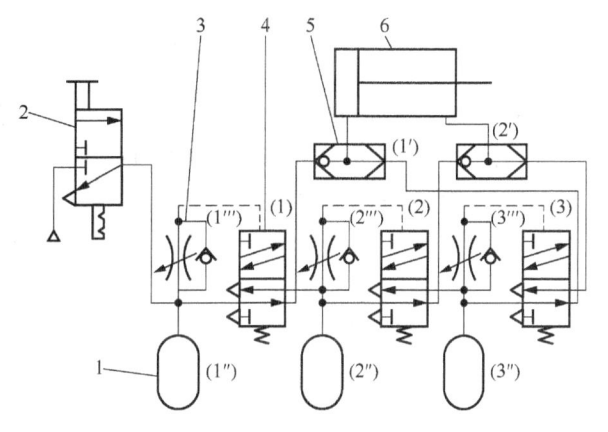

图 8-32　二次自动往复运动回路

1-气罐；2-手动阀；3-单向节流阀；4-换向阀；5-梭阀；6-气缸

气缸活塞杆第一次缩回。另一路给气罐（2″）充气，并经单向节流阀（2‴）给换向阀（2）一控制信号，当此信号上升至使换向阀（2）切换时，其输出又分两路，一路经换向阀（3）和梭阀（1′）进入气缸的无杆腔，有杆腔余气经梭阀（2′），换向阀（3）的排气口排空，气缸活塞杆第二次伸出。另一路向气罐（3″）充气，并经单向节流阀（3‴）给换向阀（3）施加一控制信号，当此信号压力上升至使换向阀（3）切换时，其输出经梭阀（2′）进入气缸的有杆腔，无杆腔余气经梭阀（2′），换向阀（3）的排气口排空，气缸活塞杆第二次缩回。可见，操作一次手动阀，气缸可实现两次连续往复运动。

3．连续往复运动回路

如图 8-33 所示，操作手动阀 5，其输出经处于压下状态的行程阀（1′）给换向阀 2 一控制信号，使换向阀 2 换向并处于左位。该阀的输出进入气缸的无杆腔，有杆腔余气经换向阀和排气节流阀（2″）排入大气，气缸活塞杆伸出。当活塞杆伸出时，行程阀（1′）复位把来自手动阀的气路断开。当气缸活塞杆伸出至其挡块压下行程阀（2′），换向阀控制端的余压经行程阀（2′）排空，使换向阀复位，活塞杆缩回。此时行程阀（1′）又处于压下状态，再一次给换向阀施加控制信号，使它换向，又使气缸重复以上动作。只要手动阀不关闭，上述动

作就会一直进行，实现了连续往复运动。关闭手动阀后，气缸在循环结束后回到图示位置。图 8-33 中排气节流阀（1″）和（2″）是用于调节气缸活塞运动速度的。

4. 供气点选择回路

图 8-34 所示回路可通过对四个手动阀的选择，分别给四个点供气。当操作手动阀（1）时，其输出分为两路，一路经梭阀（1′）给换向阀（3″）左侧一控制信号，使该阀换向，处于左位。这时主气源来的压缩空气经换向阀（3″）输出，另一路给换向阀（1″）左侧一控制信号，使该阀换向，处于左位，此时，向供气点 1 供气。当操作手动阀（2）时，其输出也分为两路，一路经梭阀（1′）使换向阀（3″）切换处于左位。另一路给换向阀（1″）右侧一控制信号，换向阀（1″）切换处于右位，此时向供气点 2 供气。同理，当分别操作手动阀（3）或（4）时，可分别向供气点 3 或 4 供气。

气动常用回路中的增力、增压回路，同步回路等与液压回路基本相同，限于篇幅，这里不再介绍。

图 8-33 连续往复运动回路

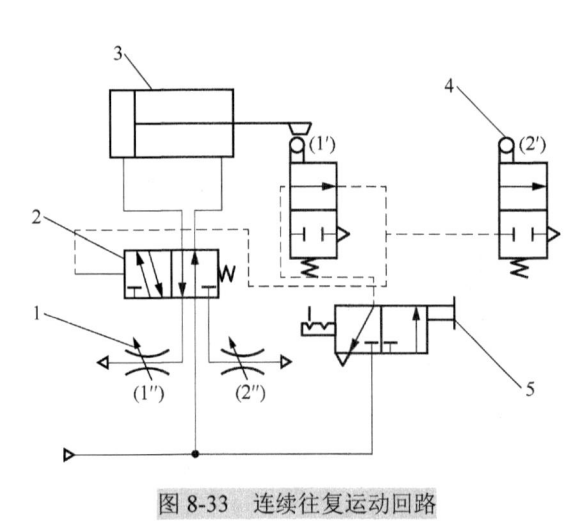

1-排气节流阀；2-换向阀；3-气缸；4-行程阀；5-手动阀

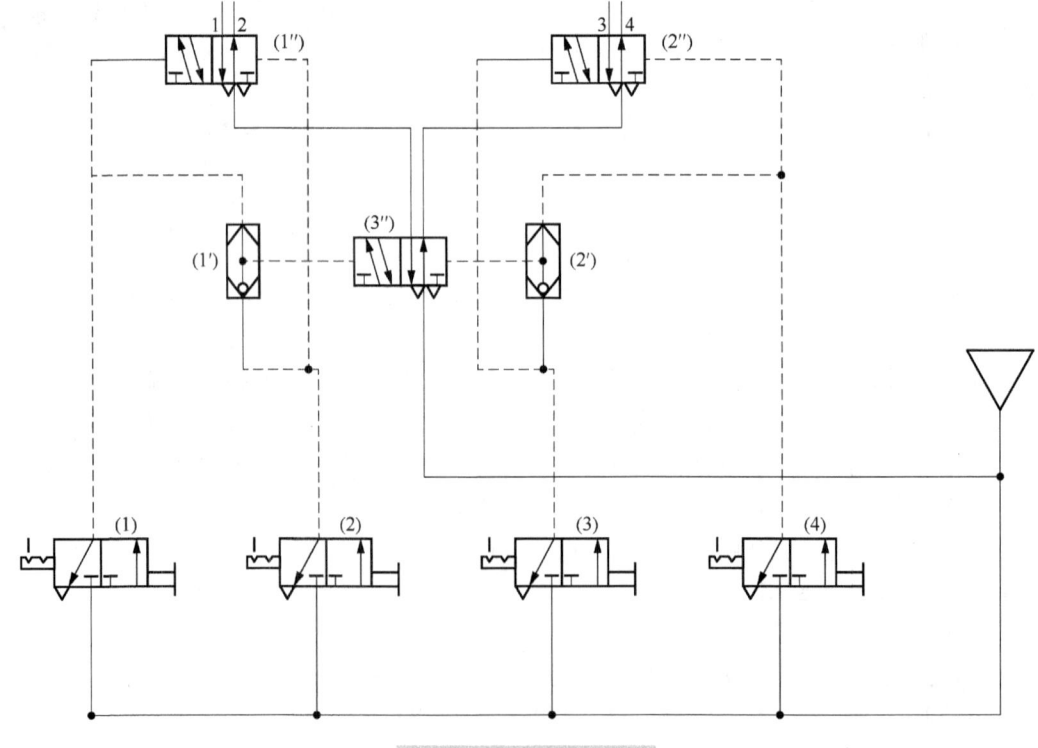

图 8-34 供气点选择回路

8.5.2 压力控制回路

在一个气动控制系统中,进行压力控制主要有两个目的。一是提高系统的安全性,在此主要指一次压力控制。如果系统中压力过高,除了会增加压缩空气输送过程中的压力损失和泄漏,还会使配管或元件破裂而发生危险。因此,压力应始终控制在系统的额定值以下,一旦超过了所规定的允许值,就能够迅速溢流降压。二是给元件提供稳定的工作压力,使其能充分发挥元件的功能和性能,在此主要指二次压力控制。

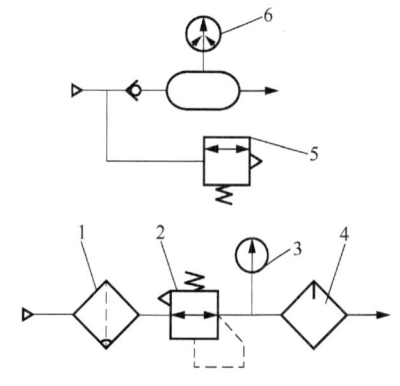

1. 一次压力控制回路

一次压力控制是指把空气压缩机的输出压力控制在一定值以下。一般情况下,空气压缩机的出口压力为 0.8MPa 左右,并设置储气罐,储气罐上装有压力表、安全阀等。气源的选取可根据使用单位的具体条件,采用压缩空气站集中供气或小型空气压缩机单独供气,只要它们的容量能够与用气系统压缩空气的消耗量相匹配即可。当空气压缩机的容量选定以后,在正常向系统供气时,储气罐中的压缩空气压力由压力表显示,其值一般低于安全阀的调定值,因此安全阀通常处于关闭状态。当系统用气量明显减少,储气罐中的压缩空气过量而使压力升高到超过安全阀的调定值时,安全阀自动开启溢流,使罐中压力迅速下降,当罐中压力降至安全阀的调定值以下时,安全阀自动关闭,使罐中压力保持在规定范围内。可见,安全阀的调定值要适当,若调得过高,则系统不够安全,压力损失和泄漏也要增加;若调得过低,则会使安全阀频繁开启溢流而消耗能量。安全阀压力的调定值,一般可根据气动系统工作压力范围,调整在 0.7MPa 左右。

图 8-35 所示为一次压力控制回路,电接触式压力表根据储气罐压力控制空压机的起、停,当储气罐压力超过一定值时,溢流阀起安全保护作用。

简单压力控制回路采用溢流式减压阀对气源实行定压控制。

图 8-35 一次压力控制回路
1-分水滤气器;2-减压阀;3-压力表;
4-油雾器;5-溢流阀;6-电接触式压力表

2. 二次压力控制回路

二次压力控制是指把空气压缩机输送出来的压缩空气,经一次压力控制后作为减压阀的输入压力 p_1,再经减压阀减压稳压后所得到的输出压力 p_2(称为二次压力),作为气动控制系统的工作气压使用。可见,气源的供气压力 p_1,应高于二次压力 p_2 所必需的调定值。在选用图 8-36 所示的回路时,可以用三个分离元件(即分水滤气器、减压阀和油雾器)组合而成,也可以采用气动三联件的组合件。在组合时三个元件的相对位置不能改变,由于分水滤气器的过滤精度较高,因此,在它的前面还要加一组粗过滤装置。若控制系统不需要加油雾器,则可省去油雾器或在油雾器之前用三通接头引出支路即可。

3. 高低压选择回路

在实际应用中,某些气动控制系统需要有高、低压力的选择。例如,加工塑料门窗的三点焊机的气动控制系统中,用于控制工作台移动的回路的工作压力为 0.25~0.3MPa,而用于控制其他执行元件的回路的工作压力为 0.5~0.6MPa。对于这种情况若采用调节减压阀的办法来解决,会感到十分麻烦,因此可采用如图 8-37 所示的高、低压选择回路。该回路只要分别调节两个减压阀，就能得到所需要的高压和低压输出。在实际应用中，需要在同一管路上有时输出高压，有时输出低压，此时可选用图 8-38 所示的回路。当换向阀有控制信号 K 时，换向阀换向处于上位，输出高压；当无控制信号 K 时，换向阀处于图示位置输出低压。

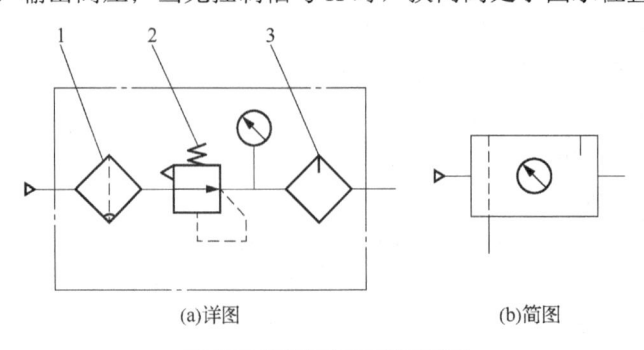

图 8-36 二次压力控制回路

1-分水滤气器；2-减压阀；3-油雾器

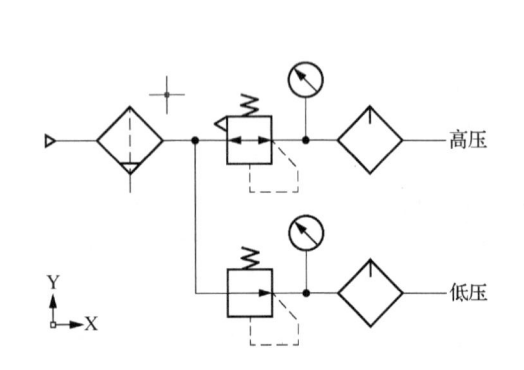

图 8-37 高低压选择回路

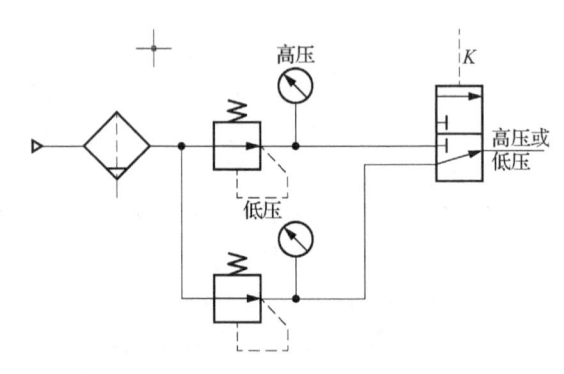

图 8-38 用换向阀选择高低压回路

在上述几种压力控制回路中，所提及的压力，都是指常用的工作压力值（一般为 0.4~0.5MPa），如果系统压力要求很低，如气动测量系统的工作压力在 0.05MPa 以下，此时使用普通减压阀就不合适了，应选用精密减压阀或气动定值器。

过载保护回路，如图 8-39 所示，正常工作时，换向阀 1 得电，使换向阀 2 换向，气缸活塞杆外伸。如果活塞杆受压方向发生过载，则顺序阀动作，换向阀 3 切换，换向阀 2 的控制气体排出，在弹簧力作用下换至图示位置，使活塞杆缩回。

8.5.3 速度控制回路

速度控制主要是指通过对流量阀的调节，达到对执行元件运动速度的控制。对于气动系统来说，其承受的负载较小，如果对执行元件的运动速度平稳性要求不高，那么，选择一定的速度控制回

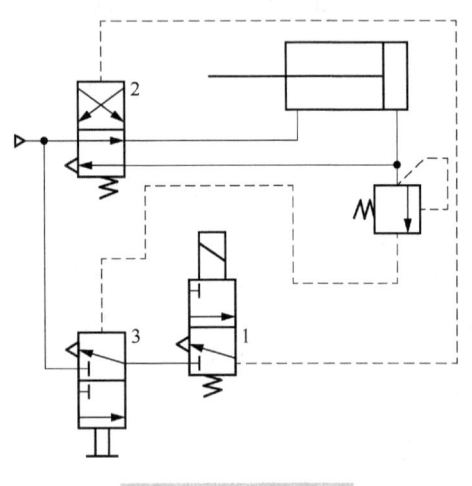

图 8-39 过载保护回路

1、2、3-换向阀

路,以满足一定的调速要求是可能的。对于气动系统的调速来讲,较易实现气缸运动的快速性,是其独特的优点,但是由于空气的可压缩性,要想得到平稳的低速难度就大了。对此,可采取一些措施,如通过气—液阻尼或气—液转换等方法,就能得到较好的平稳低速。

众所周知,速度控制回路的实现,都是改变回路中流量阀的流通面积以达到对执行元件调速的目的,其具体方法主要有以下几种。

1. 单作用气缸的速度控制回路

(1) 双向调速回路。如图 8-40 所示回路,采用了两只单向节流阀串联连接,分别实现进气节流和排气节流来控制气缸活塞杆伸出与缩回的运动速度。

(2) 慢进快退调速回路。如图 8-41 所示,当有控制信号 K 时,换向阀换向,其输出经节流阀、快速排气阀进入单作用气缸的无杆腔,使活塞杆慢速伸出,伸出速度取决于节流阀的开口量;当无控制信号 K 时,换向阀复位,无杆腔的余气经快速排气阀排入大气,活塞杆在弹簧的作用下缩回。快速排气阀至换向阀连接管内的余气经节流阀、换向阀的排气口排空。这种回路适用于要求执行元件慢速进给、快速返回的场合,尤其适用于执行元件的结构尺寸较大、连接管路细而长的回路。

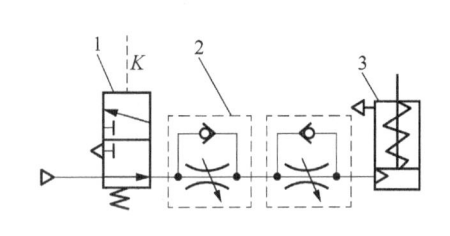

图 8-40 双向调速回路
1-换向阀;2-单向节流阀;3-单作用缸

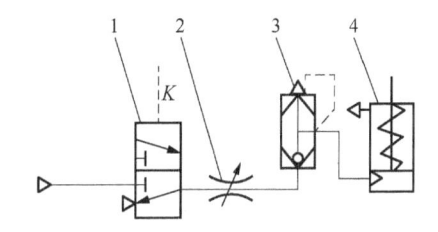

图 8-41 慢进快退调速回路
1-换向阀;2-节流阀;3-快速排气阀;4-单作用气缸

2. 双作用气缸的速度控制回路

(1) 双向调速回路。图 8-42 所示是双作用气缸的双向调速回路。其中图 8-42(a) 为使用单向节流阀的调速回路;图 8-42(b) 所示回路是在换向阀的排气口上安装排气节流阀的调速回路。这两种调速回路的调速效果基本相同,都属于排气节流调速。从成本上考虑,图 8-42(b) 的回路较经济。

(2) 慢进快退调速回路。在许多应用场合,为了提高工作效率,希望气缸在空行程快速退回,此时,可选用图 8-43 所示的调速回路。当控制活塞杆伸出时,采用排气节流控制,活塞杆慢速伸出;活塞杆缩回时,无杆腔余气经快速排气阀排空,使活塞杆快速退回。

(3) 缓冲回路。对于气缸行程较长、速度较快的应用场合,除考虑气缸的终端缓冲外,还可以通过回路来实现缓冲。图 8-44(a) 为快速排气阀和溢流阀配合使用的控制回路。当活塞杆缩回时,由于回路中节流阀 4 的开口量调得较小,其气阻较大,使气缸无杆腔的排气受阻而产生一定的背压,余气只能经快速排气阀 3、溢流阀 2 和节流阀 1(开口量比节流阀 4 大)排空。当气缸活塞左移接近终端,无杆腔压力下降至打不开溢流阀时,剩余气体只能经节流阀 4、换向阀的排气口排出,从而取得缓冲效果。图 8-44(b) 所示回路是单向节流阀与二位二通机控行程阀配合使用的缓冲回路。当换向阀处于左位时,气缸无杆腔进气,活塞杆快速伸出,此时,有杆腔余气经二位二通机控行程阀、换向阀排气口排空。当活塞杆伸出至活塞杆上的挡块压下二位二通机控行程阀时,二位二通机控行程阀的快速排气通道被切断。此时,有杆腔余气只能经节流阀和换向阀的排气口排空，使活塞的运动速度由快速转为慢速，从而达到缓冲的目的。

(a)使用单向节流阀　　(b)使用排气节流阀

图 8-42　双向调速回路　　　　　图 8-43　慢进快退调速回路

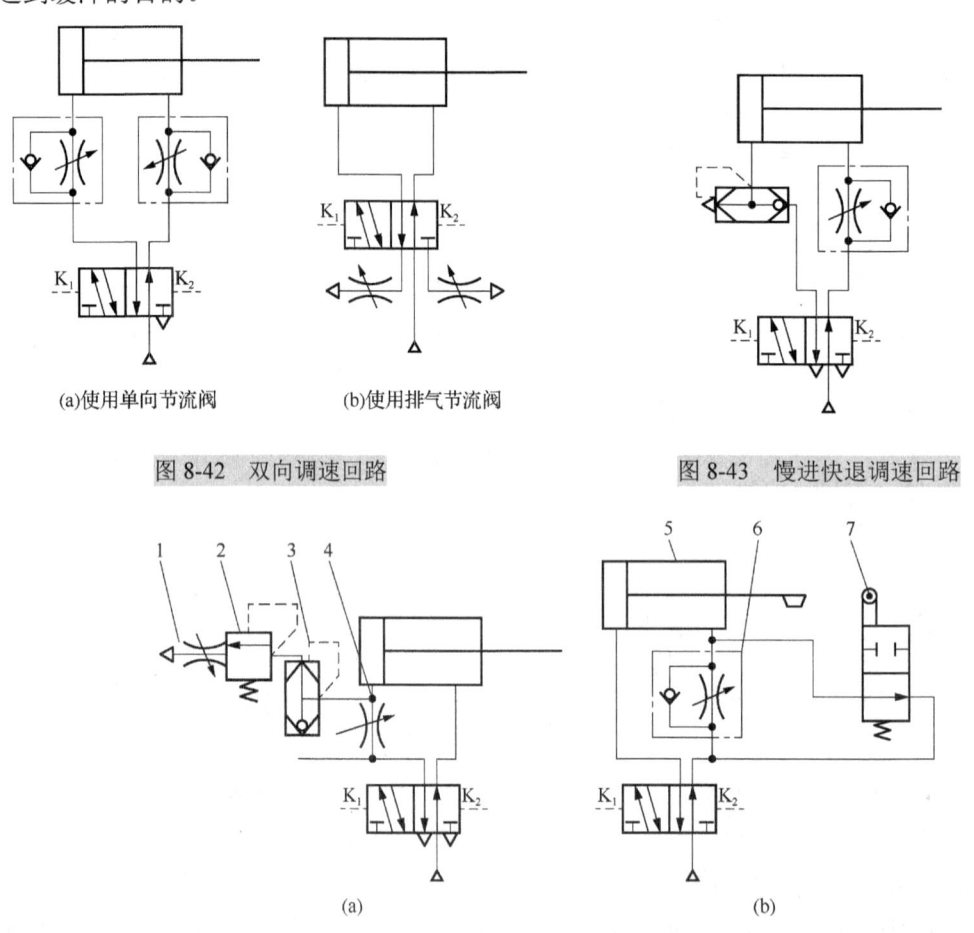

图 8-44　缓冲回路

1、4-节流阀；2-溢流阀；3-快速排气阀；5-气缸；6-单向节流阀；7-行程阀

3. 气—液联动的速度控制回路

采用气—液联动，得到平稳运动速度的常用方式有两种：一种是应用气液阻尼缸的回路；另一种是应用气液转换器的速度控制回路。这两种调速回路都不需要设置液压动力源，却可以获得如液压传动那样平稳的运动速度。

1）气液阻尼缸调速回路

（1）慢进快退调速回路。许多应用场合，如组合机床的动力滑台，一般都希望以平稳的运动速度实现进给运动，在返程时则尽可能快速，以利于提高工效。这样的调速回路如图 8-45 所示。由图可知，气—液阻尼缸是由气缸和阻尼缸串联而成的，气缸是动力缸，油缸是阻尼缸。当换向阀处于左位时，气缸无杆腔进

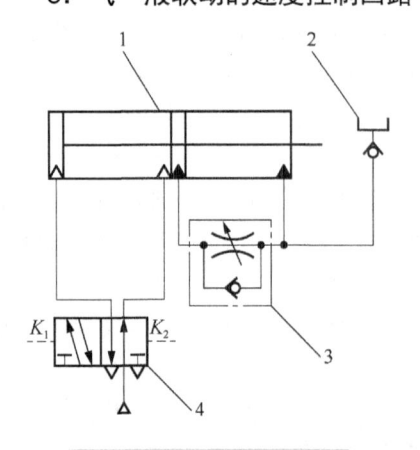

图 8-45　慢进快退调速回路

1-气—液阻尼缸；2-油杯；3-单向节流阀；4-换向阀

气,有杆腔排气,活塞杆伸出,此时,油缸右腔的油液经节流阀流到左腔,其活塞的运动速度取决于节流阀的开口量。当换向阀处于右位时,气缸活塞杆缩回。此时,油缸左腔的油液经单向阀流回右腔,因液阻很小,故可实现快退动作。

图8-45中所设油杯是补油用的,其作用是防止油液泄漏以后渗入空气而使平稳性变差,它应放置在比缸高的地方。

(2)变速回路。图8-46所示是采用气—液阻尼缸的调速回路。图8-46(a)所示回路的换向阀处于左位时,活塞杆伸出,在伸出过程中,ab段为快速进给行程(图8-46(c))。b为速度换接点,bc段行程为慢速进给行程,进给速度取决于节流阀的开口量。换向阀处于右位时,活塞杆快速缩回,油缸左腔油液经单向阀快速流回右腔。图8-46(c)中ab段可通过外接管路沟通,也可以在油缸内壁加工一条较窄的长槽沟通。图8-46(b)是借助于二位二通行程阀实现速度换接的,当活塞杆伸出,在其上的挡块未压下行程阀时,实现快速进给;一旦挡块压下行程阀,就变快进为慢进运动。活塞杆缩回时同样是快速运动。由此可见,这两种回路基本相同,其不同之处是:图8-46(a)速度换接的行程不可变,外接管路简单;图8-46(b)安装行程阀要占空间位置,但只要改变行程阀的安装位置,就可改变速度换接的行程。

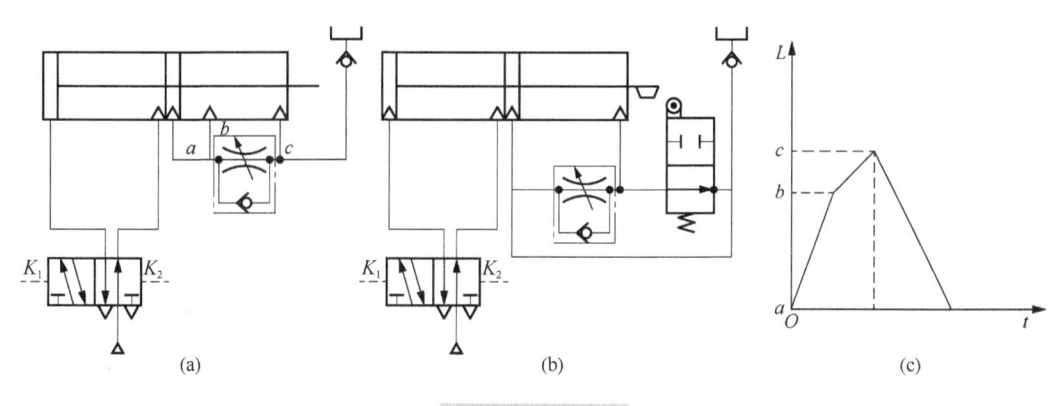

图8-46 变速回路

2)气—液转换器的调速回路

采用气—液转换器的调速回路与采用气—液阻尼缸的调速回路一样,也能得到平稳的运动速度。在图8-47(a)所示回路中,当换向阀处于左位时,压缩空气进入气—液缸的无杆腔,推动活塞右移,有杆腔油液经节流阀进入气—液转换器的下端,上端的压缩空气经换向阀排气口排空。此时,活塞杆以平稳的速度伸出,伸出的速度由节流阀调节。当换向阀处于右位时,压缩空气进入气—液转换器的上端,油液受压后从下端经单向阀进入气—液缸的有杆腔,活塞杆缩回,无杆腔的余气经换向阀的排气口排空。当气—液缸的活塞杆伸出时,如需速度换接,可借助如图8-47(b)所示的带机控行程阀的回路。在此回路中的活塞杆伸出过程中,当其上挡块未压下行程阀时为快速运动,一旦压下行程阀,就立刻转为慢速运动,进给速度取决于节流阀的开口量。选用这两种回路时要注意气—液转换器的安装位置,正确的方法是气腔在上,液腔在下,不能颠倒。

采用气—液转换器的调速回路不受安装位置的限制,可任意放置在方便的地方,而且加工简单,工艺性好。

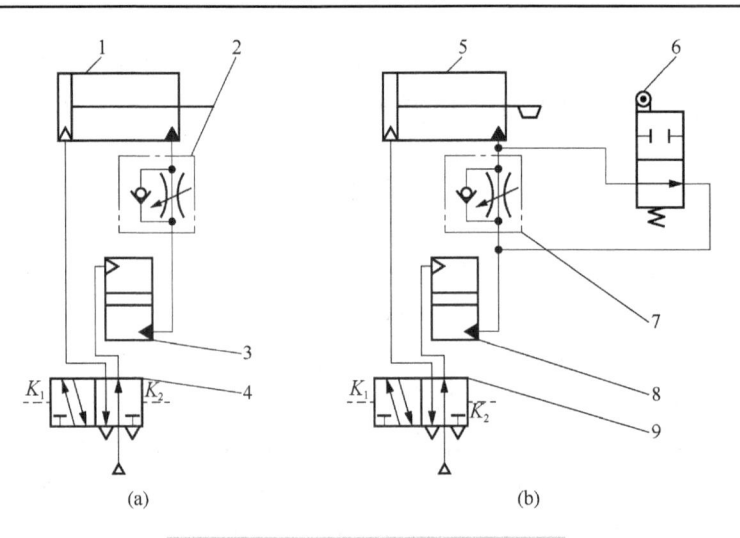

图 8-47 气—液转换器的速度控制回路

1、5-气液缸；2、7-单向节流阀；3、8-气—液转换器；4、9-换向阀；6-行程阀

8.5.4 方向控制回路

方向控制回路又称换向回路，它是通过换向阀的换向，来实现改变执行元件的运动方向的。因为控制换向阀的方式较多，所以方向控制回路的方式也较多，下面介绍几种较为典型的方向控制回路。

1．单作用气缸的换向回路

单作用气缸换向回路用三位五通换向阀可控制单作用气缸伸、缩、任意位置停止。单作用气缸的换向回路如图 8-48 所示。当电磁换向阀通电时，该阀换向，处于右位。此时，压缩空气进入气缸的无杆腔，推动活塞并压缩弹簧使活塞杆伸出。

当电磁换向阀断电时，该阀复位至图示位置。活塞杆在弹簧力的作用下回缩，气缸无杆腔的余气经换向阀排气口排入大气。这种回路具有结构简单、耗气少等特点。但气缸有效行程减少，承载能力随弹簧的压缩量而变化。在应用中气缸的有杆腔要设呼吸孔，否则，不能保证回路正常工作。

2．双作用气缸的换向回路

图 8-49 所示是一种采用二位五通双气控换向阀的换向回路。当有 K_1 信号时，换向阀换向处于左位，气缸无杆腔进气，有杆腔排气，活塞杆伸出；当 K_1 信号撤除，加入 K_2 信号时，换向阀处于右位，气缸进、排气方向互换，活塞杆回缩。由于双气控换向阀具有记忆功能，故气控信号 K_1、K_2 使用长、短信号均可，但不允许 K_1、K_2 两个信号同时存在。

3．差动控制回路

差动控制是指气缸的无杆腔进气活塞杆伸出时，有杆腔的排气又回到进气端的无杆腔，如图 8-50 所示。该回路用一只二位三通手拉阀控制差动式气缸。当操作手拉阀使该阀处于右位时，气缸的无杆腔进气，有杆腔的排气经手拉阀也回到无杆腔成差动控制回路。该回路与非差动连接回路相比较，在输入同等流量的条件下，其活塞的运动速度可提高，但活塞杆上的输出力要减小。当操作手拉阀处于左位时，气缸有杆腔进气，无杆腔余气经手拉阀排气口排空，活塞杆缩回。

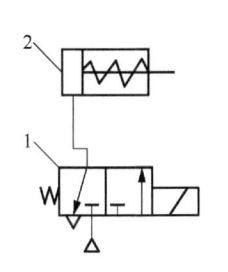

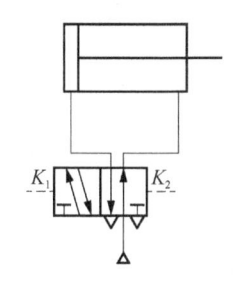

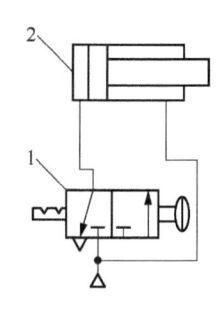

图 8-48　单作用缸的换向回路　　　图 8-49　双作用缸的换向回路　　　图 8-50　差动控制回路

1-换向阀；2-气缸　　　　　　　　　　　　　　　　　　　　　　　　　1-二位二通手拉阀；2-差动式气缸

4. 多位运动控制回路

采用一只二位换向阀的换向回路，一般只能在气缸的两个终端位置才能停止。如果要使气缸有多个停止位置，就必须要增加其他元件。若采用三位换向阀，则实现多位控制就比较方便了。其组成回路详见图 8-51。该回路利用三位换向阀的不同中位机能，得到不同的控制方案。其中图 8-51(a)所示是中封式控制回路，当三位换向阀两侧均无控制信号时，阀处于中位，此时气缸停留在某一位置上。当阀的左端加入控制信号时，阀处于左位，气缸右端进气，左端排气，活塞向左运动。在活塞运动过程中若撤去控制信号，则阀在对中弹簧的作用下又回到中位，此时气缸两腔中的压缩空气均被封住，活塞停止在某一位置上，要使活塞继续向左运动，必须在换向阀左侧再加入控制信号。另外，如果阀处于中位，要使活塞向右运动，只要在换向阀右侧加入控制信号使阀处于右位即可。图 8-51(b)和图 8-51(c)所示控制回路的工作原理与图 8-51(a)所示回路的工作原理基本相同，不同的是三位阀的中位机能不一样。当阀处于中位时，图 8-51(b)所示气缸两端均与气源相通，即气缸两腔均保持气源的压力，由于气缸两腔的气源压力和有效作用面积都相等，所以活塞处于平衡状态而停留在某一位置上；图 8-51(c)所示回路中气缸两腔均与排气口相通，即两腔均无压力作用，活塞处于浮动状态。

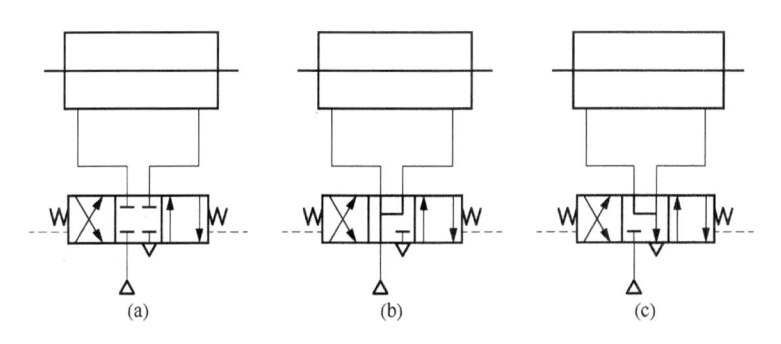

图 8-51　多位运动控制回路

8.5.5　安全保护回路

1. 互锁回路

（1）单缸互锁回路。这种回路应用极为广泛，如送料、夹紧与进给之间的互锁，即只有送料到位后才能夹紧，夹紧工件后才能进行切削加工（进给）等。

图 8-52 所示是 a 和 b 两个信号之间的互锁回路。也就是说只有当 a 和 b 两个信号同时存在时，才能够得到 a、b 与信号 $a \cdot b$，使二位四通换向阀换向至右位，其输出使气缸活塞杆伸出，否则，换向阀不换向，气缸活塞杆处于缩回状态。

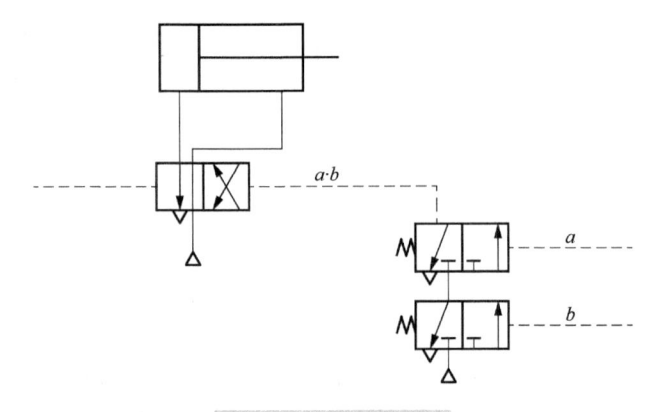

图 8-52 单缸互锁回路

（2）多缸互锁回路。图 8-53 所示是 A、B 和 C 三缸互锁回路。在操作二位三通气控换向阀（1）、（2）和（3）时，只允许与所操作的二位三通气控换向阀相应的气缸动作，其余两个气缸都锁于原来位置。例如，操作二位三通阀（1），使它换向处于左位，其输出使二位五通双气控换向阀（1'）也处于左位，该阀的输出进入 A 缸的无杆腔，使 A 缸的活塞杆伸出。此时，A 缸的进气管路与梭阀（1″）和（3″）的输出端相连，梭阀（1″）和（3″）有输出信号。由图可知，梭阀（1″）的输出与二位五通双气控换向阀（3'）的右侧相连，即梭阀的输出使该阀处于右位，换向阀（3'）的输出把 C 缸锁于退回状态；而梭阀（3″）的输出与二位五通双气控换向阀（2'）的右侧相连，同样把 B 缸锁于退回状态。同理，操作二位三通单气控换向阀（2），B 缸活塞杆伸出，A 缸和 C 缸被锁于退回状态；操作二位三通单气控换向阀（3），C 缸活塞杆伸出，A 缸和 B 缸被锁于退回状态。

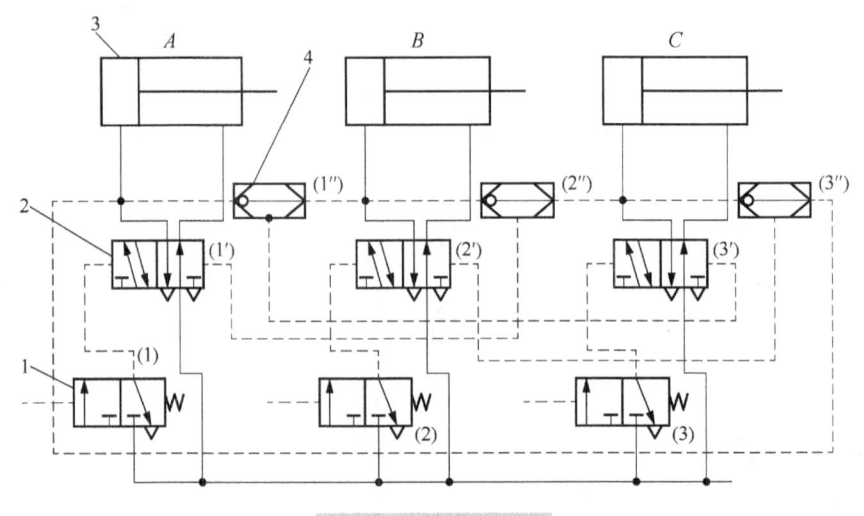

图 8-53 多缸互锁回路

1-单气控换向阀；2-双气控换向阀；3-气缸；4-梭阀

2. 过载保护回路

图 8-54 所示为一种过载保护回路。操作手动按钮阀 2 发出手动信号，使换向阀 3 换向处于左位，通过该阀向气缸 4 的无杆腔供气，有杆腔余气经换向阀排气口排空。当气缸的推力克服正常负载时，活塞杆伸出，直至杆上挡块压下机控行程阀 7 时，行程阀发出行程信号，此信号经梭阀 6 使换向阀 3 换向处于右位，换向阀 3 的输出使活塞杆缩回。再操作手动按钮阀一次，又重复上述动作一次。当气缸活塞杆伸出过程中需克服超常负载时，气缸左腔压力随负载的增加而升高，当压力升高到顺序阀 5 的调定值时，该阀被打开，其输出经梭阀，使换向阀 3 换向并处于右位，其输出使活塞杆立刻缩回，防止系统因过载而可能造成事故。

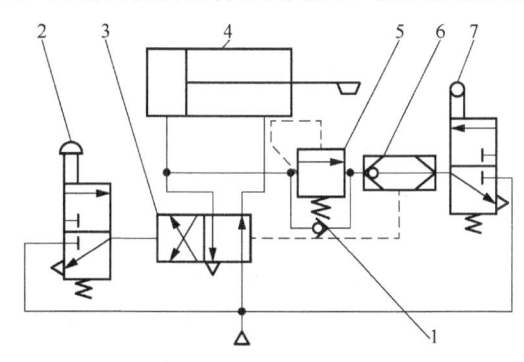

图 8-54 过载保护回路

1-单向阀；2、3-换向阀；4-气缸；5-顺序阀；6-梭阀；7-行程阀

习　题

8-1　在图 8-55 所示调压回路中，如 $p_{Y1} = 2\text{MPa}$、$p_{Y2} = 4\text{MPa}$，泵卸荷时的各种压力损失均可忽略不计，试列表表示 A、B 两点处在电磁阀不同调度工况下的压力值。

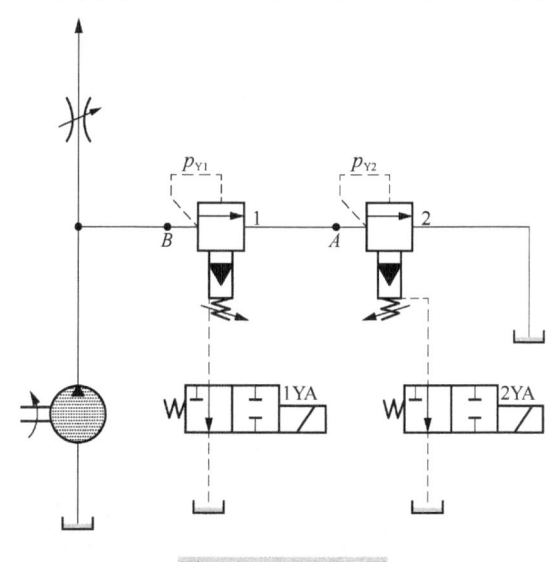

图 8-55　习题 8-1 图

8-2　图 8-56 所示为二级调压回路，在液压系统循环运动中当电磁阀 4 通电右位工作

时，液压系统突然产生较大的液压冲击。试分析其产生的原因，并提出改进措施。

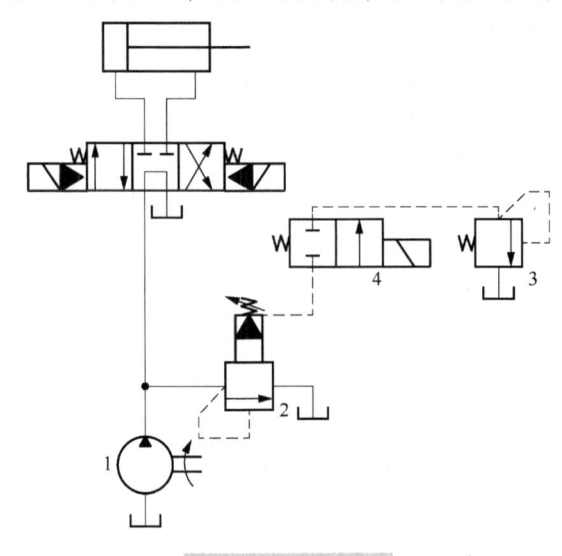

图 8-56 习题 8-2 图

8-3 图 8-57 所示为两套供油回路供不允许停机修理的液压设备使用。两套回路的元件性能规格完全相同。一套使用，另一套维修。但开机后，发现泵的出口压力上不去，达不到设计要求。试分析其产生的原因，并提出改进意见。

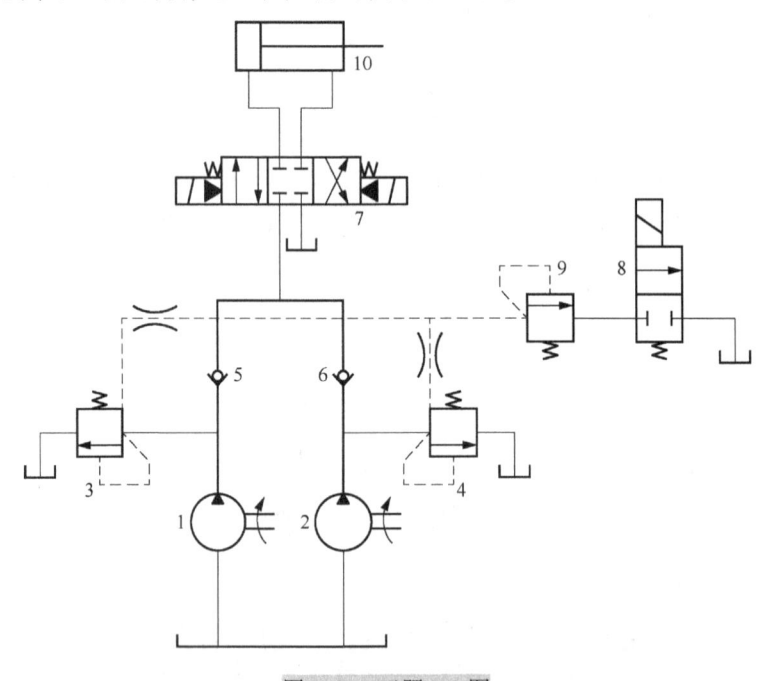

图 8-57 习题 8-3 图

8-4 在图 8-58 所示回路中，已知活塞运动时的负载 $F=1200\text{N}$，活塞面积 $A=15\times10^{-4}\text{m}^2$，溢流阀调整值为 $p_Y=4.5\text{MPa}$，两个减压阀的调整值分别为 $p_{J1}=3.5\text{MPa}$ 和 $p_{J2}=2\text{MPa}$，如油液流过减压阀及管路时的损失可略去不计，试确定活塞在运动时和停在终端位置时，A、B、C 三点压力值。

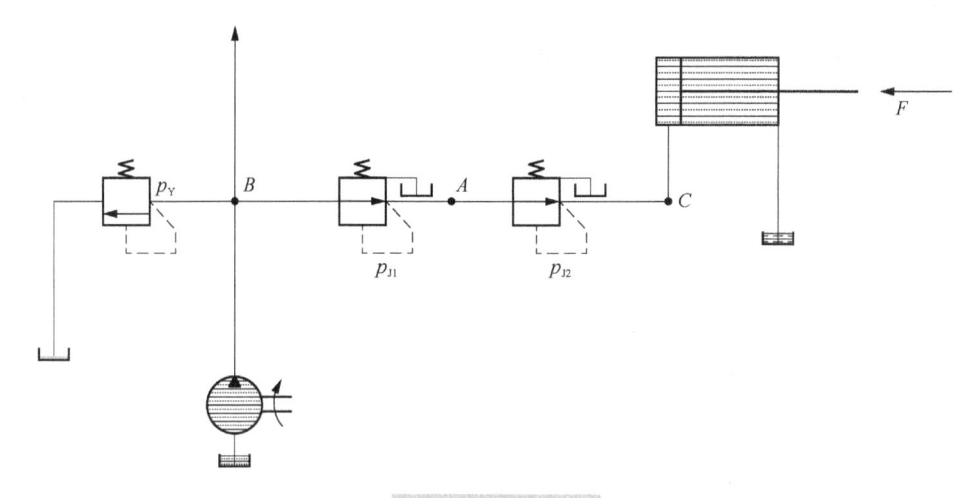

图 8-58 习题 8-4 图

8-5 图 8-59 所示为利用电液换向阀 M 型中位技能的卸荷回路，但当电磁铁通电后，换向阀并不动作，因此液压缸也不运动。试分析产生的原因，并提出解决方案。

8-6 如图 8-60 所示的平衡回路中，若液压缸无杆腔面积为 $A_1 = 80 \times 10^{-4} \text{m}^2$，有杆腔面积 $A_2 = 40 \times 10^{-4} \text{m}^2$，活塞与运动部件自重 $G = 6000\text{N}$，运动时活塞上的摩擦力为 $F_f = 2000\text{N}$，向下运动时要克服负载阻力为 $F_L = 24000\text{N}$，试问顺序阀和溢流阀的最小调整压力各为多少？

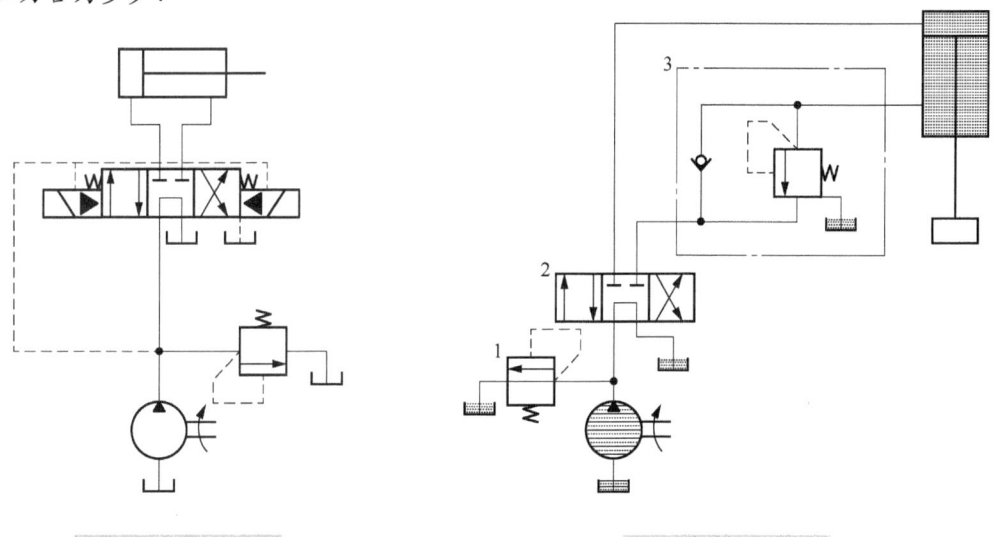

图 8-59 习题 8-5 图   图 8-60 习题 8-6 图

8-7 图 8-61 所示为采用液控单向阀的平衡回路。当液压缸向下运行时，活塞断续地向下跳动，并因此引起剧烈的振动，使系统无法正常工作。试分析其产生的原因，并提出改进措施。

8-8 在图 8-62 所示的速度换接回路中，已知两节流阀通流截面积分别为 $A_{T1} = 1\text{mm}^2$，$A_{T2} = 2\text{mm}^2$，流量系数 $C_d = 0.67$，油液密度 $\rho = 900 \text{kg/m}^3$，负载压力 $p_L = 2\text{MPa}$，溢流阀调整压力 $p_Y = 3.6\text{MPa}$，无杆腔活塞面积 $A = 50 \times 10^{-4} \text{m}^2$，液压泵流量 $q_P = 25 \text{L/min}$，若不计管道损失，试问：

（1）电磁铁通电和断电时，活塞的运动速度各为多少？
（2）将两个节流阀的通流截面积大小对换，结果如何？

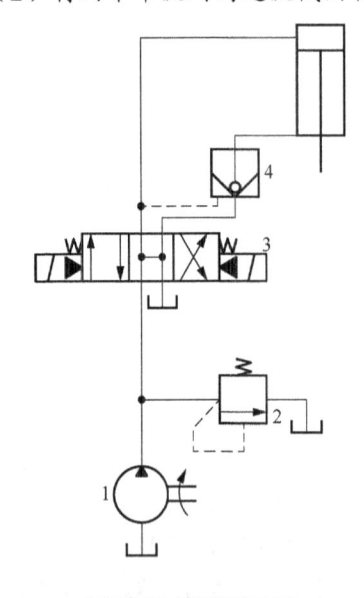

图 8-61　习题 8-7 图

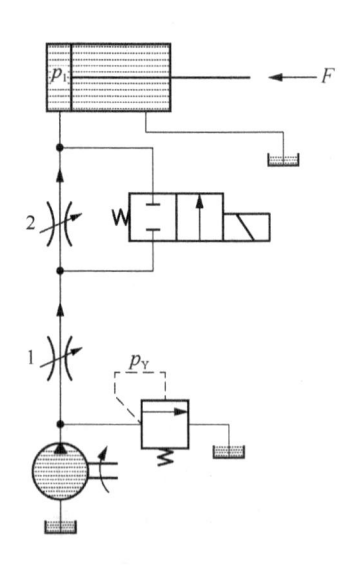

图 8-62　习题 8-8 图

第 9 章 典型液压与气压系统

在各种工作机械上，采用液压系统的地方是很多的，不可能一一列举。本章只介绍几个典型液压系统，借以说明液压技术是如何发挥其无级调速，输出力大，高速起动、制动和换向，易于实现自动化等优点的。各个典型液压系统图都用图形符号绘制，其工作原理则通过工作循环图和（或）系统的动作循环表，或用文字叙述其油液流动路线来说明。

9.1 组合机床动力滑台液压系统

动力滑台是组合机床（图 9-1）上实现进给运动的一种通用部件，配上动力头和主轴箱后可以对工件完成各种孔加工、端面加工等工序。液压动力滑台用液压缸驱动，它在电气和机械装置的配合下可以实现各种自动工作循环。

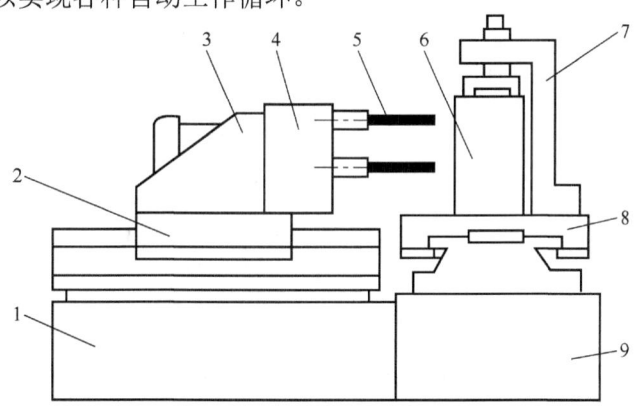

图 9-1 组合机床

1-床身；2-动力滑台；3-动力头；4-主轴箱；5-刀具；6-工件；7-夹具；8-工作台；9-底座

图 9-2 和表 9-1 分别为 YT4543 型动力滑台的液压系统图和系统的动作循环表。由图和表可见，这个系统能够实现"快进→工进→停留→快退→停止"的半自动工作循环，其工作情况如下。

表 9-1 YT4543 型动力滑台液压系统的循环表

动作名称	信号来源	电磁铁工作状态			液压元件工作状态				
		1YA	2YA	3YA	顺序阀 2	先导阀 11	换向阀 12	电磁阀 9	行程阀 8
快进	启动按钮	+	-	-	关闭	左位	左位	右位	右位
一工进	挡块压下行程阀 8	+	-	-	打开	左位	左位	右位	左位
二工进	挡块压下行程开关	+	-	+	打开	左位	左位	左位	左位
停留	滑台靠压在死挡块处	+	-	+	打开	左位	左位	左位	左位
快退	时间继电器发出信号	-	+	-	关闭	右位	右位	右位	右位
停止	挡块压下终点开关	-	-	-	关闭	中位	中位	右位	右位

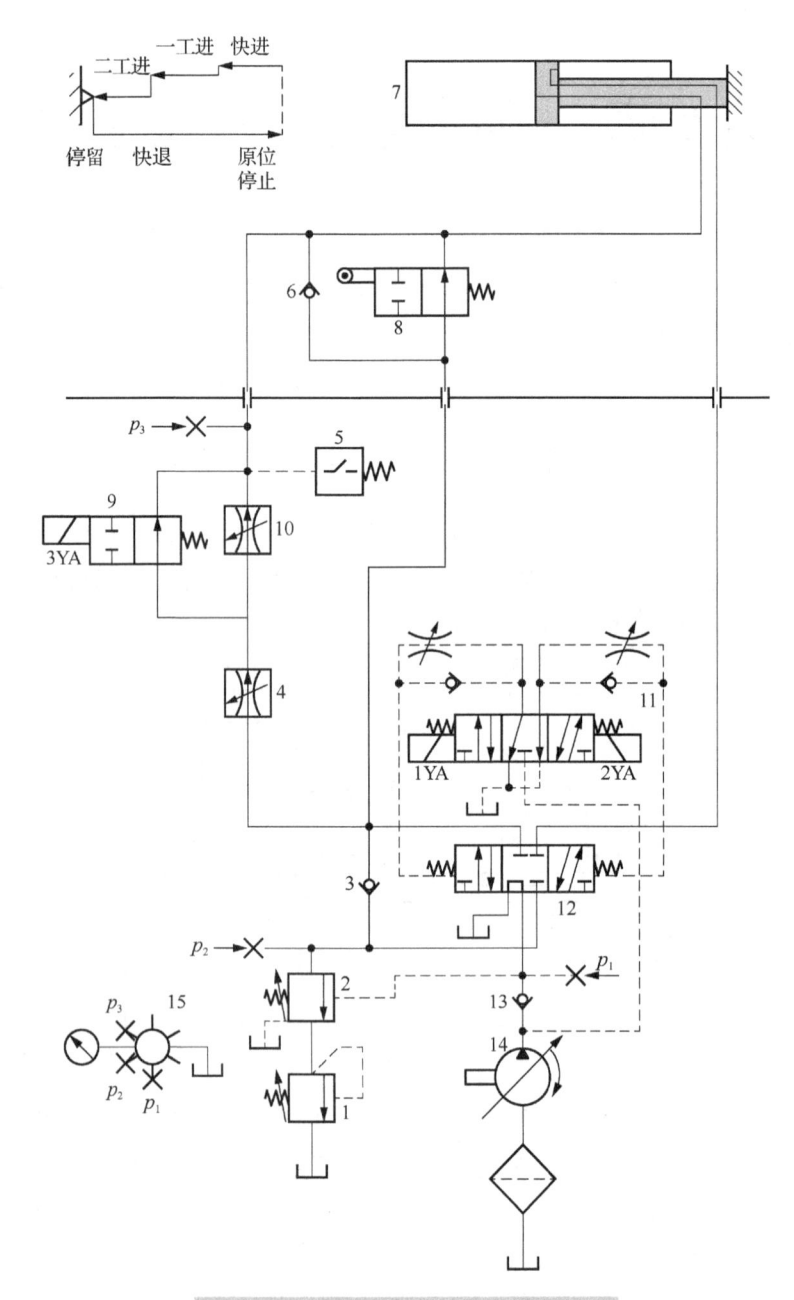

图 9-2 YT4543 型动力滑台的液压系统图

1-背压阀；2-顺序阀；3、6、13-单向阀；4-一工进调速阀；5-压力继电器；7-液压缸；8-行程阀；9-电磁阀；10-二工进调速阀；11-先导阀；12-换向阀；14-变量泵；15-压力表开关；p_1、p_2、p_3-压力表接点

（1）快速前进。电磁铁 1YA 通电，换向阀 12 左位接入系统，顺序阀 2 因系统压力不高仍处于关闭状态。这时液压缸 7 做差动连接，变量泵 14 输出最大流量。系统中油液的流动情况如下。

进油路：变量泵 14→单向阀 13→换向阀 12（左位）→行程阀 8（右位）→液压缸 7 左腔。

回油路：液压缸 7 右腔→换向阀 12（左位）→单向阀 3→行程阀 8（右位）→液压缸 7 左腔。

（2）一次工作进给。在滑台前进到预定位置，挡块压下行程阀 8 时开始。这时系统力升高，顺序阀 2 打开；变量泵 14 自动减小其输出流量，以便与一工进调速阀 4 的开口相适应。系统中油液的流动情况如下。

进油路：变量泵 14→单向阀 13→换向阀 12（左位）→一工进调速阀 4→电磁阀 9（右位）→液压缸 7 左腔。

回油路：液压缸 7 右腔→换向阀 12（左位）→顺序阀 2→背压阀 1→油箱。

（3）二次工作进给。在第一次工作进给结束，挡块压下行程开关，电磁铁 3YA 通电时开始。顺序阀 2 仍打开，变量泵 14 输出流量与二工进调速阀 10 的开口相适应。系统中油液的流动情况如下。

进油路：变量泵 14→单向阀 13→换向阀 12（左位）→一工进调速阀 4→二工进调速阀 10→液压缸 7 左腔。

回油路：液压缸 7 右腔→换向阀 12（左位）→顺序阀 2→背压阀 1→油箱。

（4）停留。在滑台以二工进速度行进到碰上死挡块不再前进时开始，并在系统压力进一步升高、压力继电器 5 经时间继电器（图中未示出）按预定停止时间发出信号后终止。

（5）快退。在时间继电器发出信号，电磁铁 1YA 断电、2YA 通电时开始。这时系统压力下降，变量泵 14 流量又自动增大。系统中油液的流动情况如下。

进油路：变量泵 14→单向阀 13→换向阀 12（右位）→液压缸 7 右腔。

回油路：液压缸 7 左腔→单向阀 6→换向阀 12（右位）→油箱。

（6）停止。在滑台快速退回到原位，挡块压下终点开关，电磁铁 2YA 和 3YA 都断电时出现。这时换向阀 12 处于中位，液压缸 7 两腔封闭，滑台停止运动。系统中油液的流动情况如下。

卸荷油路：变量泵 14→单向阀 13→换向阀 12（中位）→油箱。

从以上的叙述中可以看到，这个液压系统有以下一些特点。

（1）系统采用了限压式变量叶片泵—调速阀—背压阀式调速回路，能保证稳定的低速运动（进给速度最小可达 6.6mm/min）、较好的速度刚性和较大的调速范围（$R \approx 100$）。

（2）系统采用了限压式变量泵和差动连接式液压缸来实现快进，能量利用比较合理。滑台停止运动时，换向阀使液压泵在低压下卸荷，可减少能量损耗。

（3）系统采用了行程阀和顺序阀实现快进与工进的换接，不仅简化了电路，而且使动作可靠，换接精度也比电气控制式高。至于两个工进之间的换接则由于两者速度都较低，采用电磁阀完全能保证换接精度。

9.2 万能外圆磨床液压系统

万能外圆磨床主要用来磨削柱形（包括阶梯形）或锥形外圆表面，在使用附加装置时还可以磨削圆柱孔和圆锥孔。外圆磨床上工作台的往复运动和抖动、工作台的手动和机动的互锁、砂轮架的间歇进给运动和快速运动、尾架的松开等都是用液压来实现的。外圆磨床对往复运动的要求很高——不但应保证机床有尽可能高的生产率，还应保证换向过程平稳、换向精度高。为此机床上常采用行程制动式换向回路（见 8.4 节），使工作台起动和停止迅速，并在换向过程中有一段短时间的停留。

图 9-3 所示为 M1432A 型万能外圆磨床的液压系统图。由图可见，这个系统利用工作台

挡块 16 和先导阀 17 的拨杆可以连续地实现工作台的往复运动与砂轮架的间歇自动进给运动，其工作情况如下。

（1）工作台往复运动。在图 9-3 所示状态下，开停阀 3 处于右位，先导阀 17 和换向阀 1 都处于右端位置，工作台向右运动，主油路中油液的流动情况如下。

进油路：液压泵→换向阀 1（右位）→工作台液压缸 4 右腔。

回油路：工作台液压缸 4 左腔→换向阀 1（右位）→先导阀 17（右位）→开停阀 3（右位）→节流阀 5→油箱。

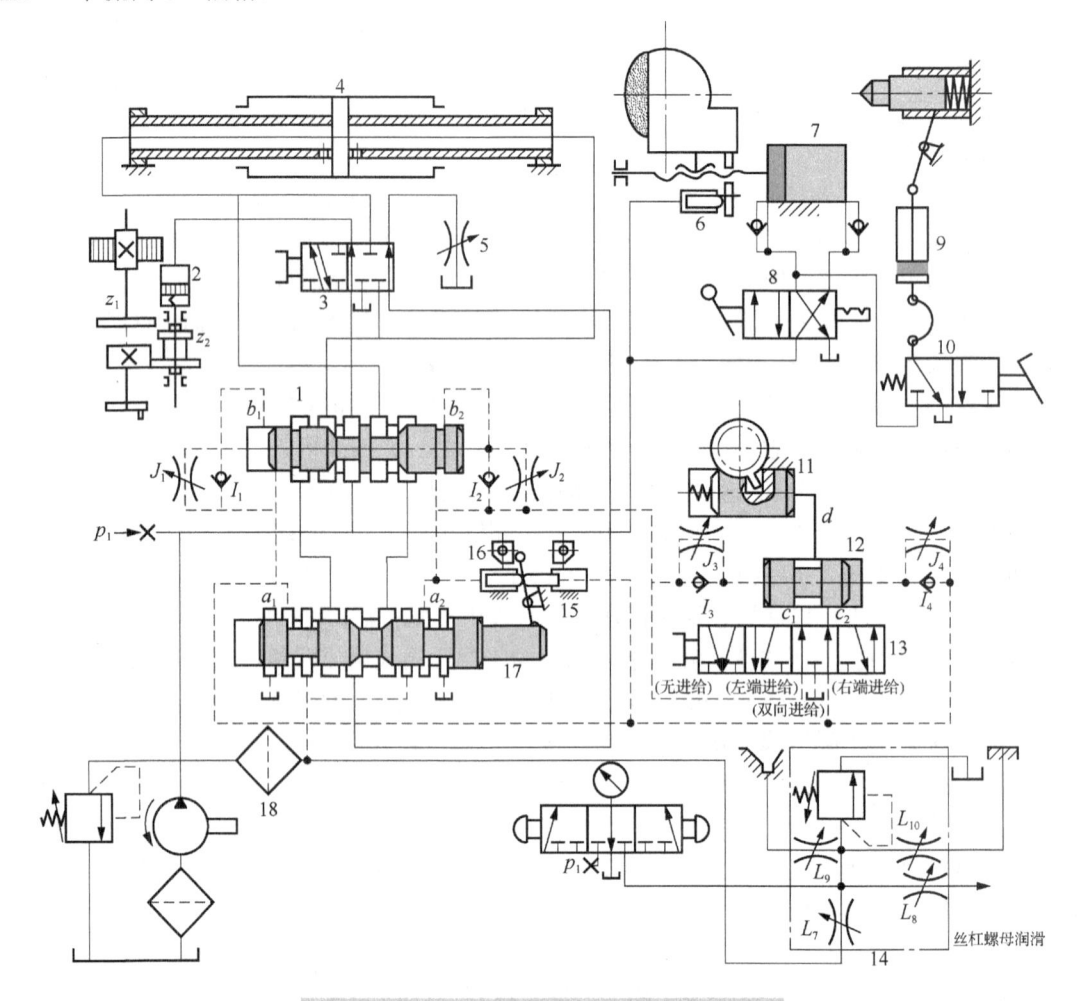

图 9-3 M1432A 型万能外圆磨床的液压系统图

1-换向阀；2-互锁缸；3-开停阀；4-工作台液压缸；5-节流阀；6-闸缸；7-快动缸；8-快动阀；9-尾架缸；10-尾架阀；11-进给缸；12-进给阀；13-选择阀；14-润滑稳定器；15-抖动缸；16-挡块；17-先导阀；18-精过滤器

当工作台向右移动到预定位置时，工作台上的左挡块 16 拨动先导阀 17，并使它最终处于左端位置上。这时操纵油路上 a_2 点接通高压油、a_1 点接通油箱，使换向阀 1 也处于其左端位置上，于是主油路中油液的流动就变为如下情况。

进油路：液压泵→换向阀 1（左位）→工作台液压缸 4 左腔。

回油路：工作台液压缸 4 右腔→换向阀 1（左位）→先导阀 17（左位）→开停阀 3（右位）→节流阀 5→油箱。

工作台向左运动，并在其右挡块 16 碰上拨杆后发生与上述情况相反的变换，使工作台又改变方向向右运动。如此不停地反复进行，直到开停阀 3 拨向左位时才使运动停下来。

（2）工作台换向过程。工作台换向时，先导阀 17 先受挡块的操纵而移动，接着又受抖动缸 15 的操纵而产生快跳；换向阀 1 的操纵油路则先后三次变换通流情况，使其阀芯产生第一次快跳、慢速移动和第二次快跳。这样就使工作台的换向经历了迅速制动、停留和迅速反向起动三个阶段。具体情况如下。

当图 9-3 中先导阀 17 被拨杆推着向左移动时，先导阀 17 中段的右制动锥逐渐将通向节流阀 5 的通道关小，使工作台逐渐减速，实现预制动。当工作台挡块 16 推动先导阀 17 直到其阀芯右部环形槽使 a_2 点接通高压油，左部环形槽使 a_1 点接通油箱时，控制油路被切换。这时抖动缸 15 便推动先导阀 17 向左快跳；这里油液的流动情况如下。

进油路：液压泵→精滤油器 18→先导阀 17（左位）→抖动缸 15 左缸。

回油路：抖动缸 15 右缸→先导阀 17（左位）→油箱。

同时，液动换向阀 1 也开始向左移动，因为阀芯右端接通高压油，即

液压泵→精过滤器 18→先导阀 17（左位）→单向阀 I_2→换向阀 1 阀芯右端，

所以阀芯左端通向油箱的油路先后出现三种接法。

在图 9-3 所示的状态下，首先，回油的流动路线为：换向阀 1 阀芯左端→先导阀 17（左位）→油箱。回油路通畅无阻，阀芯移动速度很大，出现第一次快跳，右部制动锥很快关小主回油路的通道，使工作台迅速制动。当换向阀 1 阀芯快速移过一小段距离时，它的中部台肩移到阀体中间沉割槽处，使工作台液压缸 4 两腔油路相通，工作台停止运动。然后，换向阀 1 在压力油作用下继续左移，直通先导阀 17 的通道被切断，回油流动路线改为：换向阀 1 阀芯左端→节流阀 J_1→先导阀 17（左位）→油箱。这时阀芯按节流阀（也称停留阀）J_1 调定的速度慢速移动。由于阀体上沉割槽宽度大于阀芯中部台肩的宽度，工作台液压缸 4 两腔油路在阀芯慢速移动期间继续保持相通，使工作台的停止持续一段时间（可在 0~5s 调整），这就是工作台在其反向前的端点停留。最后，当阀芯慢速移动到其左部环形槽和先导阀 17 相接的通道接通时，回油流动路线又改变成：换向阀 1 阀芯左端→通道 b_1→换向阀 1 左部环形槽→先导阀 17（左位）→油箱。回油路又通畅无阻，阀芯出现第二次快跳，主油路被迅速切换，工作台迅速反向起动，最终完成了全部换向过程。

在反向时，先导阀 17 和换向阀 1 自左向右移动的换向过程与上面相同，但这时 a_2 点接通油箱而 a_1 点接通高压油。

（3）砂轮架的快进快退运动。这个运动由快动阀 8 操纵，由快动缸 7 来实现。在图 9-3 所示的状态下，快动阀 8 右位接入系统，砂轮架快速前进到其最前端位置，快进的终点位置是靠活塞与缸盖的接触来保证的。为了防止砂轮架在快速运动终点处引起冲击和提高快进运动的重复位置精度，快动缸 7 的两端设有缓冲装置（图中未画出），并设有抵住砂轮架的闸缸 6，用于消除丝杠和螺母间的间隙。当快动阀 8 左位接入系统时，砂轮架快速后退到其最后端位置。

（4）砂轮架的周期进给运动。这个运动由进给阀 12 操纵，由砂轮架进给缸 11 通过其活塞上的拨爪棘轮、齿轮、丝杠螺母等传动副来实现。砂轮架的周期进给运动可以在工件左端停留时进行，可以在工件右端停留时进行，也可以在工件两端停留时进行，也可以由选择阀 13 的位置决定。在图 9-3 所示的状态下，选择阀 13 选定的是双向进给，进给阀 12 在操纵油

路的 a_1 和 a_2 点每次相互变换压力时,向左或向右移动一次(因为通道 d 与通道 c_1 和 c_2 各接通一次),于是砂轮架便做一次间歇进给。进给量由拨爪棘轮机构调整,进给快慢及平稳性则通过调整节流阀 J_3、J_4 来保证。

(5)工作台液动手动的互锁。这个动作是由互锁缸 2 来实现的。当开停阀 3 处于图 9-3 所示位置时,互锁缸 2 内通入压力油,推动活塞使齿轮 z_1 和 z_2 脱开,工作台运动时就不会带动手轮转动。当开停阀 3 左位接入系统时,互锁缸 2 接通油箱,活塞在弹簧作用下移动,使齿轮 z_1 和 z_2 啮合,且工作台液压缸 4 左右腔互通,工作台就可以通过摇动手轮来移动,以调整工件。

(6)尾架顶尖的退出。这个动作由一个脚踏式的尾架阀 10 操纵,由尾架缸 9 来实现。尾架顶尖只在砂轮架快速退出时才能后退以确保安全,因为这时系统中的压力油须在快动阀 8 左位接入时才能通向尾架阀 10 处。

这台磨床的液压系统具有以下一些特点。

(1)系统采用了活塞杆固定式双杆液压缸,保证左、右两向运动速度一致,并使机床的占地面积不大。

(2)系统采用了普通节流阀式调速回路,功率损失小,这对调速范围不需很大、负载较小且基本恒定的磨床来说是很相宜的。此外,出口节流的形式在液压缸回油腔中造成的背压力有助于工作稳定,有助于加速工作台的制动,也有助于防止系统中渗入空气。

(3)系统采用了 HYY21/3P25T 型快跳式操纵箱,结构紧凑,操纵方便,换向精度和换向平稳性都较高。此外,这种操纵箱还能使工作台高频抖动(即在很短的行程内实现快速往复运动),有利于提高切入磨削时的加工质量。

9.3　汽车起重机液压系统

1. 概述

汽车起重机机动性好,能以较快速度行走,采用液压起重机,承载能力大,可在有冲击、振动和环境较差的条件下工作。其执行元件需要完成的动作较为简单,位置精度较低,大部分采用手动操纵,液压系统工作压力较高。因为是起重机械,所以保证安全是至关重要的问题。

图 9-4 所示为汽车起重机的工作机构,它由如下五个部分构成。

(1)支腿。起重作业时使汽车轮胎离开地面,架起整车,不使载荷压在轮胎上,并可调节整机的水平。

(2)回转机构。使吊臂回转。

(3)伸缩机构。改变吊臂的长度。

(4)变幅机构。改变吊臂的倾角。

(5)起降机构。使重物升降。

2. 工作原理

Q2-8 型汽车起重机是一种中小型起重机,其液压系统如图 9-5 所示。这是一种通过手动操纵来实现多缸各自动作的系统。为简化结构,系统用一个液压泵给各执行元件串联供油。在轻载情况下,各串联的执行元件可任意组合,使几个执行元件同时动作,如伸缩和回转、伸缩和变幅等。

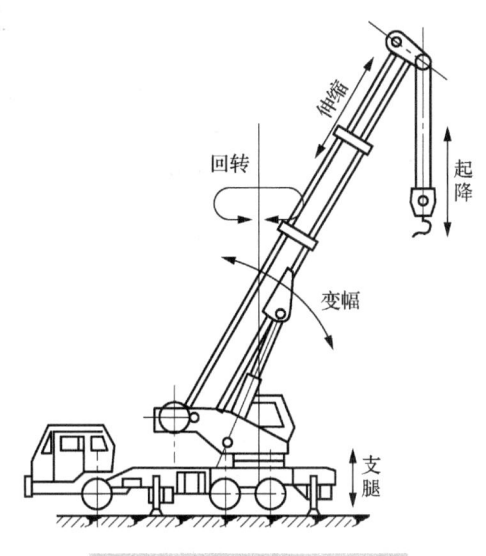

图 9-4 汽车起重机的工作机构

该系统液压泵的动力由汽车发动机通过装在底盘变速器上的取力箱提供。液压泵的额定压力为 21MPa，排量为 40mL/r，转速为 1500r/min，液压泵通过中心回转接头 9、开关 10 和过滤器 11 从油箱吸油；输出的压力油经多路阀 1 和 2 串联地输送到各执行元件。系统工作情况与手动换向阀位置的关系见表 9-2。

下面对各个回路动作进行叙述。

（1）支腿回路。汽车起重机的底盘前后各有两条支腿，每一条支腿由一个液压缸驱动。两条前支腿和两条后支腿分别由三位四通手动换向阀 A 和 B 控制其伸出或缩回。换向阀均采用 M 型中位机能，且油路是串联的。每个液压缸的油路上均设有双向锁紧回路，以保证支腿被可靠地锁住，防止在起重作业时产生"软腿"现象或行车过程中支腿自行滑落。

（2）回转回路。回转机构采用液压马达作为执行元件。液压马达通过蜗轮蜗杆减速器和一对内啮合的齿轮来驱动转盘。转盘转速较低，仅为 1~3r/min，故液压马达的转速也不高，就没有必要设置液压马达的制动回路。因此，系统中只采用一个三位四通手动换向阀 C 来控制转盘的正转、反转和不动三种工况。

（3）伸缩回路。起重机的吊臂由基本臂和伸缩臂组成，伸缩臂套在基本臂之中，用一个由三位四通手动换向阀 D 控制的伸缩液压缸来驱动吊臂的伸出和缩回。为防止因自重而使吊臂下落，油路中设有平衡回路。

（4）变幅回路。吊臂变幅就是用一个液压缸来改变起重臂的角度。变幅液压缸由三位四通手动换向阀 E 控制。同样，为防止变幅作业时因自重而使吊臂下落，在油路中设有平衡回路。

（5）起降回路。起降机构是汽车起重机的主要工作机构，它是一个由大转矩液压马达带动的卷扬机。液压马达的正、反转由三位四通手动换向阀 F 控制。起重机起升速度的调节是通过改变汽车发动机的转速从而改变液压泵的输出流量和液压马达的输入流量来实现的。在液压马达的回油路上设有平衡回路，以防止重物自由落下；此外，在液压马达上还设有由单向节流阀和单作用闸缸组成的制动回路，使制动器张开延时而紧闭迅速，以避免卷扬机起停时产生溜车下滑现象。

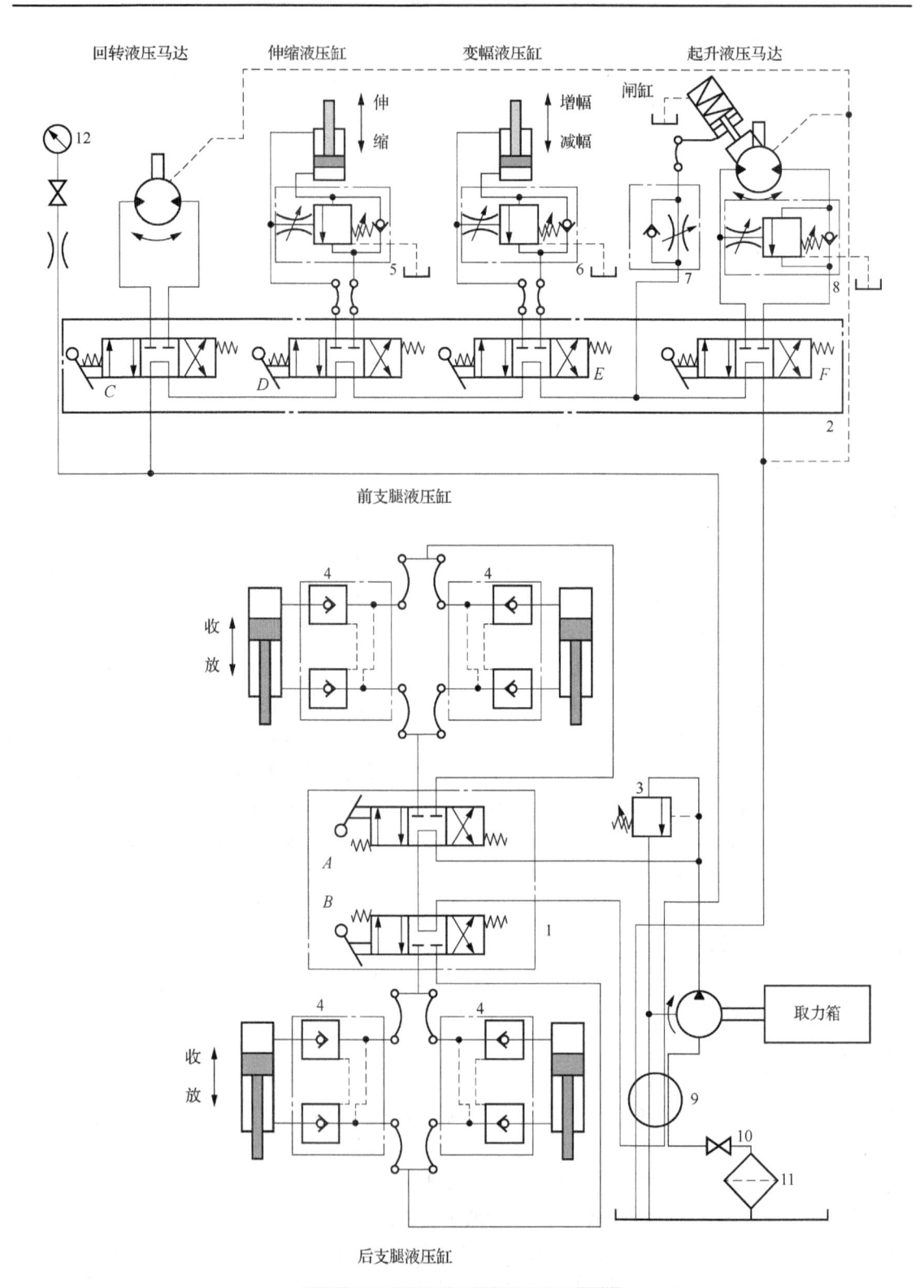

图 9-5　Q2-8 型汽车起重机液压系统图

1、2-多路阀；3-安全阀；4-双向液压锁；5、6、8-平衡阀；7-单向节流阀；9-中心回转接头；10-开关；11-过滤器；12-压力表；A、B、C、D、E、F-手动换向阀

表 9-2 Q2-8 型汽车起重机液压系统的工作情况

手动换向阀位置						系统工作情况						
阀A	阀B	阀C	阀D	阀E	阀F	前支腿液压缸	后支腿液压缸	回转液压马达	伸缩液压缸	变幅液压缸	起升液压马达	制动液压缸
左位	中位					伸出	不动	不动	不动	不动	不动	制动
右位	中位					缩回						
中位	左位	中位	中位	中位	中位	不动	伸出	不动	不动	不动	不动	制动
	右位						缩回					
	中位	左位						正转				
		右位						反转				
		中位	左位						缩回			
			右位						伸出			
			中位	左位						减幅		
				右位						增幅		
				中位	左位						正转	松开
					右位						反转	

3. 性能分析

从图 9-5 可以看出，该液压系统由调压、调速、换向、锁紧、平衡、制动、多缸卸荷等回路组成，其性能特点如下。

（1）在调压回路中，用安全阀限制系统最高压力。

（2）在调速回路中，用手动调节换向阀的开度来调整工作机构（起降机构除外）的速度，方便灵活，但劳动强度较大。

（3）在锁紧回路中，采用由液控单向阀构成的双向液压锁将前后支腿锁定在一定位置上，工作可靠，且有效时间长。

（4）在平衡回路中，采用经过改进的单向液控顺序阀作平衡阀，以防止在起升、吊臂伸缩和变幅作业过程中因重物自重而下降，工作可靠；但在一个方向有背压，造成一定的功率损耗。

（5）在多缸卸荷回路中，采用三位换向阀 M 型中位机能并将油路串联起来，使任何一个工作机构既可单独动作，也可在轻载下任意组合地同时动作；但六个换向阀串接，也使液压泵的卸荷压力加大。

（6）在制动回路中，采用由单向节流阀和单作用闸缸构成的制动器，工作可靠，且制动动作快，松开动作慢，确保安全。

9.4 气动系统应用与分析

随着机械装备自动化的发展，气动技术应用越来越广泛。气动系统在气动技术中是关键的一环。它直接面向用户，根据用户的要求将各类气动元件进行组合，开发了新的应用领域。

9.4.1 气动机械手

气压传动在工业机械手特别是高速机械手中应用较多。它的压力一般在 0.4～0.6MPa，个别达 0.8～1.0MPa，臂力压力一般在 3.0MPa 以下。下面是气压传动机械手在 160t 冷挤压机上的应用情况介绍。

1. 气动系统的工作原理

160t 冷挤压机用于生产活塞销，采用冷挤压的方法直接将毛坯挤压成形。挤压机两侧分别安装有上料和下料两台机械手。

机械手采用行程开关式固定程序控制，控制系统与机器系统相配合，由上料机械手控制机器滑块的下压和原料补充，下料机械手则由机器滑块的回升来控制。

图 9-6 所示是 160t 冷挤压机上料机械手工作原理图。气缸 1 推动齿条 2，带动齿轮 3 和锥齿轮 12，同时带动立柱 11 旋转。这样，固定在立柱上的压料气缸 10 及手臂随之旋转。而锥齿轮 12 则经锥齿轮 4 带动手臂使其绕手臂轴 5 自转，从而使工件轴心线由水平位置转成垂直位置。然后手臂伸缩气缸 6 推动手臂伸出，使工件轴心线对正机器轴心线。压料气缸 10 随之推动压臂，将工件压入模孔，完成上料任务。最后各气缸反向动作复原，手臂伸缩气缸伸出手爪抓料并退回，至此完成一个循环动作。

上料机械手气动系统原理如图 9-7 所示。

下料机械手共有两个伸缩气缸，一个使手臂伸缩，另一个夹放料，放料时工件从料槽滑入料箱。此过程较简单，不再用图示说明。

2. 气动系统的特点

本系统具有如下特点。

（1）不用增速机构即能获得较高的运动速度，使其能快速自动地完成上料、下料动作。

（2）结构简单，刚性好，成本低。

（3）空气泄漏基本无害，对管路要求低。

（4）为保证机械手速度均匀、动作协调，系统中需增设一定的气动辅助元件，如蓄压器、压力继电器等。

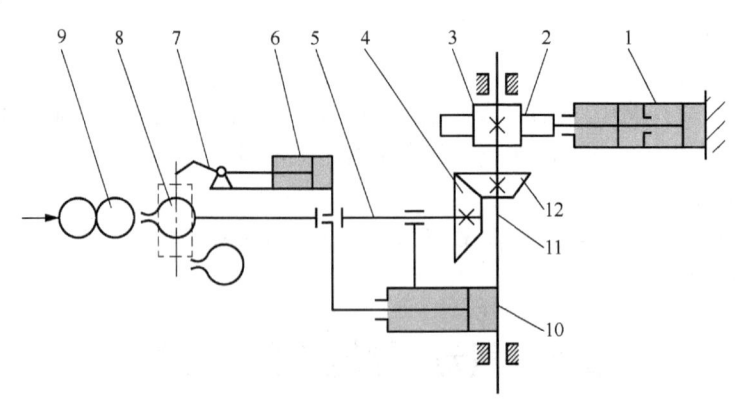

图 9-6 160t 冷挤压机上料机械手工作原理

1-气缸；2-齿条；3-齿轮；4、12-锥齿轮；5-手臂轴；6-手臂伸缩气缸；7-手爪；8-模具；9-工件；10-压料气缸；11-立柱

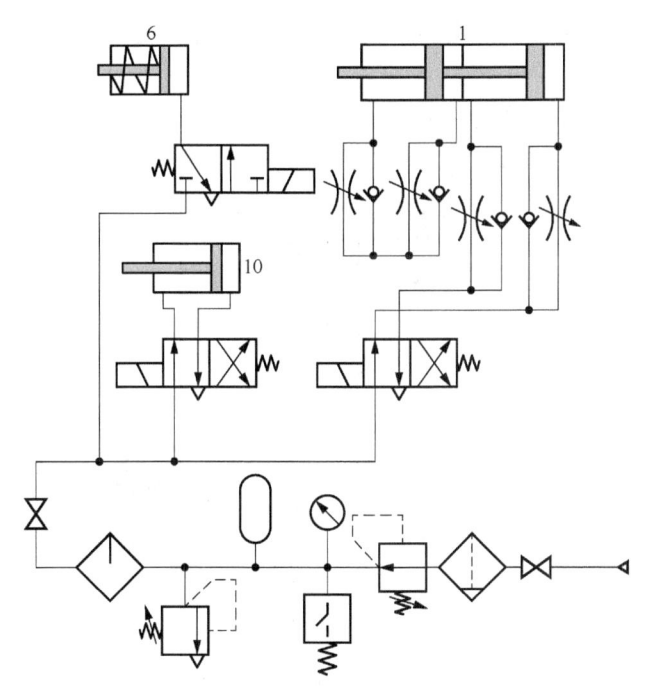

图 9-7 上料机械手气动系统原理图

1-气缸；6-手臂伸缩气缸；10-压料气缸

9.4.2 香皂装箱机气动系统

1. 气动系统工作原理

该装箱机的作用是将每 480 块香皂装入一个纸箱内，如图 9-8(a)所示。装箱的全部动作，由托箱气缸 A、装箱气缸 B、托皂气缸 C 和计数气缸 D 完成，如图 9-8(b)所示。前三只气缸 A、B、C 都是普通型双作用气缸，但计数气缸是单作用气缸，且它的气源由托皂气缸直接供给，气压推动活塞返回，活塞的伸出靠弹簧作用来实现。

操作时，首先人工把纸箱套在装箱框上，触动行程开关 7，使运输带的电路接通，运输带将香皂运送过来。这样，香皂排列在托皂板上，每排满 12 块，就碰到行程开关 1 使运输带停止运转，同时电磁铁 1YA 通电，托皂气缸将托皂板托起，使香皂通过搁皂板后就搁在搁皂板上（搁皂板只能向上翻，不能向下翻）。这时行程开关 1 已被松开，运输带就继续运送香皂，如此每满 12 块，托皂缸就上下一次，并通过计数气缸将棘轮转过一齿。棘轮圆周上共有 40 个齿，在棘轮同一轴上还有两个凸轮 11 和 12，凸轮 11 有四个缺口，凸轮 12 有两个缺口，凸轮的圆周各压住一个行程开关。

托皂板每升起 10 次，棘轮就转过 10 个齿，这时行程开关 3 刚好落入凸轮 11 的缺口而松开。由此发出的信号使电磁铁 3YA 通电，装箱气缸推动装箱板，将叠成 10 层的一摞 120 块香皂推到装箱台上，推动的距离由行程开关 9 的位置决定。当装箱气缸活塞杆上的挡板 13 碰到行程开关 9 时，气缸就退回。

当托皂气缸上下 20 次时，装皂台上存有两摞 240 块香皂，这时凸轮 12 上的缺口对正行程开关 8，它发出信号，一方面使行程开关 9 断开，同时又将电磁铁 3YA 再次接通，因此装箱气缸再次前进，直到其活塞杆上的挡板碰到行程开关 6 才退回。此时，电磁铁 5YA 接通，托箱缸活塞杆伸出，使托箱板托住箱底。此后，又重复前述过程，直到将四摞 480 块香皂都通过装箱框装进纸箱内，这时托板又起来托住箱底，将装有香皂的纸箱送到运输带上，再由人工贴上封箱条，至此完成一次循环操作。

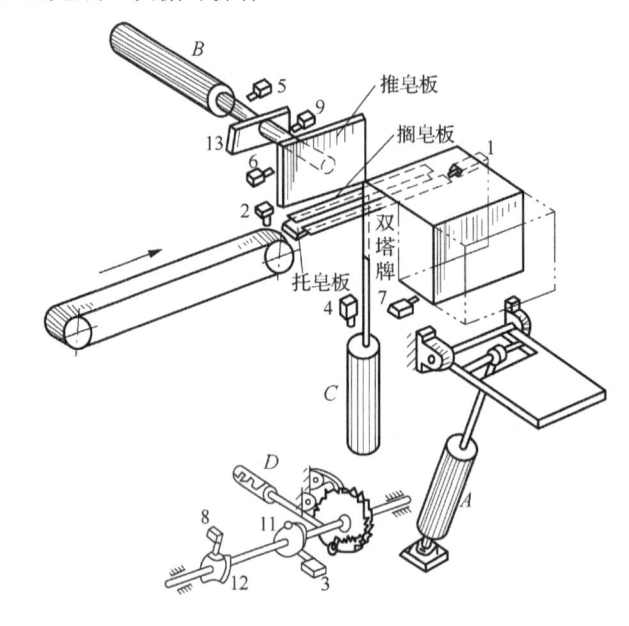

(a)设备示意图

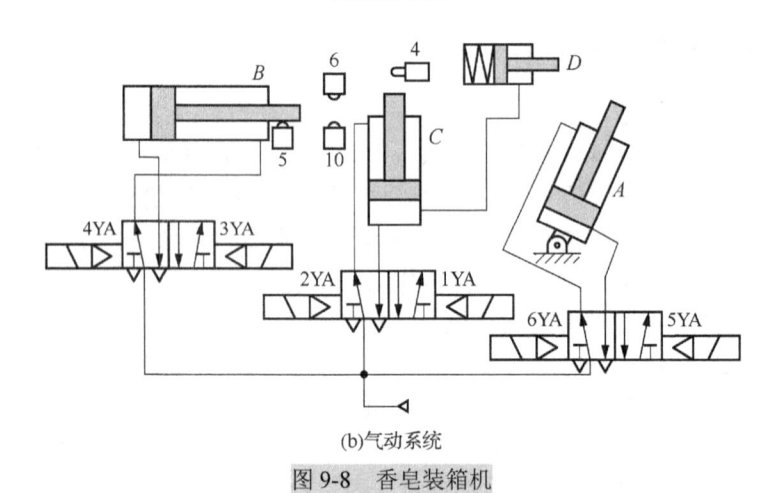

(b)气动系统

图 9-8　香皂装箱机

1～10-行程开关；11、12-凸轮；13-挡板；A-托箱气缸；B-装箱气缸；C-托皂气缸；D-计数气缸

2．气动系统的特点

本系统具有如下特点。

（1）系统采用凸轮与行程开关相结合的机-电控制，来实现气缸的顺序动作，既可任意调整气缸的行程，动作又可靠。

（2）三只动作气缸均采用二位五通电磁阀作为主控阀，各行程信号由行程开关取得，使系统结构简单，调整方便。

（3）计数气缸由托皂气缸供气，使两气缸联锁，且采用棘轮与凸轮联合计数，计数准确，可靠性好。

习 题

9-1 图 9-9 所示的液压系统是怎样工作的？按其动作循环表中提示依次阅读，将该表填写完整，并作出系统的工作原理说明。

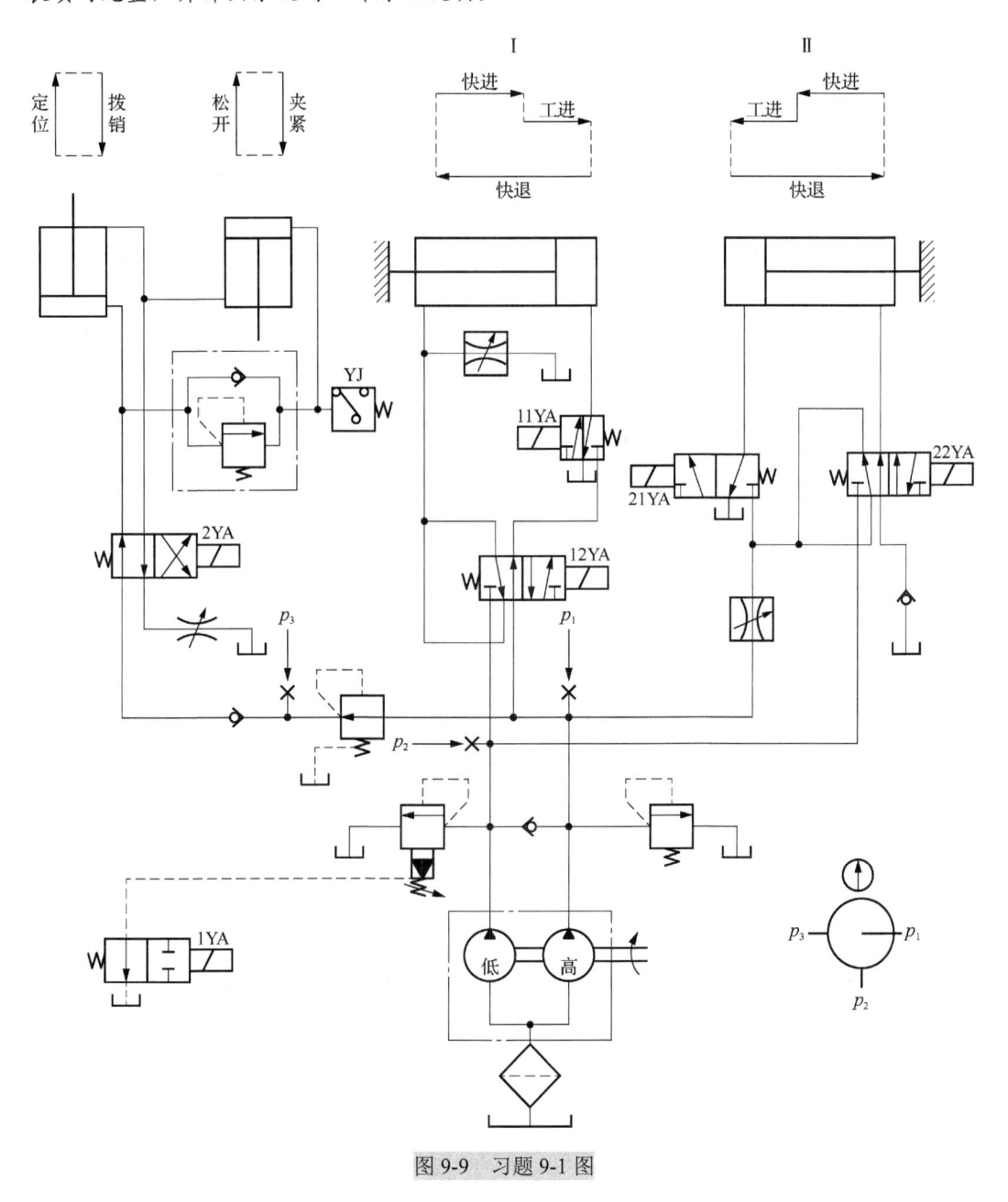

图 9-9 习题 9-1 图

表 9-3　系统动作循环

动作名称	电气元件状态							备注
	1YA	2YA	11YA	12YA	21YA	22YA	YJ	
定位夹紧								①Ⅰ、Ⅱ各自独立，互不约束 ②12YA、22YA 有一个通电时，1YA 便通电；12YA、22YA 均断电时，1YA 才断电
快进								
工进、卸荷（低）								
快退								
松开、拔销								
原位、卸荷（低）								

9-2　试写出图 9-10 所示液压系统的动作循环表，并评述这个液压系统的特点。

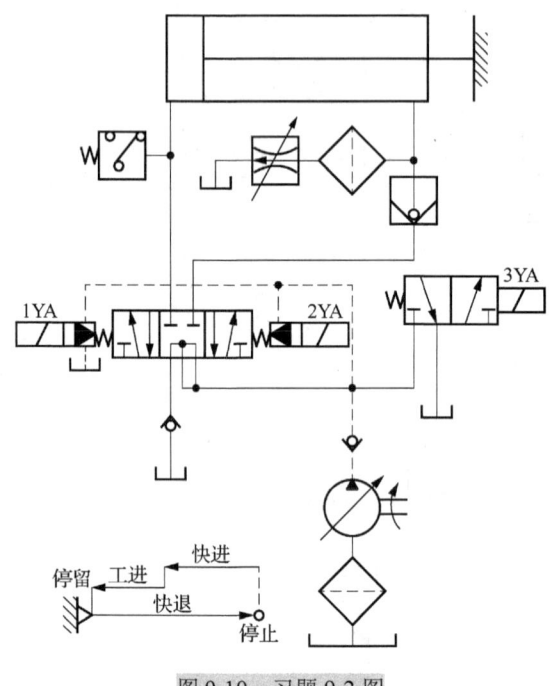

图 9-10　习题 9-2 图

9-3　如图 9-11 所示的压力机液压系统能实现"快进—慢进—保压—快退—停止"的动作循环。试读懂此系统图，并写出：包括油液流动情况的动作循环表；标号元件的名称和功用。

图 9-11 习题 9-3 图

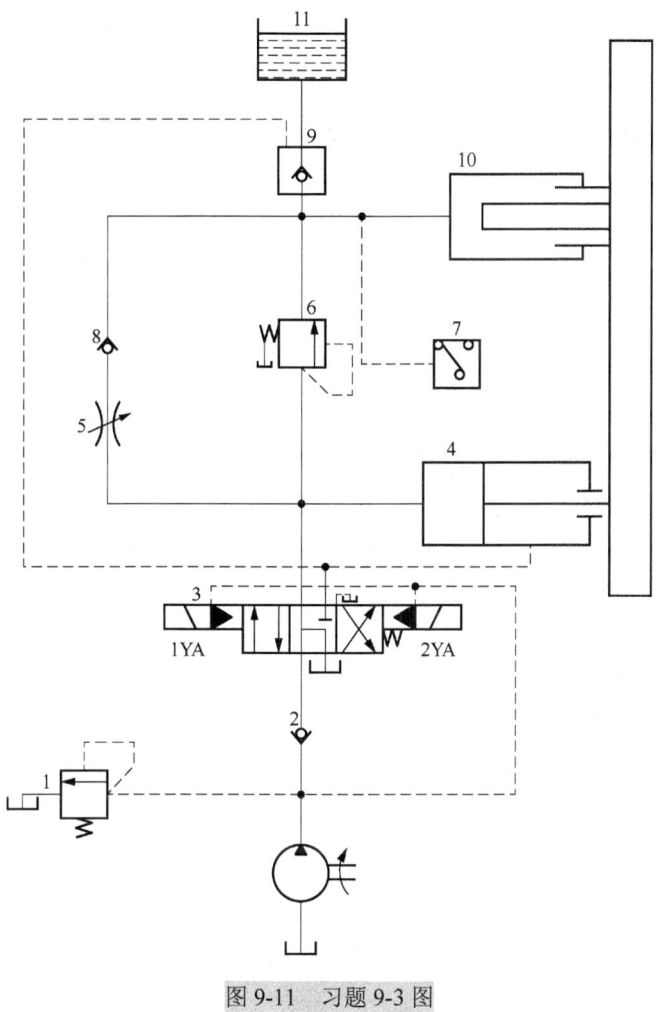

第 10 章 液压系统的设计与计算

液压系统有液压传动系统和液压控制系统之分，一般所说液压系统的设计泛指液压传动系统的设计。从结构组成或工作原理上看，这两类系统并无本质上的差别，仅仅是一类以传递动力为主，追求传动特性的完善；另一类以实施控制为主，追求控制特性的完善。但是，随着应用要求的提高和科学技术的发展，两者的界限将越来越不明显。

任何液压系统的设计，除了应满足主机在动作和性能方面规定的种种要求，还必须符合质量和体积小、成本低、效率高、结构简单、工作可靠、使用与维护方便等一些普遍的设计原则。

设计液压系统的出发点，可以是充分发挥其组成元件的工作性能，也可以是着重追求其工作状态的可靠性。前者着眼于效能，后者着眼于安全，实际的设计工作则常常是这两种观点不同程度的组合。

为此，液压传动系统的设计迄今仍没有一个公认的统一步骤，往往随着系统的繁简、借鉴的多寡、设计人员经验的不同而在做法上呈现出差异。图 10-1 所示为这种设计的基本内容和一般流程。这里除了最末一项外全都属于性能设计的范围。这些步骤相互关联、彼此影响，因此常需穿插进行、交叉展开。最末一项属于结构设计内容，则须仔细查阅产品样本、技术手册和资料，选定元件的结构和配置形式，才能布局绘图。

本章对它不做介绍。

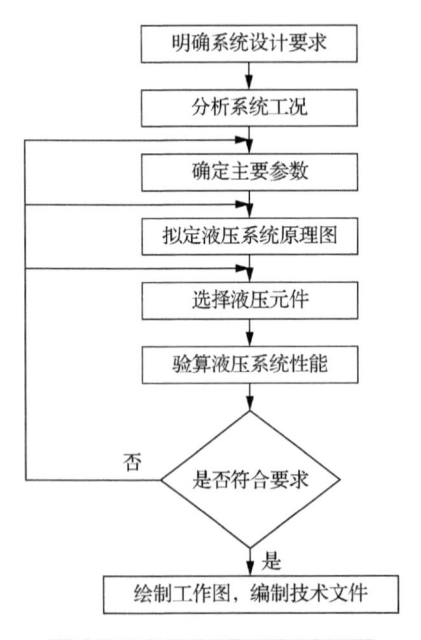

图 10-1 液压系统一般设计流程

10.1 液压传动系统的设计

10.1.1 明确系统设计要求

这个步骤的具体内容如下。

（1）主机的用途、主要结构、总体布局；主机对液压系统执行元件在位置布置和空间尺寸以及质量上的限制。

（2）主机的工艺流程或工作循环；液压执行元件的运动方式（移动、转动或摆动）及其工作范围。

（3）液压执行元件的负载和运动速度的大小及其变化范围。

（4）主机各液压执行元件的动作顺序或互锁要求，各动作的同步要求及同步精度。

（5）对液压系统工作性能（如工作平稳性、转换精度等）、工作效率、自动化程度等方面的要求。

（6）液压系统的工作环境和工作条件，如周围介质、环境温度、湿度、尘埃情况、外界冲击振动等。

（7）其他方面的要求，如液压装置在外观、色彩、经济性等方面的规定或限制。

10.1.2 分析系统工况，确定主要参数

1．分析系统工况

对液压系统进行工况分析，就是要查明它的每个执行元件在各自工作过程中的运动速度和负载的变化规律，这是满足主机规定的动作要求和承载能力所必须具备的。液压系统承受的负载可由主机的规格规定，可由样机通过实验测定，也可以由理论分析确定。当用理论分析确定系统的实际负载时，必须仔细考虑它的所有组成项目，如工作负载（切削力、挤压力、弹性塑性变形抗力、重力等）、惯性负载和阻力负载（摩擦力、背压力）等，并把它们绘制成图，如图10-2(a)所示。同样地，液压执行元件在各动作阶段的运动速度也须相应地绘制成图，如图10-2(b)所示。设计简单的液压系统时，这两种图可以省略不画。

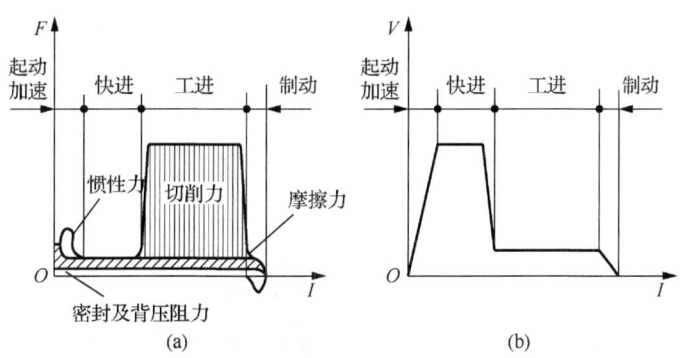

图10-2 液压系统执行元件的负载图和速度图

2．确定主要参数

这里是指确定液压执行元件的工作压力和最大流量。

液压系统采用的执行元件的形式视主机所要实现的运动种类和性质而定，执行元件形式的选择如表10-1所示。

表 10-1 执行元件形式的选择

运动形式	往复直线运动		旋转运动		往复摆动
	短行程	长行程	高速	低速	
建议采用的执行元件形式	活塞缸	柱塞缸、液压马达与齿轮齿条机构、液压马达与丝杠螺母机构	高速液压马达	低速液压马达、高速液压马达与减速机构	摆动马达

执行元件的工作压力可以根据负载图中的最大负载来选取（表10-2），也可以根据主机的类型来选取（表10-3）；最大流量则由执行元件速度图中的最大速度计算。这两者都与执行元件的结构参数（指液压缸的有效工作面积 A 或液压马达的排量 V）有关。一般的做法是首先选定执行元件的形式及其工作压力 p，然后按最大负载和预估的执行元件机械效率求出 A 或 V_M，并通过各种必要的验算、修正和圆整确定这些结构参数，最后算出最大流量 q_{max}。

表 10-2 按负载选择执行元件的工作压力（适用于中、低压液压系统）

负载 F/kN	<5	5~10	10~20	20~30	30~50	>50
工作压力 p/MPa	<0.8~1	1.5~2	2.5~3	3~4	4~5	>5~7

表 10-3 按主机类型选择执行元件的工作压力

主机类型	机床				农业机械 小型工程机械 工程机械辅助机构	液压机 中、大型挖掘机 重型机械 起重运输机械
	磨床	组合机床	龙门刨床	拉床		
工作压力 p/MPa	≤2	3~5	≤8	8~10	10~16	20~32

有些主机（如机床）的液压系统对执行元件的最低稳定速度有较高的要求，这时所确定的执行元件的结构参数 A 或 V_M 还必须符合下述条件。

$$\left.\begin{array}{ll}\text{液压缸：} & \dfrac{q_{min}}{A} \leqslant v_{min} \\ \text{液压马达：} & \dfrac{q_{min}}{A} \leqslant n_{min}\end{array}\right\} \tag{10-1}$$

式中，q_{min} 为节流阀或调速阀、变量泵的最小稳定流量，由产品性能表查出。

此外，有时还需对液压缸的活塞杆进行稳定性验算（见 4.1.3 节），验算工作常常和参数确定工作交叉进行。

以上的一些验算结果如不能满足有关的规定要求，A 或 V_M 的量值就必须进行修改。这些执行元件的结构参数最后还必须圆整成标准值见《液压泵及马达公称排量系列》（GB 2347—1980）和《流体传动系统及元件 缸径及活塞杆直径》（GB/T 2348—2018）。

液压系统执行元件的工况图是在执行元件结构参数确定之后，根据设计任务要求，算出不同阶段的实际工作压力、流量和功率之后作出的（图10-3）。工况图显示液压系统在实现整个工作循环时三个参数的变化情况。当系统中包含多个执行元件时，其工况图是各个执行元件工况图的综合。

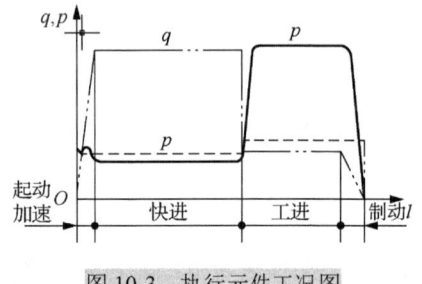

图 10-3 执行元件工况图

液压执行元件的工况图是选择系统中其他液压元件和液压基本回路的依据,也是拟定液压系统方案的依据,原因如下。

(1) 工况图中的最大压力和最大流量直接影响着液压泵及各种控制阀等液压元件的最大工作压力和最大工作流量。

(2) 工况图中不同阶段内压力和流量的变化情况决定着液压回路的油源形式的合理选用。

(3) 工况图所确定的液压系统主要参数的量值反映着原来设计参数的合理性,为主参数的修改或最后认定提供了依据。

10.1.3 拟定液压系统原理图

拟定液压系统原理图是从作用原理和结构组成上具体体现设计任务中提出的各项要求。它包含三项内容:确定系统类型、选择液压回路和集成液压系统。

液压系统在类型上究竟采用开式还是采用闭式,主要取决于它的调速方式和散热要求。一般来说,凡备有较大空间可以存放油箱且不另设置散热装置的系统、要求结构尽可能简单的系统,或采用节流调速或容积节流调速的系统,都宜采用开式;凡允许采用辅助泵进行补油并通过换油来达到冷却目的的系统、对工作稳定性和效率有较高要求的系统,或采用容积调速的系统,都宜采用闭式。

选择液压回路是根据系统的设计要求和工况图从众多的成熟方案中(参见本书第7、第8章和有关的设计手册、资料等)评比挑选出来的。挑选时既要保证满足各项主机要求,也要考虑符合节省能源、减少发热、减少冲击等原则。挑选工作首先从对主机主要性能起决定性作用的调速回路开始,然后根据需要考虑其他辅助回路,例如,对有垂直运动部件的系统要考虑平衡回路,有快速运动部件的系统要考虑缓冲和制动回路,有多个执行元件的系统要考虑顺序动作、同步或互不干扰回路,有空运转要求的系统要考虑卸荷回路等。当挑选回路出现多种可能方案时,宜平行展开,反复进行对比,不要轻易做出取舍决定。

集成液压系统是把挑选出来的各种液压回路综合在一起,进行归并整理,增添必要的元件或辅助油路,使之成为完整的系统,并在最后检查这个系统能否实现所要求的各项功能,是否再进行补充或修正,有无作用相同或相近的元件或油路可以合并等。这样才能使拟定出来的液压系统结构简单、紧凑,工作安全可靠,动作平稳、效率高,使用和维护方便。综合得好的系统方案应全由标准元件组成,至少也应使自行设计的专用件减少到最低限度。

对可靠性要求特别高的系统,拟定液压系统原理图时,要应用可靠性设计理论,对液压系统进行可靠性设计,以确保整个系统安全可靠地运行。因为液压系统往往是主机系统可靠性的薄弱环节。

10.1.4 液压元件的选择

选择液压元件时,先要分析或计算该元件在工作中承受的最大工作压力和通过的最大流量,以便确定元件的规格和型号。

1. 液压泵

液压泵的最大工作压力必须等于或超过液压执行元件最大工作压力及进油路上总压力损失这两者之和。液压执行元件的最大工作压力可以从工况图中找到;进油路上的总压力损失可以通过估算求得,也可以按经验资料估计,如表10-4所示。

表 10-4 进油路总压力损失经验值

系统结构情况	总压力损失 Δp_i/MPa
一般节流调速及管路简单的系统	0.2~0.5
进油路有调速阀及管路复杂的系统	0.5~1.5

液压泵的流量必须等于或超过几个同时工作的液压执行元件总流量的最大值以及回路中泄漏量这两者之和。液压执行元件总流量的最大值可以从工况图中找到（当系统中备有蓄能器时此值应为一个工作循环中液压执行元件的平均流量）；而回路中的泄漏量则可按总流量最大值的 10%~30%估算。

在参照产品样本选取液压泵时，泵的额定压力应选得比上述最大工作压力高 25%~60%，以便留有压力储备；额定流量则只需选得能满足上述最大流量需要即可。

当液压泵在额定压力和额定流量下工作时，其驱动电动机的功率一般可以直接从产品样本上查到。但是，电动机功率根据具体工况进行计算比较合理，也节能，有关的算式见 3.1 节。

2．阀类元件

阀类元件的规格按其最大工作压力和通过该阀的实际流量从产品样本上选定。选择节流阀和调速阀时还要考虑它的最小稳定流量是否符合设计要求。压力阀和流量阀都须选得使其实际通过流量最多不超过其公称流量的 110%，以免引起发热、噪声和过大的压力损失，并应注意换向阀允许通过的流量要受到其功率特性的限制。对于可靠性要求特别高的系统，阀类元件的额定压力应高出其工作压力较多。

3．油箱

油箱容量的估算见 6.3 节。

4．油管

油管规格的确定见 6.5 节。许多油管的规格是由它所连接的液压件的通径决定的。

10.1.5 验算液压系统性能

验算液压系统性能的目的在于判断设计质量，或从几种方案中评选最佳设计方案。液压系统的性能验算是一个复杂的问题，目前只有采用一些简化公式进行近似估算，以便定性地说明情况。当设计中能找到经过实践检验的同类型系统作为对比参考，或有可靠的实验结果可供使用时，系统的性能验算就可以省略。

液压系统性能验算的项目很多，常见的有回路压力损失验算、发热温升验算和冲击消振验算。

1．回路压力损失验算

压力损失包括管道内的沿程损失和局部损失以及阀类元件处的局部损失三项。管道内的这两种损失可用第 2 章中的有关公式估算；阀类元件处的局部损失则需从产品样本中查出。

计算液压系统的回路压力损失时，不同的工作阶段要分开计算。回油路上的压力损失一般都须折算到进油路中。根据回路压力损失估算出来的压力阀调整压力和回路效率，对不同方案的对比来说都具有参考价值，但在进行这些估算时，回路中的油管布置情况必须先行明确。

2．发热温升验算

这项验算是用热平衡原理来对油液的温升值进行估计的。单位时间内进入液压系统的热量 H_i（单位为 kW）是液压泵输入功率 P_i 和液压执行元件有效功率 P_o 之差，假如这些热量全部由油箱散发，不考虑系统其他部分的散热效能，则油液温升的估算公式可以根据不同的条件分别从有关的手册中找出。例如，当油箱三个边的尺寸比例在 1∶1∶1 到 1∶2∶3 之间、油面高度是油箱高度的 80% 且油箱通风情况良好时，油液温升 ΔT 的计算式可以用单位时间内输入热量 H_i 和油箱有效容积 V 近似地表示为

$$\Delta T = \frac{H_i}{\sqrt[3]{V^2}} \times 10^3 \qquad (10\text{-}2)$$

当验算出来的油液温升值超过允许数值时，系统中必须考虑设置适当的冷却器。油箱中油液允许的温升值随主机的不同而不同：一般机床为 25～30℃，工程机械为 35～40℃，等等。

3．冲击消振验算

冲击消振验算参看有关设计手册。

10.2 液压系统设计计算案例

本节以一台卧式单面多轴钻孔组合机床为例，要求设计出驱动它的动力滑台的液压系统，以实现快进→工进→快退→停止的工作循环。已知：机床上有主轴 16 个，加工 ϕ13.9mm 的孔 14 个、ϕ8.5mm 的孔两个；刀具材料为高速钢，工件材料为铸铁，硬度为 240HBW；机床工作部件总质量为 $m=1000\text{kg}$；快进、快退速度为 $v_1=v_3=5.6\text{m/min}$，快进行程长度为 $l_1=100\text{mm}$，工进行程长度为 $l_2=50\text{mm}$，往复运动的加速、减速时间不希望超过 0.16s；动力滑台采用平导轨，其静摩擦因数为 $f_s=0.2$，动摩擦因数为 $f_d=0.1$；液压系统中的执行元件使用液压缸。液压系统的设计过程如下。

10.2.1 负载分析

工作负载：高速钢钻头钻铸铁孔时的轴向切削力 F_t（单位为 N）与钻头直径 D（单位为 mm）、每转进给量 s（单位为 mm/r）和铸件硬度 HBW 之间的经验算式为

$$F_t = 25.5 D s^{0.8} (\text{HBW})^{0.6} \qquad (10\text{-}3)$$

钻孔时的主轴转速 n 和每转进给量 s 按《组合机床设计手册》选取：

对 ϕ13.9mm 的孔，$n_1=360\text{r/min}$，$s_1=0.147\text{mm/r}$。

对 ϕ8.5mm 的孔，$n_2=550\text{r/min}$，$s_2=0.096\text{mm/r}$。

代入式（10-3）求得

$$\begin{aligned} F_t &= (14 \times 25.5 \times 13.9 \times 0.147^{0.8} \times 240^{0.6} + 2 \times 25.5 \times 8.5 \times 0.096^{0.8} \times 240^{0.6})\text{N} \\ &= 30468\text{N} \end{aligned}$$

惯性负载 $$F_m = m\frac{\Delta v}{\Delta t} = 1000 \times \frac{5.6}{60 \times 0.16}\text{N} = 583\text{N}$$

阻力负载　　静摩擦阻力 $F_{f_s} = 0.2 \times 9810\text{N} = 1962\text{N}$

动摩擦阻力 $F_{f_d} = 0.1 \times 9810\text{N} = 981\text{N}$

由此得出液压缸在各工作阶段的负载，如表 10-5 所示。

表 10-5　液压缸在各工作阶段的负载　　　　　　　　　　（单位：N）

工况	负载组成	负载 F	推力 F/η_m
起动	$F=F_{f_s}$	1962	2180
加速	$F=F_{f_d}+F_m$	1564	1738
快进	$F=F_{f_d}$	981	1090
工进	$F=F_{f_d}+F_t$	31449	34943
快退	$F=F_{f_d}$	981	1090

注：①液压缸的机械效率取 $\eta_m=0.9$。
②不考虑动力滑台上颠覆力矩的作用。

10.2.2　负载图和速度图的绘制

负载图按上面数值绘制，如图 10-4(a) 所示。速度图按已知数值 $v_1=v_3=5.6\,\mathrm{m/min}$、$l_1=100\,\mathrm{mm}$、$l_2=50\,\mathrm{mm}$、快退行程 $l_3=l_1+l_2=150\,\mathrm{mm}$ 和工进速度 v_2 等绘制，如图 10-4(b) 所示，其中 v_2 由主轴转速及每转进给量求出，即 $v_2=n_1s_1=n_2s_2\approx 0.053\,\mathrm{m/min}$。

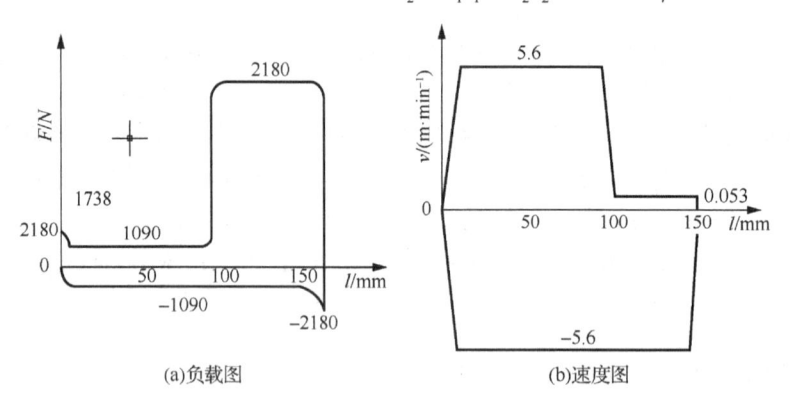

图 10-4　组合机床液压缸的负载图和速度图

10.2.3　液压缸主要参数的确定

由表 10-2 和表 10-3 可知，组合机床液压系统在最大负载约为 35000N 时宜取 $p_1=4\mathrm{MPa}$。鉴于动力滑台要求快进、快退速度相等，这里的液压缸可选用单杆式，并在快进时做差动连接。这种情况下液压缸无杆腔工作面积 A_1 应为有杆腔工作面积 A_2 的两倍，即活塞杆直径 d 与缸筒直径 D 呈 $d=0.707D$ 的关系。

在钻孔加工时，液压缸回油路上必须具有背压 p_2，以防孔被钻通时滑台突然前冲。根据《现代机械设备设计手册》（陆元章，1996）中推荐数值，可取 $p_2=0.8\mathrm{MPa}$。快进时液压缸虽做差动连接，但由于油管中有压降 Δp 存在，有杆腔的压力必须大于无杆腔，估算时可取 $\Delta p\approx 0.5\mathrm{MPa}$。快退时回油腔中是有背压的，这时 p_2 可按 0.6MPa 估算。

由工进时的推力式（4-3）计算液压缸面积，即
$$F/\eta_m = A_1 p_1 - A_2 p_2 = A_1 p_1 - (A_1/2)p_2$$

故有

$$A_1 = \left(\frac{F}{\eta_m}\right) \Big/ \left(p_1 - \frac{p_2}{2}\right) = \left[34943 \times 10^{-6} \Big/ \left(4 - \frac{0.8}{2}\right)\right] \text{m}^2 = 0.0097 \text{m}^2$$

$$D = \sqrt{(4A_1)/\pi} = 111.2 \text{mm}, \quad d = 0.707D = 78.6 \text{mm}$$

当按 GB/T 2348—2018 将这些直径圆整成就近标准值时得 $D = 110$mm，$d = 80$mm。由此求得液压缸两腔的实际有效面积为 $A_1 = \pi D^2/4 = 95.03 \times 10^{-4} \text{m}^2$，$A_2 = \pi(D^2 - d^2)/4 = 44.77 \times 10^{-4} \text{m}^2$。

经检验，活塞杆的强度和稳定性均符合要求。

根据上述 D 与 d 的值，可估算液压缸在各个工作阶段中的压力、流量和功率，如表 10-6 所示，并据此绘出工况图如图 10-5 所示。

表 10-6 液压缸在不同工作阶段的压力、流量和功率值

工 况		推力 F'/N	回油腔压力 p_2/MPa	进油腔压力 p_1/MPa	输入流量 q/(L·min^{-1})	输入功率 P/kW	计算式
快进（差动）	起动	2180	0	0.434	—	—	$p_1 = (F' + A_2 \Delta p)/(A_1 - A_2)$ $q = (A_1 - A_2)v_1$，$P = p_1 q$
	加速	1738	$p_2 = p_1 + \Delta p$ ($\Delta p = 0.5$)	0.791	—	—	
	恒速	1090		0.662	28.15	0.312	
工进		34943	0.8	4.054	0.5	0.034	$p_1 = (F' + p_2 A_2)/A_1$ $q = A_1 v_2$ $P = p_1 q$
快退	起动	2180	0	0.487	—	—	$p_1 = (F' + p_2 A_1)/A_2$ $q = A_2 v_3$ $P = p_1 q$
	加速	1738	0.6	1.66	—	—	
	恒速	1090		1.517	25.07	0.634	

10.2.4 液压系统图的拟定

1. 液压回路的选择

首先要选择调速回路。由图 10-5 中的一些曲线得知，这台机床液压系统的功率小，滑台运动速度低，工作负载变化小，可采用进口节流的调速形式。为了解决进口节流调速回路在孔钻通时的滑台突然前冲，回油路上要设置背压阀。

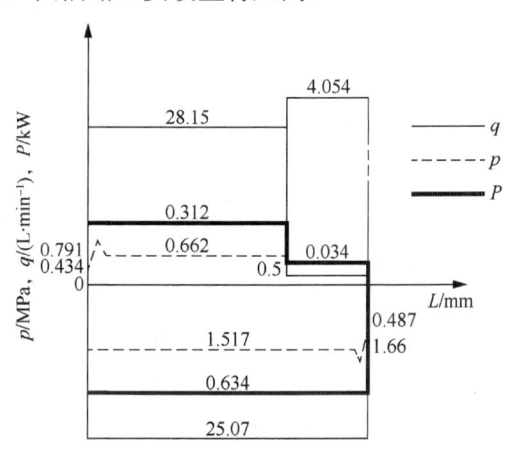

图 10-5 组合机床液压缸工况图

由于液压系统选用了节流调速的方式，系统中油液的循环必然是开式的。

从工况图中可以清楚地看到，在这个液压系统的工作循环内，液压缸要求油源交替地提供低压大流量和高压小流量的油液。最大流量与最小流量之比约为 56，而快进快退所需的时间 t_1 和工进所需的时间 t_2 分别为

$$t_1 = l_1/v_1 + l_3/v_3$$
$$= \left[(60 \times 100)/(5.6 \times 1000) + (60 \times 150)/(5.6 \times 1000) \right] \text{s}$$
$$= 2.68 \text{s}$$
$$t_2 = l_2/v_2 = \left[(60 \times 50)/(0.053 \times 1000) \right] \text{s} = 56.6 \text{s}$$

即 $t_2/t_1 \approx 21$。因此从提高系统效率、节能的角度来看，采用单个定量泵作为油源显然是不合适的，而宜选用大、小两个液压泵自动并联供油的油源方案（图 10-6）。

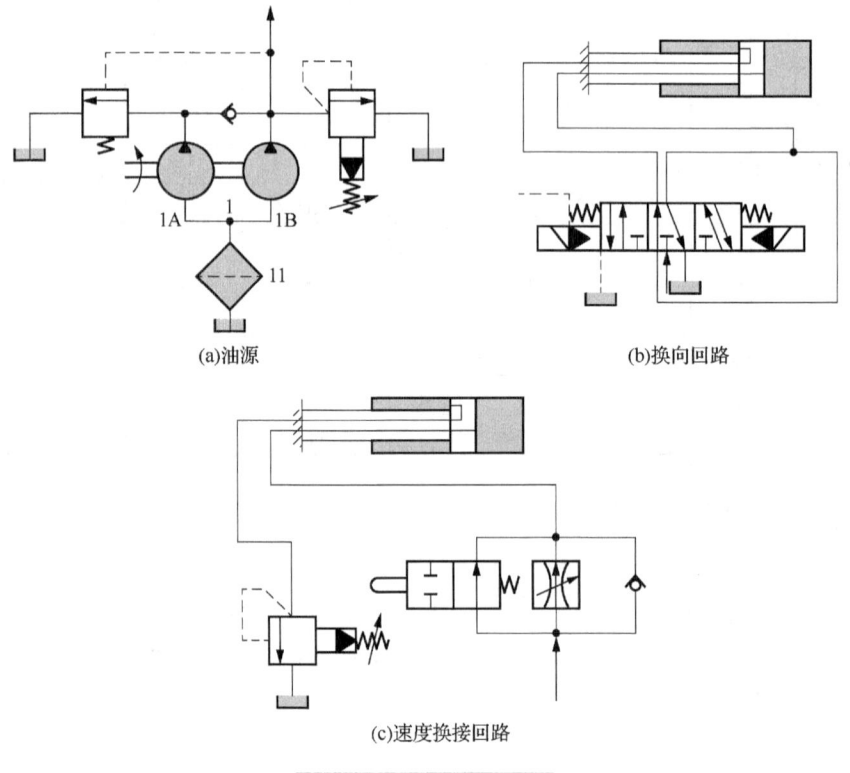

(a)油源

(b)换向回路

(c)速度换接回路

图 10-6　液压回路的选择

1A、1B-泵；11-滤清器

其次选择快速运动和换向回路。系统中采用节流调速回路后，不管采用什么油源形式都必须有单独的油路直接通向液压缸两腔，以实现快速运动。在本系统中，单杆液压缸要做差动连接，所以它的快进快退换向回路应采用图 10-6(b) 所示的形式。

再次选择速度换接回路。由工况图（图 10-5）中的 q-l 线得知，当滑台从快进转为工进时，输入液压缸的流量由 28.15L/min 降为 0.5L/min，滑台的速度变化较大，宜选用行程阀来控制速度的换接，以减少液压冲击（图 10-6(c)）。当滑台由工进转为快退时，回路中通过的流量很大，进油路中通过 25.07L/min，回油路中通过 25.07×(95.03/44.77)L/min=53.21L/min 为了保证换向平稳，可采用电液换向阀式换接回路（图 10-6(b)）。

由于这一回路要实现液压缸的差动连接，换向阀必须是五通的。

最后考虑压力控制回路。系统的调压问题和卸荷问题已在油源中解决（图 10-6(a)）。就不需再设置专用的元件或油路。

2．液压回路的综合

把上面选出的各种回路组合在一起，就可以得到如图 10-7 所示的液压系统原理图（不包括点画线圆框内的元件）。将图 10-7 仔细检查一遍，可以发现，图 10-7 所示系统在工作中还存在问题，必须进行如下的修改和整理。

（1）为了解决滑台工进时图中进油路、回油路相互接通，系统无法建立压力的问题，必须在换向回路中串接一个单向阀 a，将工进时的进油路、回油路隔断。

（2）为了解决滑台快进时回油路接通油箱，无法实现液压缸差动连接的问题，必须在回油路上串接一个液控顺序阀 b，以阻止油液在快进阶段返回油箱。

（3）为了解决机床停止工作时系统中的油液流回油箱，导致空气进入系统，影响滑台运动平稳性的问题，必须在电液换向阀的出口处增设一个单向阀 c。

（4）为了便于系统自动发出快退信号，在调速阀输出端须增设一个压力继电器 d。

（5）如果将顺序阀 b 和背压阀的位置对调一下，就可以将顺序阀与油源处的卸荷阀合并。

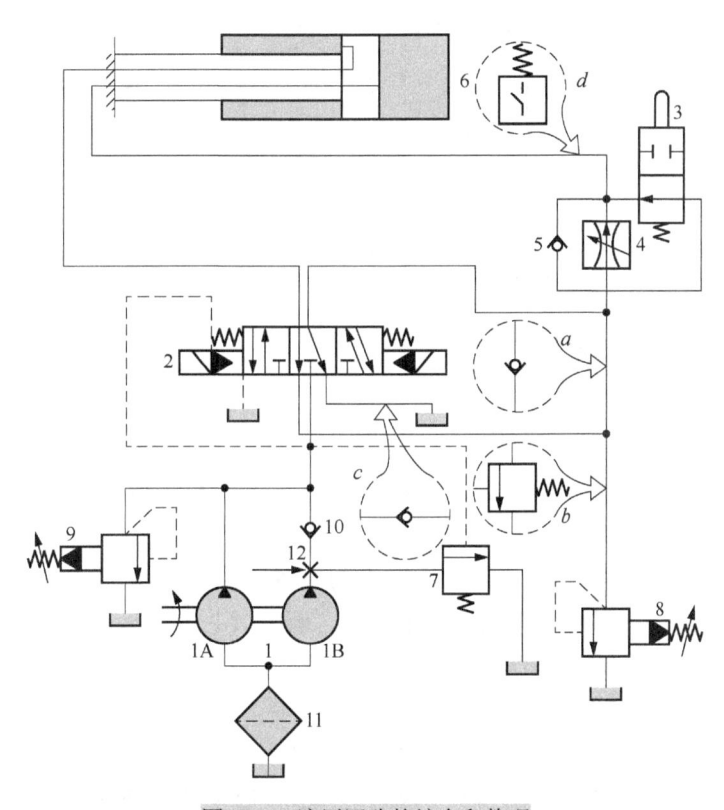

图 10-7 液压回路的综合和整理

1-双联叶片泵；1A-小流量泵；1B-大流量泵；2-三位五通电液阀；3-行程阀；4-调速阀；5-单向阀；6-液压缸；7-卸荷阀；8-背压阀；9-溢流阀；10-单向阀；11-过滤器；12-压力表开关；a、c-单向阀；b-顺序阀；d-压力继电器

经过上述修改、整理后的液压系统如图 10-8 所示，它在各方面都比较合理、完善。

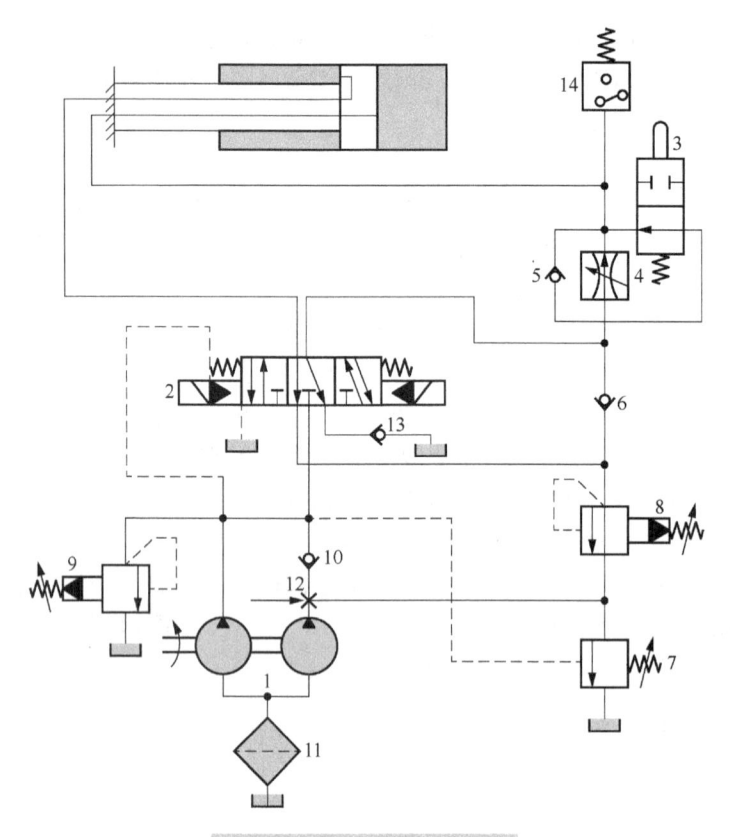

图 10-8 整理后的液压系统图

1-双联叶片泵；2-三位五通电液阀；3-行程阀；4-调速阀；5、6、10、13-单向阀；7-液控顺序阀；
8-背压阀；9-溢流阀；11-过滤器；12-压力表开关；14-压力继电器

10.2.5 液压元件的选择

1. 液压泵

液压缸在整个工作循环中的最大工作压力为 4.054MPa，如取进油路上的压力损失为 0.8MPa（表 10-4），压力继电器调整压力高出系统最大工作压力值为 0.5MPa，则小流量泵的最大工作压力应为

$$p_{P1} = (4.054+0.8+0.5)\text{MPa} = 5.354\text{MPa}$$

大流量泵是在快速运动时才向液压缸输油的，由图 10-5 可知，快退时液压缸中的工作压力比快进时大，如取进油路上的压力损失为 0.5MPa，则大流量泵的最高工作压力为

$$p_{P2} = (1.517+0.5)\text{MPa} = 2.017\text{MPa}$$

两个液压泵应向液压缸提供的最大流量为 28.15L/min（图 10-5），若回路中的泄漏按液压缸输入流量的 10%估计，则两个泵的总流量应为 $q_P = 1.1 \times 28.15\text{L/min} = 30.97\text{L/min}$。

由于溢流阀的最小稳定溢流量为 3L/min，而工进时输入液压缸的流量为 0.5L/min，由小流量液压泵单独供油，所以小液压泵的流量规格最少应为 3.5L/min。

根据以上压力和流量的数值查阅产品样本，最后确定选取 PV2R12-6/26 型双联叶片泵，其小泵和大泵的排量分别为 6mL/r 和 26mL/r，若取液压泵的容积效率 $\eta_v = 0.9$，则当泵的转速 $n_P = 940\text{r/min}$ 时，液压泵的实际输出流量为

$$q_{\mathrm{P}} = \left[(6+26) \times 940 \times 0.9/1000\right] \mathrm{L/min} = 27.1 \mathrm{L/min}$$

由于液压缸在快退时输入功率最大,这时液压泵工作压力为 2.017MPa、流量为 27.1L/min。取泵的总效率 $\eta_{\mathrm{P}} = 0.75$,则液压泵驱动电动机所需的功率为

$$P = \frac{p_{\mathrm{P}} q_{\mathrm{P}}}{\eta_{\mathrm{P}}} = \frac{2.017 \times 27.1}{60 \times 0.75} \mathrm{kW} = 1.2 \mathrm{kW}$$

根据此数值按 JB/T 9616—1999,查阅电动机产品样本选取 Y100L-6 型电动机,其额定功率 $P_{\mathrm{n}} = 1.5 \mathrm{kW}$,额定转速 $n_{\mathrm{n}} = 940 \mathrm{r/min}$。

2. 阀类元件及辅助元件

根据阀类及辅助元件所在油路的最大工作压力和通过该元件的最大实际流量,可选出这些液压元件的型号及规格见表 10-7。表中序号与图 10-8 的元件标号相同。

表 10-7　元件的型号及规格

序号	元件名称	估计通过流量 /(L·min^{-1})	额定流量 /(L·min^{-1})	额定压力 /MPa	额定压降 /MPa	型号、规格
1	双联叶片泵	—	(5.1+22)①	16/14	—	PV2R12-6/26 V_{P}=(6+26)mL/r
2	三位五通电液阀	50	80	16	<0.5	35DYF3Y-E10B
3	行程阀	60	63	16	<0.3	AXQF-E10B （单向行程调速阀） $q_{\max}$=100L/min
4	调速阀	0.5	0.07~50	16	—	
5	单向阀	60	63	16	0.2	
6	单向阀	25	63	16	<0.2	AF3-Ea10B $q_{\max}$=80L/min
7	液控顺序阀	22	63	16	<0.3	XF3-E10B
8	背压阀	0.5	63	16	—	YF3-E10B
9	溢流阀	5.1	63	16	—	YF3-E10B
10	单向阀	22	63	16	<0.2	AF3-Ea10B $q_{\max}$=80L/min
11	过滤器	30	63	—	<0.02	XU-63×80-J
12	压力表开关	—	—	16	—	KF3-E3B　3 测点
13	单向阀	60	63	16	<0.2	AF3-Ea10B $q_{\max}$=80L/min
14	压力继电器	—	—	10	—	HED1KA/10

注:①此为电动机额定转速 n_{n}=940r/min 时液压泵输出的实际流量。

3. 油管

各元件间连接管道的规格按元件接口处尺寸决定,液压缸进、出油管则按输入、排出的最大流量计算。由于液压泵具体选定之后液压缸在各个阶段的进、出流量已与原定数值不同,所以要重新计算,如表 10-8 所示。表中数值说明,液压缸快进、快退速度 v_1、v_3 与设计要求相近。这表明所选液压泵的型号、规格是适宜的。

表 10-8　液压缸的进、出流量和运动速度

流量、速度	快进	工进	快退
输入流量 /(L·min^{-1})	$q_1 = (A_1 q_P)/(A_1 - A_2)$ $= (95.03 \times 27.1)/(95.03 - 44.77)$ $= 51.24$	$q_1 = 0.5$	$q_1 = q_P = 27.1$
排出流量 /(L·min^{-1})	$q_2 = (A_2 q_1)/A_1$ $= (44.77 \times 51.24)/95.03$ $= 24.14$	$q_2 = (A_2 q_1)/A_1$ $= (0.5 \times 44.77)/95.03$ $= 0.24$	$q_2 = (A_1 q_1)/A_2$ $= (27.1 \times 95.03)/44.77$ $= 57.52$
运动速度 /(m·min^{-1})	$v_1 = q_P/(A_1 - A_2)$ $= (27.1 \times 10)/(95.03 - 44.77)$ $= 5.39$	$v_2 = q_1/A_1$ $= (0.5 \times 10)/95.03$ $= 0.053$	$v_3 = q_1/A_2$ $= (27.1 \times 10)/44.77$ $= 6.05$

根据表 10-8 中的数值，当油液在压力管中流速取 3m/min 时，按式（6-5）算得与液压缸无杆腔和有杆腔相连的油管内径分别为

$$d_1 = 2 \times \sqrt{q/(\pi v)} = 2 \times \sqrt{(51.24 \times 10^6)/(\pi \times 3 \times 10^3 \times 60)}\,\text{mm} = 19.04\,\text{mm}$$

$$d_2 = 2 \times \sqrt{(27.1 \times 10^6)/(\pi \times 3 \times 10^3 \times 60)}\,\text{mm} = 13.85\,\text{mm}$$

这两根油管都按《液压气动系统用硬管外径和软管内径》（GB/T 2351—2005）选用外径 $\phi 18$mm、内径 $\phi 15$ mm 的无缝钢管。

4．油箱

油箱容积按式（6-4）估算，当取 ξ 为 7 时，求得其容积为

$$V = \xi q_P = 7 \times 27.1\,\text{L} = 189.7\,\text{L}$$

按 JB/T 7938—2010 规定，取标准值 $V = 250$L。

10.2.6　液压系统性能的验算

1．验算系统压力损失并确定压力阀的调整值

由于系统的管路布置尚未具体确定，整个系统的压力损失无法全面估算，故只能先按式（2-49）估算阀类元件的压力损失，待设计好管路布局图后，加上管路的沿程损失和局部损失即可。但对于中小型液压系统，管路的压力损失甚微，可以不予考虑。压力损失的验算应按一个工作循环中不同阶段分别进行。

1）快进

滑台快进时，液压缸差动连接，由表 10-7 和表 10-8 可知，进油路上油液通过单向阀 10 的流量是 22L/min，通过电液换向阀 2 的流量是 27.1L/min，然后与液压缸有杆腔的回油汇合，以流量 51.24L/min 通过行程阀 3 进入无杆腔。因此进油路上的总压降为

$$\Sigma \Delta p_V = \left[0.2 \times \left(\frac{22}{63}\right)^2 + 0.5 \times \left(\frac{27.1}{80}\right)^2 + 0.3 \times \left(\frac{51.24}{63}\right)^2 \right](\text{MPa})$$

此值不大，不会使压力阀开启，故能确保两个泵的流量全部进入液压缸。

回油路上，液压缸有杆腔中的油液通过电液换向阀 2 和单向阀 6 的流量都是 24.14L/min，然后与液压泵的供油合并，经行程阀 3 流入无杆腔。由此可算出快进时有杆腔压力 p_2 与无杆腔压力 p_1 之差为

$$\Delta p = p_2 - p_1 = \left[0.5 \times \left(\frac{24.14}{80} \right)^2 + 0.2 \times \left(\frac{24.14}{63} \right)^2 + 0.3 \times \left(\frac{51.24}{63} \right)^2 \right] (\text{MPa})$$

$$= 0.046 + 0.029 + 0.1987 = 0.273 (\text{MPa})$$

此值小于原估计值 0.5MPa（表 10-6），所以是偏安全的。

2）工进

工进时，油液在进油路上通过电液换向阀 2 的流量为 0.5L/min，在调速阀 4 处的压力损失为 0.5MPa；油液在回油路上通过换向阀 2 的流量是 0.24L/min，在背压阀 8 处的压力损失为 0.5MPa，通过液控顺序阀 7 的流量为（0.24+22）L/min=22.24L/min，因此这时液压缸回油腔的压力 p_2 为

$$p_2 = \left[0.5 \times \left(\frac{0.24}{80} \right)^2 + 0.5 + 0.3 \times \left(\frac{22.24}{63} \right)^2 \right] \text{MPa} = 0.537 \text{MPa}$$

可见此值小于原估计值 0.8MPa。故可按表 10-6 中公式重新计算工进时液压缸进油腔压力 p_1，即

$$p_1 = \frac{F' + p_2 A_2}{A_1} = \frac{34943 + 0.537 \times 10^6 \times 44.77 \times 10^{-4}}{95.03 \times 10^{-4} \times 10^6} \text{MPa} = 3.93 \text{MPa}$$

此值与表 10-6 中数值 4.054MPa 相近。

考虑到压力继电器可靠动作需要压差 $\Delta p_e = 0.5 \text{MPa}$，故溢流阀 9 的调压 p_{P1A} 应为

$$p_{\text{P1A}} > p_1 + \Sigma \Delta p_1 + \Delta p_e = \left[3.93 + 0.5 \times \left(\frac{0.5}{80} \right)^2 + 0.5 + 0.5 \right] \text{MPa} = 4.93 \text{MPa}$$

3）快退

快退时，油液在进油路上通过单向阀 10 的流量为 22L/min，通过换向阀 2 的流量为 27.1L/min；油液在回油路上通过单向阀 5、换向阀 2 和单向阀 13 的流量都是 57.52L/min。

因此进油路上总压降为

$$\Sigma \Delta p_{V1} = \left[0.2 \times \left(\frac{22}{63} \right)^2 + 0.5 \times \left(\frac{27.1}{80} \right)^2 \right] \text{MPa} = 0.082 \text{MPa}$$

此值较小，所以液压泵驱动电动机的功率是足够的。回油路上总压降为

$$\Sigma \Delta p_{V2} = \left[0.2 \times \left(\frac{57.52}{63} \right)^2 + 0.5 \times \left(\frac{57.52}{80} \right)^2 + 0.2 \times \left(\frac{57.52}{63} \right)^2 \right] \text{MPa} = 0.592 \text{MPa}$$

此值与表 10-6 中的估计值相近，故不必重算。所以，快退时液压泵的最大工作压力 p_P 应为

$$p_P = p_1 + \Sigma \Delta p_{V1} = (1.66 + 0.082) \text{MPa} = 1.742 \text{MPa}$$

因此大流量液压泵卸荷的顺序阀 7 的调压应大于 1.742MPa。

2. 油液温升验算

工进在整个工作循环中所占的时间比例达 95%，所以系统发热和油液温升可用工进时的情况来计算。

工进时液压缸的有效功率（即系统输出功率）为

$$P_0 = Fv = \frac{31449 \times 0.053}{10^3 \times 60} \text{kW} = 0.0278 \text{kW}$$

这时大流量泵通过顺序阀 7 卸荷，小流量泵在高压下供油，所以两个泵的总输入功率（即系统输入功率）为

$$P_\text{i} = \frac{p_\text{P1}q_\text{P1} + p_\text{P2}q_\text{P2}}{\eta_\text{P}}$$

$$= \frac{0.3\times10^6 \times \left(\frac{22}{63}\right)^2 \times \frac{22}{60} \times 10^{-3} + 4.93\times10^6 \times \frac{5.1}{60} \times 10^{-3}}{0.75\times10^3}\text{kW}$$

$$= 0.5766\text{kW}$$

由此得液压系统的发热量为

$$H_\text{i} = P_\text{i} - P_0 = (0.5766 - 0.0278)\text{kW} = 0.5488\text{kW}$$

按式（10-2）求出油液温升近似值为

$$\Delta T = (0.5488\times10^3)\Big/\sqrt[3]{(250)^2}\,°\!C = 13.8°\!C$$

温升没有超出允许范围，液压系统中不需设置冷却器。

习　题

10-1　如图 10-9 所示的某立式组合机床的动力滑台采用液压传动。已知切削负载为 28000N，滑台工进速度为 50mm/min，快进、快退速度为 6m/min，滑台（包括动力头）的质量为 1500kg，滑台对导轨的法向作用力约为 1500N，往复运动的加、减速时间为 0.05s，滑台采用平面导轨，$f_\text{s} = 0.2$，$f_\text{d} = 0.1$，快速行程为 100mm，工作行程为 50mm，取液压缸机械效率 $\eta_\text{m} = 0.9$，试对液压系统进行负载分析。

提示：滑台下降时，其自重负载由系统中的平衡回路承受，不需计入负载分析中。

10-2　在图 10-10 所示的液压缸驱动装置中，已知传送距离为 3m，传送时间要求小于 15s，运动按图 10-10(b)规律进行，其中加、减速时间各占总传送时间的 10%；假如移动部分的总质量为 510kg，移动件和导轨间的静、动摩擦因数各为 0.2 和 0.1，取液压缸机械效率 $\eta_\text{m} = 0.9$，试绘制此驱动装置的工况图。

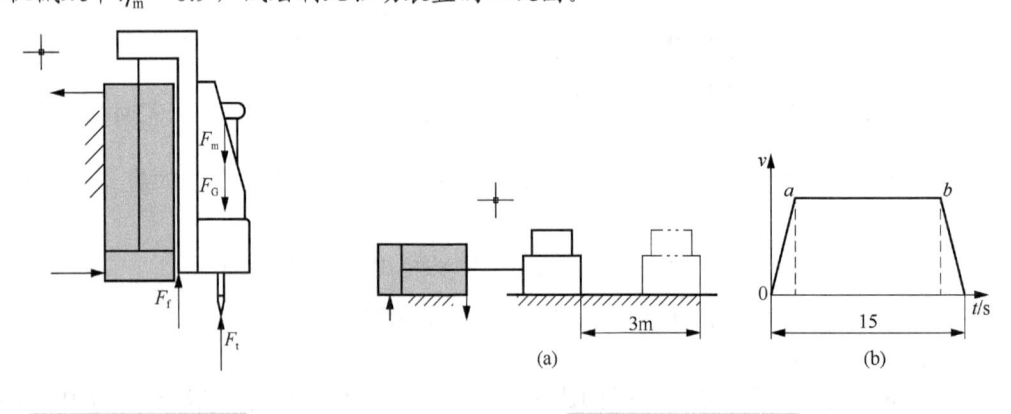

图 10-9　习题 10-1 图

图 10-10　习题 10-2 图

10-3　已知某专用卧式铣床的铣头驱动电动机功率为 7.5kW，铣刀直径为 120mm，转速为 350r/min。如工作台、工件和夹具总质量为 520kg，工作台总行程为 400mm，工进行程为 250mm，快进速度为 4.5m/min，工进速度为 60～100mm/min，往复运动的加、

减速时间不大于0.05s,工作台采用平导轨,$f_s = 0.2$,$f_d = 0.1$。试为该机床设计一液压系统。

10-4 某立式液压机要求采用液压传动来实现表10-9所列的简单动作循环,如移动部件总质量为510kg,摩擦力、惯性力均可忽略不计,试设计此液压系统。

表10-9 液压机要实现的简单动作循环

动作名称	外负载/N	速度/($m \cdot min^{-1}$)
快速下降	5000	6
慢速施压	50000	0.2
快速提升	10000	12
原位停止	—	—

10-5 一台卧式单面多轴钻孔组合机床,动力滑台的工作循环是:快进→工进→快退→停止。液压系统的主要性能参数要求如下:轴向切削力 $F_t = 24000N$;滑台移动部件总质量为510kg;加、减速时间为0.2s;采用平导轨,静摩擦因数 $f_s = 0.2$,动摩擦因数 $f_d = 0.1$;快进行程为200mm,工进行程为100mm;快进与快退速度相等,均为3.5m/min,工进速度为30~40mm/min。工作时要求运动平稳,且可随时停止运动。试设计动力滑台的液压系统。

习题参考答案

第1章

1-1 利用液体的压力能来传递动力的传动方式称为液压传动。液压传动所用的工作介质是液体。

1-2 （1）动力装置（能源装置），其功能是将电动机输出的机械能转换成流体的压力能，如液压泵或空气压缩机。

（2）执行装置，其功能是把流体的压力能转换成机械能，如做回转运动的液压/气压马达、做直线运动的液压/气压缸。

（3）控制调节装置，其功能是对液压/气压中流体的压力、流量和流动方向进行调节与控制，如溢流阀、节流阀、换向阀等。这些元件的不同组合能完成不同功能的对液压/气压系统进行控制或调节的装置。

（4）辅助装置，是指除上述三部分以外的其他装置，其功能是保证液压/气压系统正常工作，如油箱、过滤器、油管、储气罐等。

（5）传动介质，是指传递能力的流体，即液压油或压缩空气。

1-3 解：（1） $p = \dfrac{F_2}{A_2} = \dfrac{50000}{\dfrac{\pi}{4}\left(50\times 10^{-3}\right)^2}\text{Pa} = 25.46\times 10^6 \text{Pa} = 25.46\text{MPa}$

（2） $F = pA_1 = 25.46\times 10^6 \times \dfrac{\pi}{4}\times \left(10\times 10^{-3}\right)^2 \text{N} = 2000\text{N}$

$F_1 = F\dfrac{l}{L} = 2000\times \dfrac{25}{500}\text{N} = 100\text{N}$

（3） $s_2 = s_1\dfrac{A_1}{A_2} = s_1\left(\dfrac{d}{D}\right)^2 = 25\left(\dfrac{10}{50}\right)^2 \text{mm} = 1\text{mm}$

第2章

2-1 液体在单位面积上所受的内法线方向的法向应力称为压力。

压力有绝对压力和相对压力，绝对压力是以绝对真空为基准来度量的，而相对压力是以大气为基准来度量的。

由公式 $p = F/A$，可知液压系统中的压力是由外界负载决定的。

2-2 两种情况下柱塞有效作用面积相等，即 $A = \dfrac{\pi d^2}{4}$。

则其压力： $p = \dfrac{4F}{\pi d^2} = \dfrac{4\times 5\times 10^4}{\pi \times \left(100\times 10^{-3}\right)^2}\text{MPa} = 6.37\text{MPa}$

2-3 在1-1等压面上，有 $\rho_1 h_1 g + p_a = \rho_2 h_2 g + p_a$

则 $\rho_2 = \dfrac{\rho_1 h_1}{h_2} = \dfrac{1000\times 60}{75} = 800\text{kg}/\text{m}^3$

2-4 连续性方程的本质是质量守恒定律。它的物理意义是单位时间流入、流出的质量流

量的差等于体积 V 中液体质量的变化率。

2-5 伯努利方程表明了流动液体的能量守恒定律。实际液体的伯努利方程比理想液体的伯努利方程多了一项损耗的能量 gh_ω 和比动能项中的动能修正系数。

理想液体的伯努利方程为：$\dfrac{p_1}{\rho g} + h_1 + \dfrac{v_1^2}{2g} = \dfrac{p_2}{\rho g} + h_2 + \dfrac{v_2^2}{2g} = $ 常数

实际液体的伯努利方程为：$\dfrac{p_1}{\rho} + gh_1 + \dfrac{\alpha_1 v_1^2}{2} = \dfrac{p_2}{\rho} + gh_2 + \dfrac{\alpha_2 v_2^2}{2} + gh_\omega$

2-6 （1）$F_s + p_2 \dfrac{\pi}{4} d_1^2 = p_1 \dfrac{\pi}{4} d_1^2$

$F_s = (p_1 - p_2) \dfrac{\pi}{4} d_1^2 = (6 - 0.5) \times 10^6 \times \dfrac{\pi}{4} \times 10^2 \times 10^{-6} \, \text{N} = 431.75 \text{N}$

（2）$x_0 = \dfrac{F_s}{k} = \dfrac{431.75}{10 \times 10^3} \text{m} = 0.043 \text{m} = 43 \text{mm}$

2-7 吸油管路中液压油的流速：

$v = \dfrac{q}{A} = \dfrac{4q}{\pi d^2} = \dfrac{4 \times 25 \times 10^{-3}}{60 \times \pi \times (25 \times 10^{-3})^2} \text{m/s} = 0.849 \text{m/s}$

雷诺数：$Re = \dfrac{vd}{\upsilon} = \dfrac{0.849 \times 25 \times 10^{-3}}{32 \times 10^{-6}} = 663 < 2320$

吸油管路中液压液的流动为层流。在吸油管路 1-1 截面（液面）和 2-2 截面（泵吸油口处）列写伯努利方程：$z_1 + \dfrac{p_1}{\rho} + \dfrac{\alpha_1 v_1^2}{2} = z_2 + \dfrac{p_2}{\rho} + \dfrac{\alpha_2 v_2^2}{2} + gh_\omega$

式中，$z_1 = 0$，$p_1 = 0$，$v_1 = 0$（因为 $v_1 \ll v_2$）。则

$p_2 = -\left(\rho g z_2 + \dfrac{\rho}{2} \alpha_2 v_2^2 + \Delta p \right)$

式中，$\rho = 900 \text{kg/m}^3$，$z_2 = 0.4\text{m}$，$\alpha_2 = 2$，$v_2 = 0.849 \text{m/s}$

$\Delta p = \lambda \cdot \dfrac{l}{d} \cdot \dfrac{\rho v^2}{2} = \dfrac{75}{Re} \cdot \dfrac{0.4}{25 \times 10^{-3}} \cdot \dfrac{900 \times (0.849)^2}{2} \text{Pa} = 587 \text{Pa}$

将已知数据代入后得

$p_2 = -(3528 + 648.72 + 587) \text{Pa} = -4764 \text{Pa}$

第 3 章

3-1 解：(a) $p=0$　(b) $p=0$　(c) $p=\Delta p$　(d) $p=F/A$　(e) 略

3-2 答：（1）存在一个或若干个密封的工作腔；
（2）密封工作腔能由大到小或由小到大做周期性变化；
（3）要有相应的配油机构（或具有将吸油区和压油区分开的结构）。

3-3 答：工作压力取决于外负载，这是液压传动的特点之一。在不考虑系统承压极限及泄漏的条件下，理论上能达到无穷大的压力。外界负载越大，产生的压力能越大。通常它的工作压力应低于额定压力。

3-4 略

3-5 齿轮泵要正常工作，齿轮的啮合系数必须大于 1，总有两对齿轮同时啮合，并有一部分油液因困在两对轮齿形成的封闭油腔之内。当封闭容积减小时，被困油液受挤压而产生

高压，并从缝隙中流出，导致油液发热并使轴承等机件受到附加的不平衡负载作用；当封闭容积增大时，又会造成局部真空，使溶于油液中的气体分离出来，产生气穴，这就是齿轮泵的困油现象。

消除困油的办法，通常是在两端盖板上开卸荷槽。

3-6 叶片在转子的槽内可灵活滑动，在转子转动时的离心力以及通入叶片根部压力油的作用下，叶片顶部贴紧在定子内表面上，于是两相邻叶片、配油盘、定子和转子间便形成了一个个密封的工作腔。当转子旋转时叶片向外伸出，密封工作腔容积逐渐增大，产生真空，于是通过吸油口和配油盘上窗口将油吸入。叶片往里缩进，密封腔的容积逐渐缩小，密封腔中的油液往配油盘另一窗口和压油口被压出而输到系统中，这就是叶片泵的工作原理。双作用叶片泵结构复杂，吸油特性不太好，但径向力平衡；单作用叶片泵存在不平衡的径向力。

3-7 （1）$\eta_v = \dfrac{q}{q_t} = \dfrac{100.7}{106} = 0.95$

（2）$q_1 = V n_1 \eta_v = \dfrac{n_1}{n} q_t \eta_v = \dfrac{500}{1450} \times 106 \times 0.95 \text{L/min} = 34.7 \text{L/min}$

（3）由 $\eta_m = \dfrac{P_{ot}}{P_i} = \dfrac{p q_t}{P_i}$ 可得，第一种情况为 4.9kW，第二种情况为 1.69kW。

3-8 （1）$q_t = V_p n = 168 \times 950 \text{L/min} = 159.6 \text{L/min}$

（2）$\eta_v = q/q_t = 150/159.6 = 93.98\%$

（3）$\eta_m = \eta/\eta_v = 0.87/0.9398 = 92.5\%$

（4）$P = pq/\eta = 29.5 \times 10^6 \times 150 \times 10^{-3}/(60 \times 0.87) \text{w} = 84.77 \text{kW}$

（5）因为 $\eta = pq/T\omega$

所以 $T = pq/\eta\omega = pq/(2\eta\pi n) = 29.5 \times 10^6 \times 150 \times 10^{-3}/(2 \times 0.87 \times 3.14 \times 950) \text{N} \cdot \text{m}$
$= 852.5 \text{N} \cdot \text{m}$

3-9 调节弹簧预紧力可以调节限压式变量叶片泵的限定压力，这时 *BC* 段曲线左右平移；调节流量调节螺钉可以改变流量的大小，*AB* 段曲线上下平移。

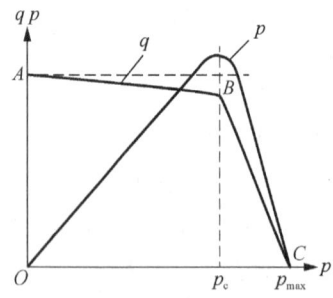

3-10 气源装置：压缩空气的发生装置以及压缩空气的存储、净化的辅助装置。它为系统提供合乎质量要求的压缩空气。主要由空气压缩机、冷却器、储气罐、干燥器和油水分离器等组成。

第 4 章

4-1 （a）$F = \dfrac{\pi}{4} p (D^2 - d^2)$；$v = \dfrac{4q}{\pi(D^2 - d^2)}$；缸体向左运动，杆受拉。

（b）$F = \dfrac{\pi}{4} p d^2$；$v = \dfrac{4q}{\pi d^2}$；缸体向右运动，杆受压。

(c) $F = \dfrac{\pi}{4} p d^2$；$v = \dfrac{4q}{\pi d^2}$；缸体向右运动，柱塞受压。

4-2 供油压力为 3.15MPa，流量为 26.9L/min。

4-3 （1）676.9r/min；12.5kW；176N·m。（2）168.8N·m。

第 5 章

5-1 三种阀都是对压力进行控制的压力阀，其中溢流阀是入口控制阀，是对入口压力进行反馈，出口一般接油箱，不工作时，入口与出口是不通的，常用作压力调整、安全阀和背压阀等，一般是内泄式；顺序阀用油液的压力来控制油路的通断，不能实现压力的调整，可用作背压阀、平衡阀或卸荷阀，可以是内泄式也可以是外泄式；减压阀是将入口压力进行降低，对出口压力进行反馈，不工作时，入口与出口是相通的，一般是外泄式。

溢流阀　顺序阀　减压阀

5-2 流量小时，流量稳定性与油液的性质和节流口的结构都有关。从表面上看只要把节流口关得足够小，就可以得到任意小的流量。但是实际上由于油液中不可避免含有脏物，节流口开得太小就容易被脏物堵住，使通过节流口的流量不稳定。减小阻塞现象的有效措施是采用水力半径大的节流口；另外，选择化学稳定性好和抗氧化稳定性好的油液，并注意精心过滤，定期更换，都有助于防止节流口阻塞。

5-3 有手动、机动、电磁动、液动、电液动，图形符号分别是

一般，阀与系统供油路连接的进油口用字母 P 表示，阀与系统回油路连通的回油口用 T（有时用 O）表示；而阀与执行元件连接的油口用 A、B 等表示。

用方框表示阀的工作位置，有几个方框就表示有几"位"。

方框外部连接的接口数有几个，就表示几"通"。

5-4 换向阀的滑阀工作位置机能是指滑阀处于中间工作位置时，其各个通口的连通关系。不同的滑阀工作位置机能对应有不同的功能。

O 型：各通口全封闭，系统不卸载，缸封闭。

H 型：各通口全连通，系统卸载。

M 型：系统卸载，液压缸两腔封闭。

Y 型：系统不卸载，缸两腔与回油路连通。

5-5 答：（1）如果 $p_Y > p_L$，减压阀进口压力为 p_L，减压阀全开；如果 $p_Y < p_L$，减压阀进口压力为 p_Y，出口压力为 p_L，减压阀关闭；

（2）减压阀进口压力为 p_Y，出口压力为 p_L，减压阀关闭；

（3）减压阀进口压力为 p_Y，出口压力为 p_L，减压阀关闭；

（4）减压阀进口压力为 p_Y，出口压力为 ∞，减压阀关闭。

5-6 由图 5-28 可知，液控单向阀反向流动时背压为零，控制活塞顶开单向阀阀芯最小控

制压力

$$p_k = \frac{A_1}{A_k}p_1 = \frac{1}{3}p_1$$，由缸的受力平衡方程 $p_1A_1 = p_kA_2 + F$，可得

$$p_k = \frac{F}{3A_1 - A_2} = \frac{30000}{(3\times 30 - 12)\times 10^{-4}}\text{Pa} = 3.85\text{MPa}$$

$$p_1 = 3p_k = 11.55\text{MPa}$$

当液控单向阀无控制压力，$p_k = 0$ 时，为平衡负载 F，在液压缸中产生的压力为

$$p = \frac{F}{A_1} = \frac{3000}{30\times 10^{-4}}\text{Pa} = 10\text{MPa}$$

计算表明，在打开液控单向阀时，液压缸中的压力将增大。

5-7 因系统外负载为无穷大，泵启动后，其出口压力 p_P 逐渐升高，当 $p_P=1.4$MPa 时，溢流阀 B 打开，但溢流阀 C 没打开，溢流的油液通不到油箱，p_P 便逐渐升高；当 $p_P=2$MPa 时，溢流阀 C 开启，泵出口压力保持 2MPa。

若将溢流阀 B 的遥控口堵住，则阀 B 必须在压力为 3.4MPa 时才能打开；而当 p_P 达到 3MPa 时，溢流阀 A 已开启，所以这种情况下泵出口压力维持在 3MPa。

5-8 图 5-30（a）所示系统泵的出口压力为 2MPa，因 $p_P=2$MPa 时溢流阀 C 开启，一小股压力为 2MPa 的液流从阀 A 遥控口经阀 B 遥控口和阀 C 回油箱。所以，阀 A 和阀 B 也均打开。但大量溢流从阀 A 主阀口流回油箱，而从阀 B 和阀 C 流走的仅为很小一股液流，且 $q_B>q_C$。

图 5-30（b）所示系统，当负载为无穷大时泵的出口压力为 6MPa。因该系统中阀 B 遥控口接油箱，阀口全开，相当于一个通道，泵的工作压力由阀 A 和阀 C 决定，即 $p_P=p_A+p_B=(4+2)$MPa=6MPa。

5-9 （1）$p_C = \dfrac{F_1}{A_1} = \dfrac{14000}{100\times 10^{-4}}\text{Pa} = 1.4\text{MPa}$

由于有节流阀 2，因此上面的液压缸运动时，溢流阀一定打开，故
$$p_A = \Delta p + p_C = (0.2+1.4)\text{MPa} = 1.6\text{MPa}$$

因为 $\quad p_B A_1 = F_2 + pA_2$

所以 $\quad p_B = \dfrac{F_2 + pA_2}{A_1} = \dfrac{4250 + 0.15\times 10^6 \times 50\times 10^{-4}}{100\times 10^{-4}}\text{Pa} = 0.5\text{MPa}$

（2）泵和阀 1、2、3 的额定压力均按系统最大工作压力来取，选标准值 2.5MPa。

（3）流入上面液压缸的流量
$$q_1 = v_1 A_1 = 3.5\times 10^{-2}\times 100\times 10^{-4}\text{ m}^3/\text{s} = 21\text{L/min}$$

流入下面液压缸的流量
$$q_2 = v_2 A_1 = 4\times 10^{-2}\times 100\times 10^{-4}\text{ m}^3/\text{s} = 24\text{L/min}$$

流经背压阀的流量
$$q_背 = v_2 A_2 = 4\times 10^{-2}\times 50\times 10^{-4}\text{ m}^3/\text{s} = 12\text{L/min}$$

由于两个液压缸不同时工作，故选 $q_泵$、$q_溢$、$q_节$、$q_减 = 25\text{L/min}$，$q_背 = 16\text{L/min}$。

5-10 （1）由于顺序阀的出口压力由负载决定，若 $p_X > p_Y$，则泵出口压力为 p_X；若 $p_X < p_Y$，则泵出口压力为 p_Y。

（2）液压泵的出口压力为 $p_X + p_Y$。

5-11 （1）$p_L = 4\text{MPa}$ 时，$p_A = p_B = 4\text{MPa}$；

（2）$p_L = 1\text{MPa}$ 时，$p_A = 1\text{MPa}$，$p_B = 3\text{MPa}$；

（3）活塞运动到右端时，$p_A = p_B = 5\text{MPa}$。

5-12 由于有节流阀，溢流阀开启，泵的工作压力为 $p_P = p_Y = 2.4\text{MPa}$。

因为 $$p_1 A_1 = p_2 A_2 + F_L$$

故节流阀进口压力 $p_2 = \dfrac{A_1}{A_2} p_1 - \dfrac{F_L}{A_2} = \left(\dfrac{50}{25} \times 2.4 - \dfrac{10000}{25 \times 10^{-4}} \times 10^{-6} \right) \text{MPa} = 0.8\text{MPa}$

通过节流阀的流量 $q_T = C_d A_T \left(\dfrac{2\Delta p}{\rho} \right)^{\frac{1}{2}} = C_d A_T \left(\dfrac{2 p_2}{\rho} \right)^{\frac{1}{2}}$

$$= 0.62 \times 1 \times 10^{-6} \times \left(\dfrac{2 \times 0.8 \times 10^6}{870} \right)^{\frac{1}{2}} \times 60 \, \text{m}^3/\text{min}$$

$$= 1.6 \times 10^{-3} \, \text{m}^3/\text{min}$$

所以 $v = \dfrac{q_2}{A_2} = \dfrac{q_T}{A_2} = \dfrac{1.6 \times 10^{-3}}{25 \times 10^{-4}} \, \text{m/min} = 0.64 \, \text{m/min}$

第 6 章

6-1 不会出现泵吸油不充分现象。

6-2 绝热过程，$V_0 = 13.8\text{L}$；等温过程，$V_0 = 17.3\text{L}$。

6-3 $V_W = 0.67\text{L}$。

6-4 $V_0 = 0.2\text{L}$。

6-5 压油管：公称通径 15mm，$\phi 22\text{mm} \times 1.6\text{mm}$ 无缝钢管；吸油管为 $\phi 34\text{mm} \times 2\text{mm}$ 钢管。

6-6 $p = 6.3\text{MPa}$，$q = 63\text{L/min}$。

第 7 章

7-1 （1）$v = 14.57 \times 10^{-3} \, \text{m/s}$；

（2）$q_y = 0.7 \times 10^{-4} \, \text{m}^3/\text{s}$；$\eta_C = 19.4\%$；

（3）当 $A_{T1} = 0.03 \times 10^{-4} \, \text{m}^2$ 时，$v = 43.71 \times 10^{-3} \, \text{m/s}$，$q_J = 0.874 \times 10^{-4} \, \text{m}^3/\text{s}$，$q_y = 0.126 \times 10^{-4} \, \text{m}^3/\text{s}$；

当 $A_{T2} = 0.05 \times 10^{-4} \, \text{m}^2$ 时，$v = 50 \times 10^{-3} \, \text{m/s}$，$q_J = 10^{-4} \, \text{m}^3/\text{s}$，$q_y = 0 \, \text{m}^3/\text{s}$。

7-2 （1）$v_右 > v_左$；（2）$k_{v右} > k_{v左}$。

7-3 $n_M = 589.6 \text{r/min}$，$q_Y = 14.7 \text{L/min}$。

7-4 （1）$\eta_C = 5.33\%$；（2）$v = 0.66 \, \text{m/min}$，$p_2' = 10.8\text{MPa}$。

第 8 章

8-1 题表 8-1 A、B 两点处的压力值

电磁铁工作状态		压力值/MPa	
1YA	2YA	A 点	B 点
-	-	0	0
+	-	0	2
-	+	4	4
+	+	4	6

8-2　产生原因：当电磁铁 4 断电时，系统压力决定于溢流阀 2 的调整压力 p_{Y1}；阀 4 通电后，系统压力由溢流阀 3 的调整压力 p_{Y2} 决定。由于阀 4 与阀 3 之间的油路内没有压力（压力为零），阀 4 右位工作时，溢流阀 2 的遥控口处的压力由 p_{Y1} 几乎下降到零后才又回到 p_{Y2}，这样系统必然产生较大的压力冲击。

改进措施：把阀 4 接到阀 3 的出油口，并与油箱接通，这样从阀 2 遥控口到阀 4 的油路中充满接近 p_{Y1} 的压力油，阀 4 通电切换后，系统压力从 p_{Y1} 直接降到 p_{Y2}，不会产生较大的压力冲击。

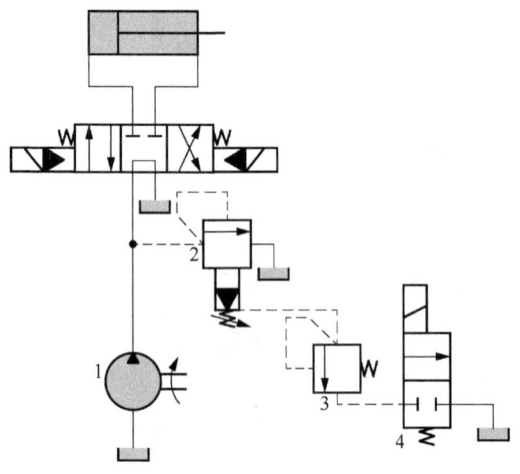

题 8-2　解图

8-3　产生原因：泵 1 工作时，压力油从溢流阀 3 的遥控口及外接油管进入溢流阀 4 的遥控口，经阀 4 反向进入泵 2，使泵 2 像液压马达一样微微转动，或经泵 2 的缝隙流回油箱，所以压力上不去。但由于阀 3 和阀 4 的控制油路上均设有固定节流口，所以仍有一定压力，但达不到设计要求（阀 3 和阀 4 的调整值）。

改进意见：在阀 3 和阀 4 的控制油路上设置单向阀 11 和阀 12，切断油液倒流的道路，如题 8-3 解图所示。

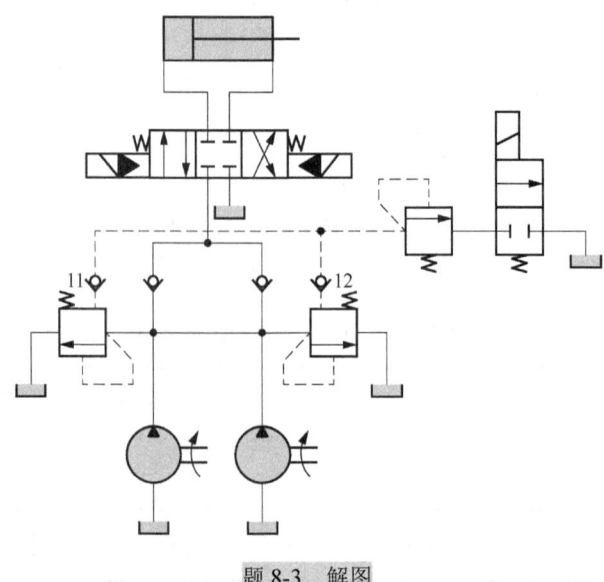

题 8-3　解图

8-4　活塞运动时，$p_A = p_B = p_C = 0.8\text{MPa}$。

活塞停在终端位置时，$p_A = 3.5\text{MPa}$；$p_B = 4.5\text{MPa}$；$p_C = 2\text{MPa}$。

8-5　产生原因：由于电液换向阀中位技能为 M 型，液压泵打出来的油全部回油箱，泵的压力为零，而电液换向阀的控制油路接在泵的出油口，故控制油压力也为零，即使电磁铁通电，控制油无力推动换向阀主阀芯移动，所以换向阀主油路不切换、液压缸不动作。

解决方案：在泵出口处加一单向阀，把换向阀的控制油路从单向阀前引出，如题 8-5 解图所示。这样，即使换向阀处于中位，泵的出口压力也不会等于零，就足以推动换向阀主阀换向。

8-6　$p_x > 1.5\text{MPa}$；$p_y > 3.25\text{MPa}$。

8-7　产生原因：由于活塞下行时，回路中没有背压，活塞因自重快速下降，使液压缸上腔失压，于是液控单向阀也因失压而关闭，使活塞停止运行。随后进油路上又建立起压力，液控单向阀又打开，不断重复上述过程，所以活塞断断续续下降，并引起强烈振动。

改进措施：在液压缸的下腔回油路上设置一个单向节流阀，构成回油节流调速回路，使活塞下行速度平稳可调，液控单向阀打开后也不会出现失压现象，故可解决上述问题，如题 8-7 解图所示。

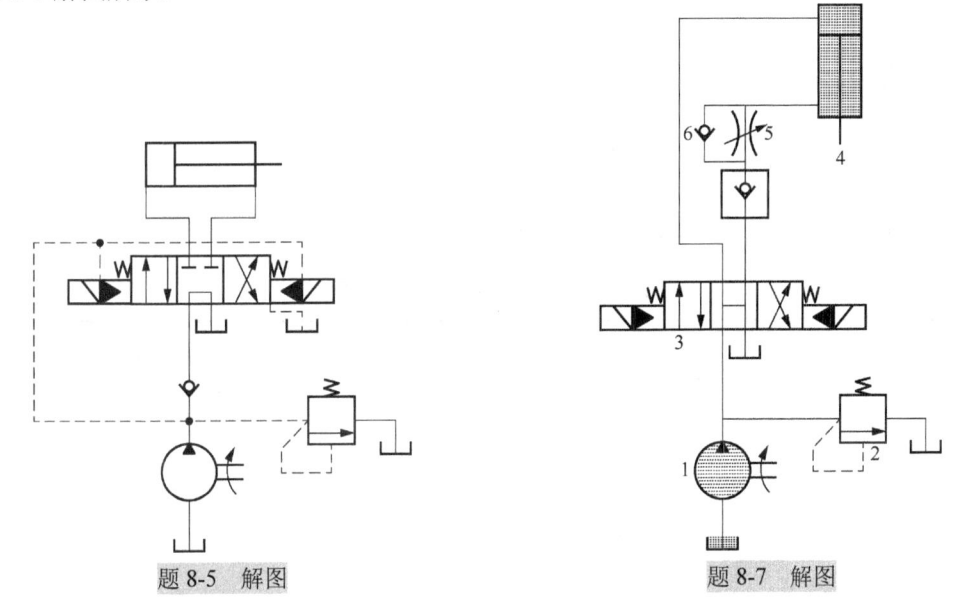

题 8-5　解图　　　　　题 8-7　解图

8-8　（1）电磁阀接通时 $v = 0.48\text{m/min}$，断开时 $v = 0.43\text{m/min}$。

（2）电磁阀接通时 $v = 0.68\text{m/min}$，断开时 $v = 0.43\text{m/min}$。

第 9 章

9-1　系统工作原理：①系统由双缸互不干扰回路和定位夹紧顺序动作回路组成，高压小流量泵负责定位、夹紧和工进，低压大流量泵负责快进和快退；②定位、夹紧油路中工作压力由减压阀调定，由单向阀保压，由节流阀控制速度，压力继电器供显示"定位、夹紧状态已完成"之用；③缸 I 采用回油节流调速，缸 II 采用进油节流调速，快进时两缸都做差动连接；④每个工作缸由两个换向阀实现四个动作，调整设计上十分经济，但油路迂回，压降损失大，此外每个缸都有一条经流量阀的常通油路，是使系统耗能发热的根源。系统动作循环完整表见题表 9-1。

题表 9-1　系统动作循环完整表

动作名称	电气元件							说明
	1YA	2YA	11YA	12YA	21YA	22YA	YJ	
定位、夹紧	-	-	-	-	-	-	+	①Ⅰ、Ⅱ两个回路各自进行独立循环动作，互不约束 ②12YA、22YA中任一个通电时，1YA便通电；12YA、22YA均断电时，1YA才断电
快进	+	-	+	+	+	+	+	
工进、卸荷（低）	-	-	+	-	+	-	+	
快退	+	-	-	+	-	+	+	
松开、拔销	-	+	-	-	-	-	-	
原位、卸荷（低）	-	+	-	-	-	-	-	

9-2　系统动作循环见题表 9-2。该系统的主要特点：用液控单向阀实现液压缸差动连接；回油节流调速；液压泵空运转时在低压下卸荷。

题表 9-2　系统动作循环

动作名称	信号来源		
	1YA	2YA	3YA
快进	+	-	+
工进	+	-	-
停留	+	-	-
快退	-	+	-
停止	-	-	-

9-3　（1）系统动作循环及液流情况如题表 9-3 所示。

题表 9-3　系统动作循环及液流情况

动作名称	信号来源	电磁铁状态		油液流动情况
		1YA	2YA	
快进	按下起动按钮	+	-	泵→2→3→4（左腔） 4（右腔）→3→油箱 11→9→10
慢进	压力升高	+	-	泵→2→3→4（左腔） 4（右腔）→3→油箱
保压	滑块碰上工件	+	-	泵→2→3→6→10
快退	压力继电器发出信号	-	+	泵→2→3→4（右腔） ↘9 4（左腔）→3→油箱 10↙9→11 8→5→3→油箱
停止	挡块压行程开关	-	-	泵→2→3→油箱

（2）元件名称和功用如题表 9-4 所示。

题表 9-4　元件的名称和功用

标号	名称	功用
1	溢流阀	调定系统工作压力
2	单向阀	使系统卸荷时保持一定的控制油路压力

续表

标 号	名 称	功 用
3	电液换向阀	使压力机滑块实现换向
4	辅助活塞缸	使压力机滑块实现快进、快退
5	节流阀	调节压力机滑块返回速度
6	顺序阀	实现快进和慢进的动作转换
7	压力继电器	发出保压阶段终止的信号
8	单向阀	规定通过节流阀油流的方向
9	液控单向阀	使柱塞缸中的油返回辅助油箱
10	主柱塞缸	使压力机滑块传递压力
11	辅助油箱	快进时向柱塞缸供油

第 10 章

10-1 液压缸在各工作阶段的负载如题表 10-1 所示。

题表 10-1 液压缸在各工作阶段的负载 $F(\eta_m)$

工况	负载组成	负载值 F/N
起动	$F = F_n f_s$	333
加速	$F = F_n f_d + m\Delta v/\Delta t$	3500
快进	$F = F_n f_d$	167
工进	$F = F_n f_d + F_t$	31278
反向	$F = F_{fs} + F_G$	16679
加速	$F = F_m + F_G - F_{fs}$	19346
快退	$F = F_{fd} + F_G$	16512
制动	$F = F_{fd} + F_G - F_m$	13179
停止	$F = F_G$	16346

由题表 10-1 可绘制出负载图，如题 10-1 负载图所示。

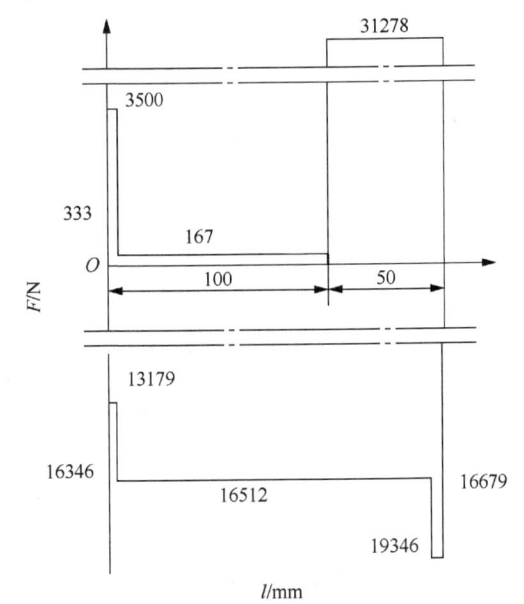

题 10-1 负载图

10-2 装置各运动阶段的负载如题表 10-2 所示。

题表 10-2 装置各运动阶段的负载 $F(\eta_m = 0.9)$

运动阶段	负载组成	F/N
起动	$F = F_{fs}$	1111
加速	$F = F_{fd} + F_m$	640
匀速	$F = F_{fd}$	556
减速	$F = F_{fd} - F_m$	472

根据题表 10-2 可绘制出驱动装置的工况图，如题 10-2 解图所示。

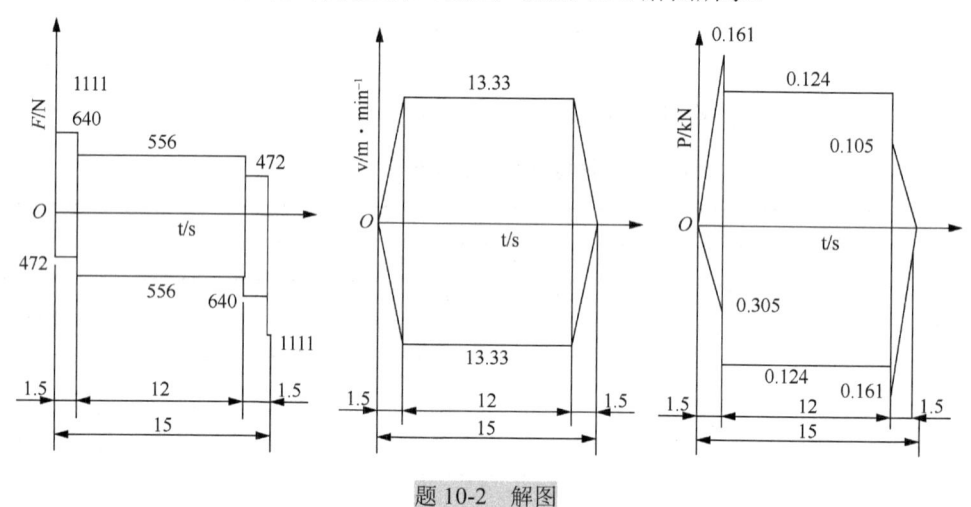

题 10-2 解图

10-3 能满足题目要求的一种设计方案如题 10-3 解图所示。

10-4 一种可行的设计方案如题 10-4 解图所示。

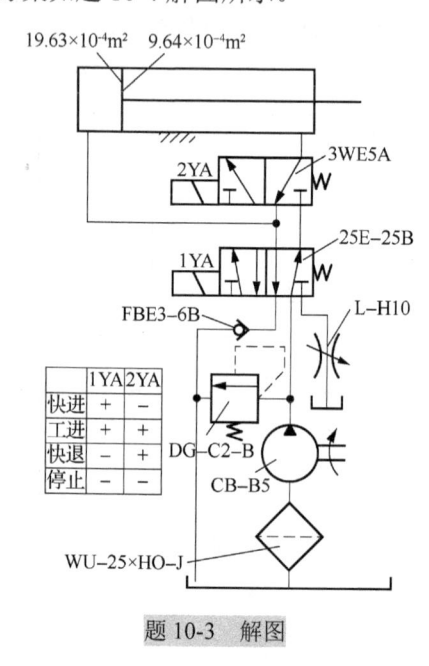

题 10-3 解图

题 10-4 解图

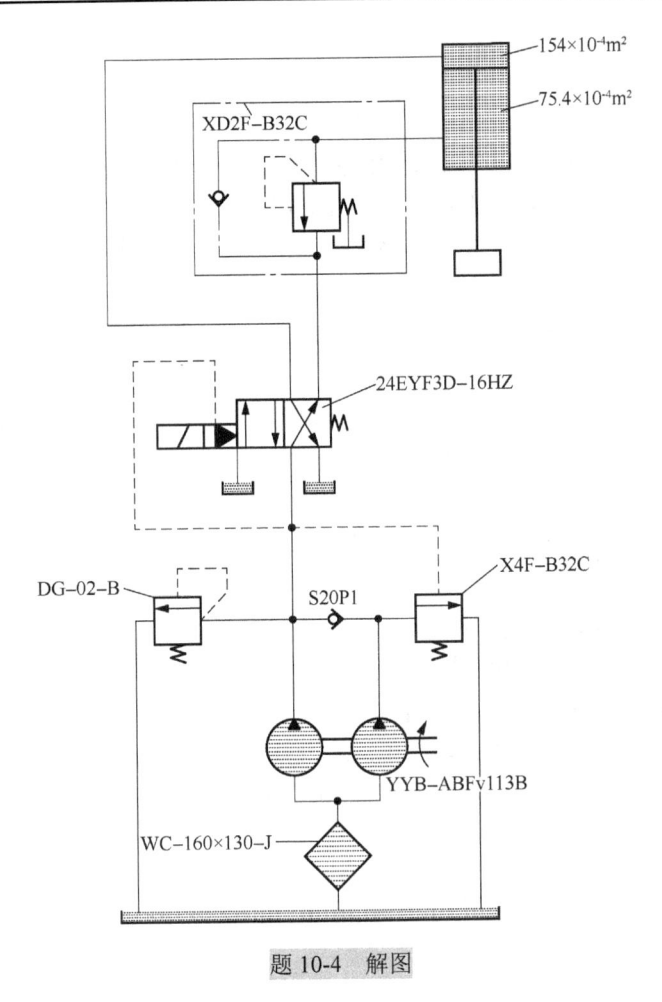

10-5　参见书中 10.3 节设计举例。

参 考 文 献

成大先，2002. 机械设计手册：第 4、5 卷[M].4 版. 北京：化学工业出版社.
官忠范，1998. 液压传动系统[M]. 北京：机械工业出版社.
黄谊，章宏甲，1990. 机床液压传动习题集[M]. 北京：机械工业出版社.
雷天觉，1998. 新编液压工程手册[M]. 北京：北京理工大学出版社.
李壮云，2011. 液压元件与系统[M]. 3 版. 北京：机械工业出版社.
刘延俊，2006. 液压与气压传动[M]. 北京：机械工业出版社.
陆鑫盛，周洪，2000. 气动自动化系统的优化设计[M]. 上海：上海科学技术文献出版社.
陆元章，1996.现代机械设备设计手册[M].北京：机械工业出版社.
路甬祥，2002. 液压气动技术手册[M]. 北京：北京理工大学出版社.
秦大同，谢里阳，2013. 现代机械设计手册：液压传动与控制设计[M]. 北京：化学工业出版社.
盛敬超，1988. 工程流体力学[M]. 北京：机械工业出版社.
王春行，2000. 液压控制系统[M]. 2 版. 北京：机械工业出版社.
王积伟，2006. 液压与气压传动习题集[M]. 北京：机械工业出版社.
王积伟，2019. 液压与气压传动[M].3 版. 北京：机械工业出版社.
王积伟，章宏甲，黄谊，2006. 液压传动[M]. 2 版. 北京：机械工业出版社.
王积伟，章宏甲，黄谊，2009. 液压与气压传动[M]. 2 版. 北京：机械工业出版社.
徐灏，1995. 新编机械设计师手册：下册[M]. 北京：机械工业出版社.
张利平，1997. 液压气动系统设计手册[M]. 北京：机械工业出版社.
张元越，2014. 液压与气压传动[M]. 成都：西南交通大学出版社.
郑洪生，1996. 气压传动与控制[M]. 北京：机械工业出版社.
《气动工程手册》编委会，1995. 气动工程手册[M]. 北京：国防工业出版社.